·教育与语言书系·

主体参与教学研究

——以计算机教学为视角

李占宣　郑秋菊　王　晓丨著

光明日报出版社

图书在版编目（CIP）数据

主体参与教学研究：以计算机教学为视角 / 李占宣，郑秋菊，王晓著. -- 北京：光明日报出版社，2021.8

ISBN 978 - 7 - 5194 - 6232 - 1

Ⅰ.①主… Ⅱ.①李… ②郑… ③王… Ⅲ.①电子计算机—课堂教学—教学研究 Ⅳ.①TP3-42

中国版本图书馆 CIP 数据核字（2021）第 160736 号

主体参与教学研究：以计算机教学为视角

ZHUTI CANYU JIAOXUE YANJIU：YI JISUANJI JIAOXUE WEI SHIJIAO

著　　者：李占宣　郑秋菊　王　晓

责任编辑：刘兴华　　责任校对：陈永娟

封面设计：中联华文　　责任印制：曹　诤

出版发行：光明日报出版社

地　　址：北京市西城区永安路 106 号，100050

电　　话：010 - 63169890（咨询），63131930（邮购）

传　　真：010 - 63131930

网　　址：http：//book. gmw. cn

E - mail：liuxinghua@ gmw. cn

法律顾问：北京德恒律师事务所龚柳方律师

印　　刷：三河市华东印刷有限公司

装　　订：三河市华东印刷有限公司

本书如有破损、缺页、装订错误，请与本社联系调换，电话：010 - 63131930

开　　本：170mm × 240mm

字　　数：295 千字　　印　　张：16

版　　次：2021 年 8 月第 1 版　　印　　次：2021 年 8 月第 1 次印刷

书　　号：ISBN 978 - 7 - 5194 - 6232 - 1

定　　价：95.00 元

序

现代教育区别于传统教育的显著特点是尊重学生的主体地位，培养学生的主体能力，塑造学生的主体个性，充分调动学生的积极性和创造性。那么如何使学生积极主动地参与课堂教学的全过程，在全面实施素质教育过程中有着重要的现实意义。苏霍姆林斯基说过："不能使学生积极参与是教师的最大过失。"但在全面实施素质教育的今天，部分教师的教育观念滞后，采用"满堂灌"或"注入式"课堂教学；重教法、轻学法；无视学生的主体地位，"以教师为本位，以教材为本位，以课堂为本位"。教师成了名副其实的"教书匠"，重知识传授量、轻能力及个性的培养现象普遍存在，影响了教学改革的深化。在基础教育实施新课程改革的大潮之中，在教育部下发的《关于深化本科教育教学改革全面提高人才培养质量的意见》等文件精神的指导下，为适应现代教育的要求，使学生的主体性得到培养，我们将研究方向定为如何让学生有效地参与到教学的全过程当中。

著作是在黑龙江省教育科学规划重点课题"新工科背景下地方高校软件开发实战能力的研究"（课题编号：GJB1320105）和黑龙江省省属本科高校基本科研业务费项目"基于 EDA 技术的银行智能排号系统研究（项目编号：2018 - KYYWF - E009）"的科学研究的基础上形成的，符合 1996 年由联合国教科文组织提出的教育四大支柱，即"学会学习，学会做事，学会做人，学会相处"的要求，是理论与实践相结合的产物，具有一定的理论性和较强的应用性。著作内容上有两大特点：一是理论的深刻性和应用的广泛性。十年树木，百年树人；百年大计，教育为本。著作所探讨的内容适合任何一个阶段的教育者。二是理论与实践相结合，应用性较强。结合计算机课程的教学特点，给出了主体参与教学的教学案例和实践教学案例。著作可以与教育界的广大同人共同分享。

在此，谨向著作参考文献中的作者表示深深的谢意。同时也向支持著作撰写和出版的各位专家和课题组的成员表示衷心的感谢。

著作由李占宣、郑秋菊、王晓撰写。其中，第一章、第三章、第五章、第八章、第九章由李占宣负责；第二章、第四章由郑秋菊负责；第六章、第十章由王晓负责；第七章由李占宣、郑秋菊、王晓合负责。著作由李占宣统稿。由于理论修养和实践经验的局限，著作中难免存在欠缺疏漏之处，敬请各位读者批评指正。

作者

2021 年 2 月

目　录
CONTENTS

第一章　主体参与的基本内涵 …… 1

第一节　主体参与教学的含义 …… 1

第二节　主体参与的素质结构 …… 6

第三节　主体参与教学的目标定位 …… 7

第二章　主体参与教学的思想 …… 8

第一节　国外教育学家的主体参与教学的思想 …… 8

第二节　我国教育学家的主体参与教学的思想 …… 30

第三章　主体参与教学的理论依据 …… 34

第一节　主体哲学理论 …… 34

第二节　主体教育理论 …… 34

第三节　建构主义学习理论 …… 35

第四节　多元智能理论 …… 39

第四章　主体参与教学的机制 …… 41

第一节　主体参与教学的内在机制 …… 41

第二节　主体参与教学的外在机制 …… 57

第五章　主体参与教学的原则 …… 70
第一节　以学生为主体的原则 …… 70
第二节　面向全体学生的原则 …… 73
第三节　培养能力的原则 …… 76
第四节　教法与学法统一的原则 …… 77
第五节　师生互动的原则 …… 79

第六章　主体参与教学的教学策略 …… 82
第一节　合理安排教学活动 …… 82
第二节　建立良好的彼此相依的师生关系 …… 92
第三节　给学生行动自由 …… 99
第四节　培养学生的参与兴趣 …… 105

第七章　主体参与教学的实践应用 …… 112
第一节　教学设计 …… 112
第二节　教学步骤 …… 113
第三节　教学案例 …… 130

第八章　主体参与 EDA 技术的实践教学 …… 152
第一节　EDA 技术实践教学设计 …… 152
第二节　基于 EDA 技术的银行智能排号系统的实践 …… 158

第九章　主体参与教学的作用 …… 162
第一节　主体参与教学的教学作用 …… 162
第二节　主体参与教学对人的发展的作用 …… 188

第十章　主体参与教学的教学评价 …… 203
第一节　教学评价的含义和意义 …… 203

第二节　教学评价的类型和标准 …… 204
第三节　传统的教学评价存在的主要问题 …… 209
第四节　主体参与教学评价的特点 …… 210
第五节　教学评价的基本原则 …… 213
第六节　教学评价的实施策略 …… 214
第七节　教学评价的具体实施 …… 221
第八节　主体参与教学评价的实效 …… 232
第九节　主体参与教学的教学反思 …… 234

参考文献 …… 244

后　记 …… 246

第一章　主体参与的基本内涵

第一节　主体参与教学的含义

一、参与

参与，《辞海》中有“预闻而参议其事”之说。《现代汉语词典》中的解释是“参加”，而学生的“参与”又称学生的“介入”，是反映“学生在与学业有关的活动中投入生理和心理能量的状态变量”。

吴也显教授认为，“参与”有两层意义，一是教师和学生以平等的身份参与教学活动，他们共同讨论，共同解决问题；二是教学作为社会活动的一部分，参与到整个社会生活中去。

参与意味着介入、投入、卷入、侵入，在……的状态之中，是主体对活动的能动性作用过程，是能力和倾向的统一。它是共在的人在活动中的一种倾向性作用过程，是能力和倾向性表现行为。所谓“共在”，是指两个以上的个体或集体。“倾向性”包括心理和行为两方面。被动的参与，虽然参与者在心理上缺乏倾向性，但在行为上却有一定的倾向性，否则就不会形成参与。“表现”在形式上包括内隐性与外显性两方面。如在课堂上学生的思维随着老师的讲述转动就是内隐性参与，课外活动就是一种外显性参与。参与的过程形式是“人一活动一人”，也可能是“人一人一活动”，但如果是“人一活动”的话，就构不成参与，只是个体的活动。由此可见，参与是产生社会性（相对于个体而言）活动的前提。参与是人们发展、表现自己的重要途径，是人基本的精神需要之一。参与是合作、交往的必要条件，但并非所有的参与都是合作或交往。合作或交往的人必然是主体，但参与的人并不一定是主体（严格意义上的主体），“参与并不一定是主体参与”使“主体参与”这一概念的存在成为必要。

从发生学的角度来看，参与源于人的生存需要，学者们认为“单个的个体在自然面前是无能为力的。一方面单个主体无法完成种族的延续；另一方面单个个体也战胜不了大自然的破坏性的侵袭，只有通过男女之间的结合以及建立在这种结合基础上的群体关系，才能以整体的力量与自然威胁相抗衡”①。“把人的本质理解为一切社会关系的总和，表明马克思已经不再从人的‘自身’而是从人所参与的客观社会关系规定人的本质了。”②“人的本质不存在于孤立的个体，而存在于社会关系中。”③ 自从有了人类社会以后，个体的人以参与方式发挥着自己对社会的影响，社会形态的演变、发展都是人们参与的结果。因此，从社会学的角度看，参与是氏族、部落、家庭、社会、民族、国家等形式的基本前提，是以交往为核心的社会关系形成的基础，正是参与才形成了强大的社会合力。社会文明是过去的人和现在的人参与创造的结果，每个人通过参与这种方式把自己的聪明才智贡献给了社会，转化成了文明的一部分；同时在社会文化的传播中，也离不开人的参与，传播本身就是主体间的符号交流，这种以参与为基础的交流使物化的文化形态活化了、发展了。因此，从文化学的角度来看，人类的一切文明成果都是人们直接或间接参与的结果；人们都有交往的、表现的、获得尊重的需要，这些需要的满足都必须通过参与来实现。不参与，交往是无法进行的；不参与，社会活动中的表现是没有前提的；不参与，个体也无法创造赢得人们尊重的条件。人们对活动的兴趣、动机、能力也是在参与中培养起来的。所以，从心理学的角度看，参与是人们满足自身生存、发展、表现欲望的基本途径；从教育学的角度看，参与是形成师生关系的前提，是创造教学活动的行为基础，没有师生关系、教学活动，一切教育、教学都将是抽象的。

---

① 王升．主体参与型教学探索［M］．北京：教育科学出版社，2003：118.
② 王升．主体参与型教学探索［M］．北京：教育科学出版社，2003：25.
③ 王升．主体参与型教学探索［M］．北京：教育科学出版社，2003：29.

二、主体参与

主体的参与是人作为主体而发出的参与行为。教学中的主体参与是学生对教学行为的参与，是他们与教师教学的共时性合作，也是他们用饱满的情绪分享、支持与创造教学活动的过程。主体参与反映了学生对活动的正向态度，是对活动“属我”的认同，发挥能动性作用。主体参与是学生生命力在教学中的体现，是教学民主的实际践行。主体参与教学是教师认可、支持、配合学生主体参与的教学。学生主体参与在古代乃至在传统教学中都没有成为教学的主旋律；主体参与教学突出强调主体参与是学生发展的迫切需要。以下从几个方面谈谈主体参与。

首先，从前行为的角度来看，主体参与是一种现代教学理念，在内涵上高于教学方法、教学策略、教学组织形式等。它是主体教育的宏观理论在中观和微观层面的一种演绎，是进行教学设计与教学创造的指导思想。如果我们仅仅在策略与特点的层面上理解主体参与，就难免会过于狭隘。

其次，从教师的角度来看，主体参与是一种教学策略。主体参与教学提出了四个基本策略，即主体参与、合作学习、体验成功、差异发展。主体参与是其他几个策略的基础，处于关键地位。主体参与是合作学习的前提，没有个体学生的主体参与，就没有主体间的合作学习；任何个体的成功都是在实际的参与的过程中取得的，没有主体参与就没有成功，焉能有成功的体验？差异发展是以个性发展为实质的，被动参与、片面参与不可能产生个性化发展的，自主的、能动的、创造性的参与是差异发展的重要保证。

再次，从教学表现的角度来看，主体参与是一种教学特点，是现代教学的一个醒目标志。无论中外，现代教学都是学生的主体参与程度由弱变强的一个过程。主体参与是现代教学的本质内涵。

最后，从学生的角度来看，主体参与是教学中的一种行为。所谓主体参与就是在现代教育理论的指导下，师生双方进入教学活动，自主、创造性地完成教学任务的一种倾向性表现行为。从教的方面看，学生主体参与教学实质上是在教学中解放学生，使他们在一定的自为性活动中获得主体性的发展。

一些学者对主体参与的概念提出了自己的观点，它们对我们理解主体参与具有很大的启发。总体归纳有如下几类：

1. 实践说。这种学说强调学生的实践。如主体参与就是指学生积极主动地参加各种教育活动的行为。正是作为认识发展的主体的主动参与，体现了教学过程中科学实践观与主体能动性的统一。主体是有意识、有实践能力的人，参与就是实践。人们只有参与社会实践活动才能认识和改造世界，学生学习要靠个人自身的实践活动，主体参与是这种学习实践活动的基本形式。苏霍姆林斯基认为，所谓主体参与就是在教育教学中充分发挥学生的主体性，积极引导他们投身教育实践，使其“精神丰富”“道德纯洁”“体魄完美”“审美需求和趣味丰富”，成为社会进步的积极参与者。

2. 原则说。主体参与的内涵是，学生作为学习和发展的主体要积极、主动、创造性地参与学习活动，以实现自身的发展，使自己成为具有主体意识和主体能力的一代新人。它是激发学生学习积极性、建构学生主体地位的第一原则。主体参与是主体教育思想的核心，是学生主体教育实验的灵魂。

3. 投入说。主体参与是反映学生在与学业有关的活动中投入生理和心理能力状态的变量。主体参与不是“学生中心”，更不是放任自流，而是最大限度地调动学生的积极性、主动性和创造性，落实学生的主体地位，引导学生从认知、情感与行为各方面积极地投入到学习的全过程中来。

4. 过程说。这是从教学过程角度所做的界定。主体参与就是要求学生不要坐“冷板凳”，要营造出一个热烈的课堂氛围。课堂教学气氛必然是过程中的气氛，因此，可以把这种看法归结为过程说当中。课堂中的主体参与就是通过诱发学生的主体意识，发挥学生的主体作用，展示学生的主体人格，体现学生的主体价值，让学生在参与中学会学习、创新、合作。主体参与即让学生充分参与教学活动，以发挥其主体作用。

5. 方法说。主体参与就是通过教师采取各种教学措施，调动学生的积极性、主动性和创造性，使全体学生积极主动地投身到教学过程中来，达到自主学习、掌握知识、发展能力、促进主体性发展的教学方法。还有人认为，主体参与是在教学中培养学生的主体意识、发展学生的主体能力的重要方式。

6. 模式说。主体参与，是以主体教育思想为指导、教师指导学生主体参与学习全过程为基本特点、培养学生的主体意识与主体能力及创新精神与创新能力为目标，由统一设计、同步推进的教师教的程序和学生学的程序有机组成的课堂教学实践活动结构。这种定义把主体参与更多地看成教学的一种模式，即主体参与教学模式。

三、主体参与教学

主体参与教学是以主体教育思想为指导，教师采取各种教学措施，调动学生的积极性、主动性和创造性，使全体学生积极主动地投身到教学过程中来，达到自主学习、掌握知识、发展能力、促进主体性发展的教学方法。主体参与教学包括“四个为主”和“四个注重”。四个为主是：教材以自学为主、课堂以讨论为主、作业以案例为主、考评以平时为主。四个注重为：注重投入、注重参与、注重个性、注重创造。这种教学的特点是：课堂不再是教师统一天下，教学不再是单向沟通，教学内容不再是“普遍真理”和“绝对真理”，备课和作业不再是师生各自的专利，教师和学生的认识不再是如出一辙，不再有“教师忙平时，学生忙期末”的教学现象。这种教学方法是学生通过一门课程的学习，脑子里长出了一些东西，而不是放进了一些东西。放进去的东西是可以拿出来的，而长出来的东西是取不走的。

主体参与教学是培养创造性人才重要的教学方法，概括起来它有两个基本特点。在教学设计思路方面，变原有教学方法以教师作为唯一的教学出发点为以教师、学生共同作为教学出发点，因而需要在设计教师教学环节时同步设计学生学习活动诸环节；变原有教学方法以传授知识、技能作为唯一教学任务为在传授知识、技能过程中培养学生的主体意识与能力作为全面教学任务；变原有教学方法过多强调教师在教学活动中“燃尽自己，照亮别人”的片面价值观为同时作为生命主体的教师和学生在教学活动中获得同步发展的整体价值观。在教学组织机制和组织形式方面，变原有教学方法以教师作为教与学的唯一动力为以教师、学生同时作为教与学的动力，共同推动教与学活动向前发展；变原有教学方法的教师作为教与学活动的第一主角为学生作为第一主角，并成为课堂学习活动的主体，而教师只是积极主动发挥导演、辅导、指导作用；变原有教学方法只关注课堂教学提高学习质量为同时关注提高生命主体的发展质量。这种教学方法由于强化指导预习，促使课堂学习过程前移，可以产生三个“有利于”的效果：其一，有利于学生作为学习的主体提早进入学习过程；其二，有利于学生带着思考的头脑，有准备地进入课堂学习过程；其三，从根本上提高课堂教学效率和质量。

第二节　主体参与的素质结构

人要成为主体，必须形成合理的主体结构。构成主体结构的要素主要有主体意识、主体精神、主体能力以及主体行为。

主体意识是对人本身的本体论、价值论的一种意识。从个体的角度而言，主体意识就是对人的地位、人的价值与尊严、人的需要的意识。树立主体意识就意味着对自我的认识与把握，意味着对人生价值目标的规划与追求。学生在参加主体参与教学时，有一些认识成分直接参与对活动和自身参与行为的调控。对活动的改变和自身参与行为进行思考，并为它们确立运动方向进程。马克思十分强调人作为主体的意识，认为感性与理性对于主体意识而言缺一不可。在主体性生成方面，人们特别重视实践的生成机制。人的存在源于实践，人的自我意识、社会性需要都是由实践产生的①。

主体精神是由观念、价值、信仰、情感、动机、意志等因素组成的主体的人格特征。这个问题早在20世纪80年代就引起了我国哲学界的关注，成为一个研究的热点，但当时主要局限在理论探讨上。随着市场经济的建立，主体精神的问题逐渐渗透到社会生活的各个方面。

主体能力是主体成为主体的重要保证。人要成为自然界、社会以及自身的主体，首先必须提高自己各方面的能力，在主体能力具备之前，人只有潜在的主体性，而非现实的主体性。

主体行为是主体地位的具体表现，主体意识、主体精神、主体能力最终要落实在主体行为之中。

主体参与就是在一定的主体意识、主体精神、主体能力的前提下，进行着认识活动和实践活动的人的行为。只有当人成为主体时，人的参与才能成为主体参与；要产生主体参与行为，行为的发出者必须是遇事遇物的主体。教学中的主体参与就是学生作为具有自为性、可为性与作为性的主体对教学在自己角色上的一种主观能动性行为。只有在教学中确立学生的主体地位，使之具有主

---

① 王升. 主体参与型教学探索［M］. 北京：教育科学出版社，2003：19－20.

体意识、主体精神和主体能力时，他们在教学活动中的倾向性行为才会成为一种主体参与。

第三节　主体参与教学的目标定位

主体参与教学的目标，可概括为一句话：通过建构学生的主体活动，完成认识和发展的任务，促使学生的主体发展。首先，在学生主体参与中完成知识的社会建构，使学生扎实、深刻、灵活地掌握知识。学生主体参与的活动，不仅是构建、保持和应用知识的基础，而且有利于促进学生认识活动的发展，为获得道德、审美经验提供基础。借助于主体参与，学生真正掌握凝结在精神文化中的社会道德准则、思想、审美意识、情感、责任感、义务感，形成内在的价值目标。其次，在教学中促进学生的主体性的发展。通过主体参与，还学生学习的主动权；通过主体参与，拓展学生的发展空间；通过主体参与，引导学生自我挖掘创造潜能，自我开发创造力①。

---

① 史根生．主体教育论［M］．北京：科学出版社，1999：39－40.

第二章　主体参与教学的思想

第一节　国外教育学家的主体参与教学的思想

一、苏霍姆林斯基的主体参与教学思想

（一）苏霍姆林斯基关于主体参与的基本观点

主体参与思想是苏霍姆林斯基教育理论体系的重要组成部分，是实现他所提出的把学生培养成为“全面和谐发展的人，社会进步的积极参与者”这一教学任务的重要途径。

主体参与是苏霍姆林斯基全面和谐教育的核心，也是其精华所在，它充分反映了其教育理论的现代性。他所谓的主体参与就是在教育教学中充分发挥学生的主体性，积极引导他们投身教学实践，使其“精神丰富”“道德纯洁”“体魄完美”“审美需求和趣味丰富”，成为社会进步的积极参与者。苏霍姆林斯基提倡全面、和谐发展的教育，尊重学生在教育中的人格，重视他们的主体表现。基于此，他积极推行学生在教育各方面的主体参与。

“活动”是苏霍姆林斯基全部教育理论的基石，他认为人的发展需要依赖于实践、活动、劳动。实践出真知，活动出智慧，劳动出才能，才能是在活动中得到发展的。主体参与思想就是在此基础上演绎出来的。

苏霍姆林斯基认为，所谓和谐教育，就是如何把人的活动的两种职能配合起来，使两者得到平衡：一种职能是认识和理解客观世界；另一种职能是人的

自我表现，即自己的世界观、观点、信念、意志力、性格在积极地劳动和创造中，以及在集体成员的相互关系中的表现和显示。正是在这一点上，即在人的表现上，应当加以深刻思考，并且朝着这个方向改进教育工作。他认为人都要表现自己，而且每一个人都是按照自己的方式来表现自己的，尤其是每个人都想以一定的方式表现自己，此外还想给他人一个“我”是怎样表现自己的印象，而且让人们都想到“我”的“自我”，人们都是通过自己的信念、观点、疑问、思想、情感、感受、情绪、状态、彼此之间的关系来表现自己的。在教育中，学生个体在集体中的表现有被动性和主动性之分，主动性的表现就是主体参与。苏霍姆林斯基所说的“自我表现”职能就是指学生在教学中的主体参与。这两种职能实际上是从“教学与发展”的思想中发展而来的。赞科夫提出了“发展性教学”的思想，但其教学原则主要强调“高难度”“高速度”以及理论指导等，也就是说，赞科夫强调得更多的不是从学生的自身出发实现学生的发展。苏霍姆林斯基对学生的发展极为关注，把他们主体性的培养放在十分重要的位置，提出要培养他们主体参与的能力。这不能不说是对赞科夫思想的重大补充和修正。抓住了学生的主体性就等于抓住了学生发展的实质，从这个意义上说，苏霍姆林斯基的思想比赞科夫的思想更加深刻。在现代教育史上，他的这种思想在世界范围内都是具有一定的开拓性的。

苏霍姆林斯基在听了一些教师的课后，发现有的教师在课堂上一味地讲解自己要讲的内容，只向学生“推销”课本中的内容，根本不注意调动学生的主体参与，“好像没看见他们”一样。在我国现实的教学中存在着十分严重的“教师看不见学生”的现象。他指出，如果教师心目中没有学生，不关心学生，让师生之间隔着一堵墙，那么，即使教师讲得有声有色，又有什么用呢？在教学中“看不见”学生，不能使他们积极参与是教师的最大过失。苏霍姆林斯基从学生主体性的角度剖析了教学的这种不足。他的这种洞见反映了他对教育价值理解的独创性和深刻性。

苏霍姆林斯基认为，如果没有思想的参与，知识只能是知识，事实只能是事实，知识和事实本身永远也转化不成信念。可见，他所谓的主体参与是形式参与和实质参与的统一。因此，我们在重视学生形式参与的同时，要更加强调他们的实质参与。在主体参与教育实验中重视主体参与，却出现了一些观念上的误区，如强调学生主体参与就只是要求学生积极举手发言，这是对主体参与肤浅的理解。苏霍姆林斯基对主体参与的鞭辟入里的理性思维有助于帮助我们走出主体参与教学的误区。

苏霍姆林斯基提出在参与中要坚持公平的原则。优秀生和学困生不仅应当在参与机会上均等，而且在参与解决问题上也应受到同等对待。他在研究了教师的提问方式以后认为，教师总是有意无意地给最差的学生提一些比较容易的问题，而对较强的学生提出的总是难的问题。这套“办法”造成的结果是，当学生一听完教师面向全班提出的问题后，就能大致估计出它是要求谁来回答的。有一些学生已经形成了自己“在学习上没能力”的观念。既然教师平时很少面向这些学生提出较难的问题，那么他们怎么不会产生这种想法呢？关照人的人格尊严是现代教育的基本理念之一。苏霍姆林斯基的思想处处都渗透着强烈的人格关怀。我国教学中的“偏生”现象十分严重，这值得教育界同人深思。

在坚持公平的原则的同时，苏霍姆林斯基认为在主体参与时要坚持差异性的原则。只有承认学生之间的差异才有利于对他们进行教育。承认差异正是更好地组织、实施教育。每个学生的思维都按其独特的方式发展，每个学生各有自己的聪明才智。因此，我们应当使每个学生在学习中收获他力所能及的成就，这有助于实现全体学生的全面发展，防止出现学业落后的现象。

由此可见，苏霍姆林斯基信奉的是客观上的差异和主观上的平等，这反映了他在教育上主观目的性和客观必然性相统一的良好践行。

人的主体性的发展不仅仅是依靠自然遗传进行的，它更多的是通过自主、能动、创造性的实践活动进行的。苏霍姆林斯基的主体参与思想对于纠正苏联教育界中存在的“教学中无儿童”的弊端具有十分重要的历史意义。

（二）苏霍姆林斯基关于主体参与的策略

信任学生是主体参与的关键。主体参与意味着学生在教育教学的一些方面是自主、自立的。为此，教师首先必须信任学生，要相信他们有自我调控和完成学习任务的能力。苏霍姆林斯基在他的论述中多次强调一定要信任学生，他自己就是一个信任学生的模范。“在我任校长时，就已深信：教育只有当建立在相信孩子的基础上时，它才会成为一种现实的力量。如果对孩子缺乏信心，不信任他，则全部教育智谋、一切教育和教学上的方法和手段都将像纸牌搭小房一样定然倒塌。"① 信任是建立在人人平等的基础上的，它需要教师破除文化传统以及制度上的教师、学生的"优势—劣势"的定式。只有这样才能确立起人格平等的师生关系，才能使教学交往由阻隔走向沟通。有了以信任为前提的主体参与，学生将以具有独立人格的主体身份与教师"和谐共创"教学流程，他们将不再是"教师权利下的卫星，在其光辉照耀下闪闪发亮"②。信任是教师的一种气度，它蕴含着教师对学生的理解与尊重。苏霍姆林斯基经常把自己的短文和诗歌读给学生们听，这给他带来一种愉快的感觉：能跟学生谈心，交换有关周围世界、大自然和人们的感想。这表现出苏霍姆林斯基作为一代教育家的非凡气度。

自我教育是主体参与的前提。学生需要"自我教育"，需要自我尊重、自我监督和自我完善，需要依靠自己的努力获得进步和发展。他们有了自我教育的能力和习惯，主体参与就会成为必然。苏霍姆林斯基在其著作中多处论述过自我教育（包括自我服务、自我管理等）。他认为，自我教育是学校教育中较重要的一个因素，它在学生接受教育中起着十分重要的作用。只有能够激发学生去进行自我教育的教育，才是真正的教育，才能解决一些困难的问题。"没有自我教育就没有真正的教育这样一个信念，在我们的教师集体的创造性劳动中起着重大的作用。"③ 他在教育实践中也总是重视对学生自我教育能力的培养，帕夫雷什中学的学生因此在这方面都非常优秀。他所强调的自我教育实际上指人的主观能动作用，这对学生个人目标的达成具有决定作用。我们所处的时代需要学生具有一定的发展性学力，需要他们成为自我"护航"的主人，自我教育能力的养成无疑是发展性学力和"自我主体"的关键。苏霍姆林斯基所提倡的主体参与是建立在自我教育的基础之上的。

自由支配的时间是主体参与的必要条件。失去了时间的保证，学生的主体参与必然会成为一句空话。苏霍姆林斯基强调，让学生拥有可以自由支配的时间是个性发展的一个重要条件。我们感到，学龄后期学生的精神生活中的一大缺陷，就在于他们被剥夺了一项巨大的财富——自由支配的时间，而自由支配

---

① 丁安廉，和学新．主体性教育的教学策略探索［M］．天津：天津社会科学院出版社，2000：121.

② 史根生．主体教育论［M］．北京：科学出版社，1999：45.

③ 史根生．主体教育论［M］．北京：科学出版社，1999：72.

的时间对于全面发展和形成他们智力的、审美的需要又是必不可少的。

教师要善于、敢于、乐于给学生留下时间，要克服讲得越多越好的传统观念。一些教师具有高超的“布白”艺术，其教学效果并没有因为讲得少而有所降低。魏书生的教学就是一个实例。我们在听课时，一些教师总是反映课堂上时间不够用。对此，苏霍姆林斯基认为，“我可以同意这种说法，然而一定得补充说明一点：有时候，时间是白白浪费掉的”①。

苏霍姆林斯基认为教师要指导学生合理利用自由时间，教会学生利用自由支配的时间，不是靠口头解释，而是要靠组织活动，靠示范，靠集体劳动。合理利用自由活动时间，参加各种兴趣和爱好小组，是培养和发展青少年学生的精神力量，使其精神受到锻炼的重要活动项目，也是学生自己教育自己不可缺少的途径和手段。在帕夫雷什中学，学生拥有的“自由时间”同花费在课堂上的时间一样多。由于苏霍姆林斯基要求教师给学生留下许多自由支配的时间，他所在的帕夫雷什中学学生的主体参与都是落在实处的。可见，苏霍姆林斯基所创立的主体参与教育是一种在理论上科学，在实践上可行的模式。

培养学生参与的兴趣是主体参与的重要策略。苏霍姆林斯基认为，知识只有变成精神生活的因素，吸引人的思想，激发人的兴趣和激情的时候，才能称为真正的知识。从他的论述中可以认识到知识不仅具有启智功能，而且具有助趣功能。兴趣的品位在一定程度上是一个人素质的表现。苏霍姆林斯基要求教师深入到学生的兴趣中去，和学生的各种爱好、志趣结合在一起，在共同的活动中培养“精神共性”，“具有共同思想的志同道合的同志”。他认为，“个人兴趣多样”是个性全面和谐发展的人的重要品质。在培养学生的兴趣中，最重要的是要耐心启发和帮助学生，而不能一味要求，使学生对自己、教师失去信心。他要求所有教师都应极力激励学生经常处于情绪高涨状态，渴求认识世界，怀有更强烈的求知欲望，获得更多的科学知识，成为探求知识真理的积极参与者。要唤醒那些无动于衷的学生，把他从智力的懒惰状态中拯救出来。减轻学生脑力劳动的负担，保证其智力生活的丰富性也是培养学生兴趣的一种做法。

苏霍姆林斯基认为教师工作的一个重大缺点，就是对学生冷漠的、缺乏热情的态度。因此，他呼吁教师：请努力唤醒那些无动于衷的、态度冷漠的学生

---

① 王升．主体参与型教学探索［M］．北京：教育科学出版社，2003：49.

们的意识。他本人经常用巨大的热情培养学生全面参与的兴趣。

主体参与的热情、动力皆源于兴趣，兴趣可以使主体参与持久、深刻。在我国的主流教学中，学生缺乏主动参与的一个重要的因素就是教师不善于激发学生的兴趣。可见，苏霍姆林斯基的思想正是抓住了学生主体参与的心理机制。兴趣背后隐藏着教学民主、教学方法灵活多样、教学内容适当等教学因子。因此，可以说，培养学生的兴趣是主体参与的重要策略。

主体参与是顺利实现教育目标的保证。苏霍姆林斯基认为，教育中参与的主体是多元的。首先是全体学生的参与。他的全面发展教育是面向全体学生的，而不是少数学生。其次是全体教师的参与，他认为全体教师团结一致是教育工作成功的保证。全体教师包括学校领导，他本人是这方面身体力行的模范。他常常与学生、教师以及家长在一起，共同研究学生学习、成长的问题。最后是学生家长的参与。他认为，保证乐观主义的火苗，很重要的一点就是要使母亲父亲守护着孩子知识的摇篮，直接参与对孩子的教学，跟孩子一起为他的进步而高兴，关心他的成功和忧愁。他要求提高家长的素质，认为只有家长的文化、教育素养得到提高，他们才能真正参加到教育学生的行列，为此他提出构建“母亲教育学”。他的坚定信念是教育学应当成为众人的科学——不论是教师还是家长。

（三）苏霍姆林斯基关于主体参与的途径

主体参与途径的多样化有利于学生的全面发展。苏霍姆林斯基提倡的主体参与首先体现在智育方面。要使知识在学生的脑力劳动中，在集体的精神生活中，在学生之间的相互关系中活起来，活动、参与是关键。他认为，学生应当活在思考的世界里，真正的学校应当是一个积极思考的王国。他创设条件让学生进行独立的脑力劳动——研究性学习。苏霍姆林斯基认为，在一门学科的教学体系中，要通过学生的积极活动进行智育，发展学生的思维和言语。思维的参与是智育的关键。思维活动好比是一座把言语和思维连接起来的桥梁，这些活动能鲜明地反映出并且让学生深刻思考各种事实、事物、现象、劳动过程之间的关系。独立阅读是掌握第二大纲最重要的途径，应启发学生努力跳出课堂教学的范围去阅读、研究、思考。阅读离不开思考，观察也离不开思考。知识借助观察而“进入周转”。他定期让学生从正式课堂到大自然中去感受、亲自观察、思考和认识周围世界的各种事物、因果关系、相互关系及其本质、规律等。

同时，他主张要在教师的引导下，让学生自己去制作模型、编排故事等，激发学生的幻想。要通过认真准备和组织的游戏等活动，教会学生多动脑、动手。

在德育中，他也重视主体参与。他明确指出，培养和提高青年学生的品德的一个重要途径是鼓励他们尽可能多地参加各种劳动和社会活动，在活动中培养他们的良好的品德。

在体育锻炼和健康教育中，苏霍姆林斯基认为，需要全体学生参与，不能把运动从全体学生的体育手段变为个人争夺成绩的手段，不能人为地把学生划分为有运动才能和无运动才能的。他进而指出，只有当运动成为每个人都喜欢的活动时，它才能成为教育手段。他要求学生们利用课余时间参与课外活动，他把课余时间的活动看成教育上的“无价之宝”。我国学校普遍存在着学生课内生活时间太多，缺乏充足的课外活动的时间的弊端。在我们提倡“减负”的今天，苏霍姆林斯基的观点着实耐人寻味。

在劳动技术教育中，他激励学生从参加为社会、人民创造物质财富的劳动活动中，体验到劳动的公民责任心、义务感和紧迫感，体验到劳动给予精神生活的满足，也体验到由于劳动而激发出的自尊心、自爱心、尊严感、荣誉感和自豪感。他认为创造性劳动与劳动者的才能、天资和兴趣的发展有直接联系。让学生通过多种多样的劳动参与、劳动探求，不仅获得丰富而充实的劳动知识、技术和技巧，而且使各种天资、兴趣、才能得到充分的、全面的发展。

在美育中，苏霍姆林斯基认为游手好闲是美之大敌。他把耳闻目睹、接触观察、倾听理解的办法比喻为学生通向美的世界的第一个窗口。如果学生通过亲自参与使原有环境更加美好，他们会感到无比欣慰。他认为一个从商店买来的细瓷瓶在学生亲手捏成的泥瓶面前会黯然失色。

苏霍姆林斯基是一位关注人的全面发展的教育家。他在德、智、体、美、劳等方面都非常重视学生的主体参与。可以说他所倡导的参与是“全面参与”。其全面和谐发展教育就是通过这种全面参与而实现的。如果没有学生的全面参与，他们素质全面的提高就是一句空话。

二、杜威的主体参与的思想

（一）“从做中学”——主体参与的指导思想

“从做中学”的思想是建立在杜威具有生物进化论成分的心理学和经验论哲

学观的基础之上的。在他看来，“从做中学”的“做”就是人的生物本能的活动。他认为人有四大本能：制造的本能、交际的本能、表现的本能和探索的本能。由此本能，人便自然有兴趣制作、社交、艺术表现与探索。而这些行为都属于“做”的范围，因此，“从做中学”必然适合大部分人的需要和一个人大部分的需要。在教学活动中，教师应不断创设情境，在激发性情境中，学生才能不断产生活动的动机。

杜威认为，人们最初的知识和最牢固地保持的知识，是关于怎样做的知识。应该认识到，自然的发展进程总是由包含着从做中学的那些情景开始的。儿童应该在由自己做主的活动中开始学习，据此认识，他提出教学应该从儿童的经验与生活出发，让他们在活动中学，从经验中学①。他所提出的就是使“所有的教学方法都建筑在对学习者有意义的、直接的、具体的经验之上”②。教学时应该让学生开展活动，而不是让他们静听、静读。他对传统的教学模式进行了尖锐的批评。传统教学按几何图形摆放桌椅，学生们被限制在它们中间不能活动，被动地接受教师塞给他们的知识。这种教学以教师、教材为中心，却忽视了学习的主体——学生活动的重要性。为此，他提倡活动教学，强调给学生充分的活动天地。杜威对实施“从做中学”的学校教学和传统教学的区别有一段具体的描述：

以表现个性、培养个性，反对从上面的灌输；以自由活动，反对外部纪律；以从经验中学习，反对从教科书中学习；以获得为达到直接需要和目的的各种技能和技巧，反对用训练的方法获得那种孤立的技能和技巧；以尽量利用现实生活中的各种机会，反对为或多或少遥远的未来作准备；以熟悉变动中的世界，反对国家不变的目标和教材③。

杜威虽然重视“从做中学”，但他对此也有公正的态度，认为教学中要以学生为中心，让他动手做事，但并非放任自流，学生应该“困而后知”，每一步的学习都应当是下一步的基础。他要求教师加强对学生的指导，但必须是注重教学艺术的、符合学生心理特点的指导。为了“从做中学”，杜威还要求设计活动

① 赵祥麟，王承绪．杜威教育论著选［M］．上海：华东师范大学出版社，1981：50－51.
② 赵祥麟，王承绪．杜威教育论著选［M］．上海：华东师范大学出版社，1981：54.
③ 王升．主体参与型教学探索［M］．北京：教育科学出版社，2003：220.

性课程。他强调，一个课程计划必须考虑到能否适应现代生活的需要；选材时必须以改进我们的共同生活为目的，使将来比过去更美好。他又说，学校在教材上“迫切的问题是要在学生当前的直接经验中寻找一些东西，它们是在以后的年代里发展成为比较详尽、专门而有组织的知识的根基”①。他认为，课程的学习应该再现从原始到现代的全部过程，使学生遵循历史上人类进步的足迹。也就是说，应该让学生体验到知识的形成过程。他认为，课程的主要内容应该是各种形式的主动作业，例如，园艺、纺织、木工等。这些课程把人类的基本事物引进到学校课程中来。在他看来，教材不能与学生所从事的作业活动相隔离。

杜威的“从做中学”的思想为学生在教学中的主体参与提供了重要的理论依据。

（二）有利于学生主体参与教学的原则和方法

1. 适合学生兴趣的原则

杜威在吸收当时先进的生理学和心理学合理成分的基础上，提出了激发学生兴趣的主张。他认为，“兴趣是生长中的能力和象征”②。教师只有了解学生的兴趣之所在，才能有针对地选择教材、教法以及实现学生“从做中学”的策略。他认为，学生的兴趣反映着学生的才华，教师要适时地引导、激发他们的兴趣。他同时也提出，教师不能仅仅为了满足学生的表面的兴趣而不注意思维能力的培养和经验的获得，也不应该放任兴趣。放任兴趣容易导致不问学生在“做”什么，使学生不能很好地“从做中学”。一味地从兴趣出发，学生就很难参加具有一定难度的活动，这会影响教学质量。

由此可见，杜威提倡的兴趣还是“从做中学”的兴趣，培养与激发学生的兴趣还是为了做得更好、学得更好。从杜威对思维、任务难度与兴趣的关系的论述可以看出，杜威非常重视我们今天所说的实质参与，即他认为的“从做中学”是实实在在的“从做中学”。

2. 调动学生主动性的原则

杜威所提倡的“从做中学”是学生具有主动性的从做中学，只有这样，教

① 王升．主体参与型教学探索［M］．北京：教育科学出版社，2003：229.

② 王升．主体参与型教学探索［M］．北京：教育科学出版社，2003：47.

学中的活动才能促进学生的发展。为此，他认为，教师能否激发学生的主动性将关系到教学的成败。他认为，学生在本性上具有主动性，教师的责任在于激发学生的本性。他突出强调动作的重要性，认为观念由动作引导，动作先于认识，要提高教学的有效性，必须把学生主动的本性焕发起来，让他们勤于“动作”，只有这样，才能使学生不断获得新的“经验”。因此，教师要给学生许多自主活动的余地，使他们在自我探究、提问、解疑中前进。不发挥学生的主动性是学校工作中大部分的时间和精力浪费的原因。学生被置于被动的、接受的或吸收的状态。情况不允许学生遵循自己本性的法则，结果造成阻碍和浪费。

3. 符合学生生活实际的原则

他认为学生是社会的成员，成人应该让他们认识到自己与周围的社会关系，认识到他们作为社会人应该有一定的责任感。因此，他不仅提出了“儿童中心”，而且还提出了“社会中心”，这是在他的“教育即生活”“学校即社会”的教育理念的基础上提出来的。他说“生活就是发展，而不断发展，不断生长，就是生活。用教育术语来说，就是：1. 教育过程在它的自身以外无目的，它就是它自己的目的；2. 教育过程是一个不断改组、不断改造和不断转化的过程”①。他又说“没有教育不能生活。所以我们说教育即生活”②。他认为，最好的教育就是“从生活中学习”，“从经验中学习”。教育就是现在的生活，而非生活的准备。他认为，传统教育的一个主要弊端是学校教育同儿童的生活经验相脱离。还认为，学校应该成为“一个小型的社会，一个雏形的社会”，“使得每个学校都成为一种小型的社会生活，以反映大社会生活的各种类型的作业进行活动……”③ 据此，杜威认为，学校应当具有生机勃勃的现代生活情景，教学必须符合社会生活的要求。例如，学校也应创设像商店、工厂一样的环境，让学生在这种生活化的环境中开展活动。他提出教育、教学符合生活，并非照搬生活原型作为学习的课程内容，而是在此基础上演变出生活化的课程。他重视学生的亲身感受、体验，他把“经验”看得比书本知识更重。杜威为学生主体参与教学在理论上设置了生活化的课程内容，这在今天仍具有重大的现实意义。

---

① 赵祥麟，王承绪．杜威教育论著选［M］．上海：华东师范大学出版社，1981：41.
② 赵祥麟，王承绪．杜威教育论著选［M］．上海：华东师范大学出版社，1981：41.
③ 赵祥麟，王承绪．杜威教育论著选［M］．上海：华东师范大学出版社，1981：89.

（三）思维参与的方法

杜威指出："在理论上没有人怀疑学校培养优良思维习惯的重要性。"① 但是事实上，这个看法在实践上不如在理论上那么被真正承认。此外，就学生的心智而论（某些特别的肌肉能力除外），学校所能做或需要做的一切，就是培养学生的思维能力，对于这一点，也还没有足够的理论上的认识。他认为，思维就是明智的学习方法，是教学过程中明智的经验的方法。思维不会无缘无故地产生，它是学生在实际的情境中直接经验的结果。思维的作用就是"将经验到模糊、疑难、矛盾和某种纷乱的情境，转化为清晰、连贯、确定和和谐的情境"②。他提出了思维过程的五个步骤：

1. 疑难的情境，处于困惑、迷乱、怀疑的状态；
2. 确定疑难的所在，并从疑难中提出问题；
3. 通过观察其他心智活动以及搜集事实材料，提出解决问题的种种假设；
4. 推断哪种假设能够解决问题；
5. 通过实验，验证或修改假设。

根据思维的五个步骤，杜威提出了教学的五个步骤：

1. 提供情境、暗示，使学生对学习有兴趣；
2. 产生疑问；
3. 产生解决问题的思考和假设；
4. 学生自己负责，设计方法，进行问题的解决；
5. 学生通过应用来检验他的想法。

他的教学五步，始终都强调学生通过主体参与完成每一步骤。

（四）对杜威教育思想的总结

1. 杜威的"儿童中心说"真正从理论上确立了学生的主体地位，在他所认为的教学中自始至终充满了学生的一系列活动。在教育史上，他率先把教学的重心从"教"转向了"学"。因此，杜威是自始至终的学生主体参与的提倡者、奉行者。他的教育思想为学生主体参与教学提供了坚实宽厚的理论基础。正是因为杜威思想强烈的人文主义气息，对学生无与伦比的关注，他的理论才具有

---

① 赵祥麟，王承绪．杜威教育论著选［M］．上海：华东师范大学出版社，1981：89.
② 赵祥麟，王承绪．杜威教育论著选［M］．上海：华东师范大学出版社，1981：65.

强大的生命力。我们完全有理由认为，杜威是教育史上较早系统论述主体参与的教育家。也不难看出，杜威是从哲学、心理学、生物学、教育学的角度进行主体参与研究的。正是因为这样，他的“从做中学”的主体参与思想才能经得起时间的考验，才体现了现代教育的鲜明特点，才具有重大的历史和现实意义。

2. 杜威的主体参与集中体现在他的教学活动中，他的“动作”“活动”其实就是学生对活动的主体参与。“从做中学”是他教学思想的核心，也是其他教学理论的基础。“从做中学”就是在主体参与中学习。此外，他所谓的“做”是学生主动积极地做，而不是消极、被动地做。从这两方面来说，他的“从做中学”思想就是主体参与的思想。

3. 杜威“从做中学”的目的就是实现学生个性的完全发展。虽然他认为“教育无目的”，但他的教育中蕴含着鲜明的促使学生发展的目的。“参与—活动—发展”，这是杜威教学思想的一条主线。

4. 由于杜威十分重视学生思想在“从做中学”中的培养，这就使他所提倡的主体参与是实质参与，而非徒有动作的形式参与。他的“教学五步”具体体现了思维参与的步骤与方法。

5. 杜威十分重视培养学生的兴趣，激发他们的动机。由此可见，他十分重视在“从做中学”中的非智力因素的作用，它们可以保证主体参与的顺利进行。

三、皮亚杰的主体参与思想

（一）皮亚杰的主体参与思想的心理学基础

皮亚杰的发生心理学其实就是儿童思维发展的结构论。他认为只有在儿童的主体结构与儿童的社会环境相互作用中才能实现他们思维的发展①。他经过长期的观察得出一个结论：儿童的思维是在主体对客体适应的过程中形成的，它不取决于先天的成熟和后天的经验。他认为儿童的认知结构决定着相应的智力发展水平，主体正是在这种内部结构的基础上，在与客体发生相互作用中认识客体的。他把智力的本质看作一种思维结构。客体只有借助于主体结构才能为主体所认识。认知结构是人的发展的先决条件。皮亚杰的认知结构无疑是对传统经验主义认识论的挑战。这种认识论的认识是用感知觉反映对象的单向活

① 吴也显．教学论新编［M］．北京：教育科学出版社，1991：98－99．

动。皮亚杰的认识论承认主体与客体的分化是认识产生的前提条件，但这种通过分化产生的认识是主体在活动中演进的结果。“知识的来源，既非来自客体，也非来自主体，而是来自最初无法分开的客体和主体之间的相互作用。”① 皮亚杰认为，要形成主体结构或者要认识客体结构，就必须依赖于主体的“动作”（或“运算”与“操作”）。皮亚杰认为，主体的活动是认识发生、发展的逻辑起点。皮亚杰第一次从发展认识论的角度说明了活动的重要性。与前面所说的杜威的观点相区别的是，杜威重视通过思维的反省区分主体与客体，而皮亚杰则认为主体与客体是在相互作用的活动中实现分化的。

皮亚杰是从他的生物学的观点出发，揭示适应是儿童思维形成的内在机制的。他认为这种适应是一种高度发达的能动的适应，而非被动的适应；这种适应是由低级到高级的发展过程，而非静止状态。皮亚杰把主体结构的特征称为“图式”。儿童心理的发展就是其“动作”图式不断完善的过程。主体结构是通过“同化”与“顺应”来完成与外界客体交流的。同化即主体把客观因素纳入到主体结构的过程；顺应即主体不能同化客体因素时，进行自我变化，调整原有的图式，以适应客体因素的过程。介于同化与顺应之间，有一种稳定的“平衡”关系。智慧活动就是同化与顺应轮流居于优势地位的平衡状态或过程。平衡过程的力量不是来自主体外部，而是来自主体内部，它是主体不断进行自我调节的结果。自我调节不断协调其他因素，使之成为一个相对无矛盾的整体。皮亚杰在综合分析的基础上，把知识的形成归结为知识形成认知结构与新知识形成的机制两个方面。

（二）皮亚杰的主体参与的教学思想

1. 以学生发展为核心的教学目标是学生主体参与的价值依据

皮亚杰认为，应该在成人社会与接受教育的儿童的相互关系中确立现实的教学目标，即教学目标不仅是儿童接受成人世界现成的知识，而且还是通过他们自身的创造性努力与实践活动，并借助他们已有的生活经验获得新知识。因此他认为通过教学，第一方面要培养掌握现成知识的人，第二方面要使学生具有主动探究、不断创新的精神与能力。针对传统教学重视知识的接受，不重视学生发展的弊端，皮亚杰尤其重视第二个方面。他认为儿童不应该变成消极接

① 王升．主体参与型教学探索［M］．北京：教育科学出版社，2003：19.

受知识的“容器”，而是要学会思维。同时他认为不能放松系统知识的传授，因为思维的发展只有在具体内容的认识理解过程中才能实现。为了克服传统教学的弊端，皮亚杰认为，学生应该是教学认识的主体，他们的积极能动性是获得知识的重要条件，教师应让儿童主动参与教学活动。他认为“陈旧的教育观念已经把教师变成了基本知识或比基本知识略高一点的单纯的传递者。”① 为此，他认为教师应该自己从传统教育中解放出来，努力进行教育科学的研究。

2. 主动自发的教学原则

为了实现他所提出的两个方面的教学目标，皮亚杰提出了让儿童主动自发地学习的观点。他认为儿童是通过他们的活动建构使他们的思维获得发展的，因此，儿童的自主性在教学活动中具有极其重要的意义。他认为，真正的学习并非教师对学生的知识的灌输，而是儿童自发性和主动性的认识行为。他们自发主动学习，不论是对智力的发展，还是对品德的发展都是至关重要的。主动学习是建构认知结构的必要条件。教师应着力发展学生的主动性，而不能强迫学生学习。

皮亚杰所说的主动包括学生行为的主动和心理的主动两方面。要调动学生的主动性，就必须激发学生的兴趣和动机，它们是学生同化和顺应活动的动力。

对于教师而言，皮亚杰理论最重要的启示是其是学生发展的支持者，主要任务就是促进学生主动学习。

3. 活动——认识发生的机制

皮亚杰认为主体与客体发生作用时，有一个很重要的机制，即活动。他认为人的思维产生于人的动作，这是他的发生认识论的核心思想。他认为动作是主客体相互作用的桥梁，是知识的来源。活动是皮亚杰认为最为重要的教学方法。需要指出的是，皮亚杰所认为的“动作”是儿童个体的实际活动，它区别于马克思所说的社会实践。在他看来，“思维就是操作”，思维就是内化了的动作。他的活动，首先，指的是学生在行动中获取知识。教师在教学活动中不再只是进行演讲、演示，而是提供材料、创造情境。其次，指的是学生之间的相互合作，它可以使同学集思广益，彼此提高。学生在教学中通过“动作”，而不是简单地接受，达到了他对知识的自我建构。为此，教师必须把激发学生的兴

---

① 王升．主体参与型教学探索［M］．北京：教育科学出版社，2003：27.

趣和动机、鼓励他们积极主动地学习作为他的首要任务，否则学习将是“皮毛的，无意义的和无关痛痒的，而且常常易忘记得一干二净”①。

外部活动及其内化，外部活动及其外化的转化过程，促使认知结构的形成，促进主体与客体的统一。皮亚杰认为人的文化—心理结构源于人生物—心理结构，主体的主动活动是实现这种转化的前提。

4. 合作是主体参与的重要前提

皮亚杰认为，应该把学生的个人活动与集体活动结合起来。学生应主动地服从纪律。他反对无政府状态的个人主义的活动。他十分重视师生之间、学生之间的交往。他的想法中更多的是合作性交往，而非竞争性交往，他把社会相互作用与合作互助看成儿童个性发展的重要手段。基于此，皮亚杰提出了“同伴影响法”的教学方法。要鼓励学生在一起交流、讨论。这并不意味着降低教师在教学中的地位，相反却对教师提出更高的要求，教师要在活动设计上多下功夫。

5. 主体参与的阶段性特点

皮亚杰认为教育要注意学生的特点，要按学生的不同年龄阶段进行。他在大量实验的基础上得出结论：阶段性是儿童智力和思维发展的重要特点。经过长期实验研究，皮亚杰把儿童思维的发生、发展分为四个阶段：感觉运动阶段、前运算阶段、具体运算阶段和形式运算阶段。“只有在每一个阶段都施以良好的教育才能加以增进，而不是损害儿童的心理成长。”② 如果教师在教学中采取不顾儿童心理特点的行为，只能是徒劳无功。

（三）对皮亚杰主体参与教学思想的认识

1. 皮亚杰从生物学的角度认为，人的活动首先是一种适应，这是一种自我调节。他虽然强调人的主体参与，但他所谓的主体参与不是从人的主体性角度，而是从生物本性的角度提出来的。他有一个概念——“成熟”，这是一个生物学术语，主体参与就是人成熟的一种表现。不同成熟水平的人，其参与水平是不同的。皮亚杰批判了行为主义的 S—R 理论，认为主体的认识不是对客体的简单的反映，而是主体客体相互作用的活动。他的发生认识论把活动作为认识发生、

---

① 赵祥麟，王承绪．杜威教育论著选［M］．上海：华东师范大学出版社，1981：44.

② 史根生．主体教育论［M］．北京：科学出版社，1999：112.

发展的有效机制，这为学生主体参与提供了逻辑前提。皮亚杰的建构主义为学生主体参与提供了强有力的心理学支持。他的同化与顺应的观点提供了学生参与的两种不同方式。

2. 皮亚杰所确立的教学目标，尤其是培养学生主动探究、不断创新的精神与能力的教学目标，为学生主体参与提供了价值取向。他是从学生发展的高度提出他的教学目标的。我们可以看出，皮亚杰不仅从心理学的角度为学生主体参与奠定了坚实的理论基础，而且还制定了有利于学生主体参与的教学目标。

3. 在自身提出的教学目标之下，皮亚杰依据“成熟”的生物学原理提出了自主性的教学原则，这就使得主体参与一步一步由理论变成了教学实践。

4. 皮亚杰认为活动是认识发生的前提，这是教学认识阶段理论改造的一个重要理论依据，也是我们研究主体参与的逻辑起点。

5. 皮亚杰揭示了儿童思维发展的连续性和阶段性，为儿童发展阶段确立了标准；还揭示了儿童发展的一般过程。这是我们进行主体参与过程研究的心理学启示。

当然，皮亚杰的发生论还有一些问题需要商榷。比如，这一理论是在生物学、逻辑学与心理学的基础上形成的，强调认识发生的生物学根源，强调生物适应，而没有从哲学主体性的高度重视人在认识中的主观能动性。在认识发生的机理上他忽视了社会传递同儿童智力建构之间的必然联系，不能更合理地解释认识结构形成的社会机制以及主体活动的社会本质特征。

四、外国教学论流派中典型的主体参与思想

（一）布鲁纳的主体参与思想

布鲁纳在他的结构主义理论的指导下，提出了“发现学习”。这应该说是对20世纪50年代后期以来世界范围内所提倡的启发式教学的一种发展。他认为，“发现法”就是用自己的头脑亲自获取知识的一种学习方法。运用在教学中，即不是教师讲、学生听，而是教师通过引导、启发，让学生自己去认知、概括，从而达到发展他们的目的。他重视系统结构、基本知识，非常强调学生的主动性、积极性，要求学生积极参与教学过程。他认为向学生提示学科基本结构，可以引导他们形成独立发现的力量。同时他也强调教师对教学的充分指导。由此可见，他虽然提出了“发现学习”，使之成为“接受学习”的对立面，但他

的“发现学习”中也包含了一定接受的成分。

布鲁纳认为，“所谓学科的教学，不是灌输作为结果的知识，而是指导儿童参与形成知识的过程”①。认识是一种过程表现，是认识者按照自己的认识模式，或是主动把人类认识成果的概念原理纳入自己的认知结构，以发展自己的认知水平的过程②。对认识者来说，认识过程必须渗透自己积极的探究。而要实现对已有知识的“我化”，认识者就必须亲自参与到“发现的行动”中去。他认为，为发现而从事的探究活动其种类是多种多样的，所以认识过程不可能是单一的，认识方式和途径也应根据知识的类型适当加以选择。以知识为本位的教学由于只重视知识的掌握，所以在整个的教学中教师看重的是教学结果，而忽视了知识掌握的过程。这种具有一定参与性、实践性的认知过程是与学生的发展过程同步的。

布鲁纳赞成摒弃外部动机说，主张学习者的上进需要才是形成学习的真正动力。学习不是为了满足一时的冲动性需要而由学习者发出的随机性的行为，而是旨在实现学习者自身的发展而进行、具有一定意志的认知性活动。学生参与主体参与教学，主要靠的是他们的内部动机，如果没有这种内驱力，只有外部动机是不能使之积极参与教学的，他强调要调动学生良好的学习动机。知识的获得是一个积极的过程，他强调的动机和信心，实际上就是学生将自己视为知识获得过程的一个积极参与者的迫切愿望。此外，他认为要使学生养成“自我推进”的能力，就要充分发挥学生的主动作用。要发展“理智上的忠诚”，即学生热切希望运用某门学科的仪器和材料，去检查和纠正他们解决问题的办法、思想和见解。教师要想使学生进行主体参与，就必须激发学生的内部动机，使学生具有参与的强烈愿望和浓厚兴趣。为此，教师的主要任务是创设情境。

（二）罗杰斯的主体参与思想

罗杰斯认为教学中学生的学习行为应当包括四个要素。

1. 学习具有个人参与的性质，即整个人的情感和认知两方面都投入学习的活动。

2. 学习是自我发起的。虽然不可否认外因对学习的作用，但学习行为的最

---

① 王升．主体参与型教学探索［M］．北京：教育科学出版社，2003：189.

② 丰子义，孙承叔，王东．主体论——新时代新体制呼唤的新人学［M］．北京：北京大学出版社，1994：108－109.

终发起还要靠学生的内因。

3. 学习是渗透性的，它会使学生个性的各方面都发生变化。

4. 学习是学生自我评价性的，因为只有学生才最清楚学习是否能够满足他们自己的需要。

可见，在罗杰斯的教学思想中，主体参与处于十分重要的位置。

罗杰斯认为，学生要在教学中“全部沉浸”。传统教学被罗杰斯认为是“颈部以上的学习”。他说在教室里向学生提供的教材和教师们的讲述，同无意义撮合的实验一样，对学生来说是毫无意义的。这种类型的学习只顾“头脑中”进行的学习，它没有感情，没有个性的意义。这是同完整的人毫不相干的。他认为在教学中要使学生整个人沉浸在学习之中——躯体的、情绪的和心智的。可以说，这种全身心的卷入就是学生主体参与的最佳状态。在主体参与教学的研究中，我们一致重视“参与度”问题，应该说，罗杰斯“全部浸入”的观点给我们以很大的启发。学生在学习中仅有智力的参与，是很难做到参与的高效性和持久性的，只有情感因素和智力因素的协调才能使学生“全部浸入”。

罗杰斯提倡学习的自由，这是主体参与的最佳境界。为了实现“全部沉浸”，就必须给学生以参与教学的自由。他认为，人格是以自我为中心的，认识的行为并非是由外界刺激产生，而是由内在需求引发的。罗杰斯所企求的是最大程度地允许学生个人选择教育环境。他认为教学的方向来自学生，在教学中学生有自己选择的能力和权利。他明确指出在教学中应给予学生学习的自由。他所认为的学生的自由主要表现在：学生有选择的余地，可以分组讨论一些问题，组织探索性和创造性活动，让学生进行自我评价等。我们要根据学习者而不是教师的学习活动做出评价，这样便培养了独立性、创造性和自我依赖性。

为了获得自由参与的机会，罗杰斯提倡“自我主导型”教学，他说无论是蹒跚学步的孩子，还是玩积木的儿童，都是在兼有自身的思考与情感方式的前提下发现对自身有某种意义的东西的。他的“第二类学习”可以称之为“重要的有意义的经验性学习”。罗杰斯重视人在认识中的能动性和选择性。他所倡导的“自我主导型”教学模式的特征是：学习者要体验到对他人的独立思考能力和独立学习能力的一种基本信任感；促进者与学生共同承担起对学习过程的责任；提供一种促进的学习气氛即一种真实、关心和理解性倾听的气氛；学生自己形成学习计划、选择学习方向并对选择的后果承担责任。他认为只有自己发现，学到的知识才是最有意义的。基于此，他提出了教会学生学习的教学方法。罗杰斯要求教师要用情意因素来促进学生自觉乐意地学习，要提供给学生主动参与的机会和条件。个人能够用建设性的方法去驾驭自身的生活环境。教师作为顾问必须“尊重”和“估量”具有充分的自我主宰力的人的那种“自我主导”的能力。为此，顾问必须具有三种基本条件：移情性理解、无条件的好意尊重和真诚。“凝结着信赖和共鸣的人际关系将有助于他人自身的改造，从而促进学习。”① 罗杰斯认为，教师应当把学生的感情和问题所在放在教学过程的中心地位。

为使学生有更多的参与机会，罗杰斯提出了好几条原则，其中有两条是：我们不能直接地教授他人，我们只能使他人的学习容易地展开；人是抱着维持自己的构造或是强化自己的构造，有所侧重地学习的。这两条原则尤其是第一条原则对我们很有启发意义。从中我们应该懂得：教师在教学中的作用毕竟只是为了使学生的学习易化。给他们创造一个良好的学习环境，应该是教师的主要任务。罗杰斯要求教师“自己的发言要有所节制”。

（三）布卢姆的主体参与思想

布卢姆较好地论述了主体参与中的个别差异问题。布卢姆为人人都参与教学找到了突破口。他的开发性教学提供了以基础能力、能力倾向各有差异的学生组成的学习集体为前提，以传统的集体学习的教学方式为核心，照顾优生和差生的不同的教学策略。布卢姆认为只要依据每个儿童的能力和能力倾向，以及学习的成绩状况，有重点地给予适当的学习课题，并且改变学习的时间量、教学方法、学习方法等，那么，所有儿童最终都能达到确定了的全部教育目标群。他所追求的“掌握学习”是以“人人都能学习”这一信念为基础的。教学中，为了使“人人都能学习”，学生就必须人人参与。20 世纪 70 年代以来，布卢姆与来自许多国家的研究生一起从事“掌握学习”的研究。他在后来的深入性实验班里增添了一些新的措施：改进教师的提示和解释、强化学习小组活动、改进阅读和学习技能、改进家庭教育等，其目的是使更多的学生参与教学活动。反思我国教学中学生主体参与教学的现状，我们就会由衷地感到大面积学生参与的必要性。

---

① 王升．主体参与型教学探索［M］．北京：教育科学出版社，2003：96.

布卢姆十分重视非智力因素在学生参与中的作用。在他的教学目标体系中，“情感目标”占有很重要的地位。这不仅是教学所要达成的一个目标，同样也是教学成功的动力保证。学生的非智力因素品质就需要在“情感目标”中培养。布卢姆的“掌握学习”能给学生的“自我观念”产生极大的影响，使每个学生在成功的体验中可以获得一种学习的自信。他十分重视在教学中培养学生的自信心，激发他们的学习动机和学习兴趣。他注重对学生的鼓励和学习方法的指导，认为这是学生学习成功的重要因素。主体参与的启动靠的是学生的自信，主体参与的成功靠的也是学生的自信。在整个非智力因素当中，自信应该是个关键。但许多教师的教学不但不能树立起学生新的自信，反而使他们失去了原有的一点自信。布卢姆在这方面的见解不能不让人深思。

教师在学生主体参与中的作用。布卢姆认为，教师只是学生学习的一个帮助者。许多学生不能取得好的学习成绩的原因是：没有适合的教学帮助和学习时间。只要这两个条件都具备了，任何学生都是可以学好的。教师一定要充分信任学生自我学习的能力，不在教学中大包大揽。同时，他十分重视形成性评价，强调在教学过程中给学生及时纠正错误。在教学中教师要用自己“导”的主体性调动学生学的主体性，其指导作用在一定程度上体现在对学习失误的矫正上。

（四）施瓦布的主体参与思想

主动探究是教学中主体参与的重要形式，通过这种参与方式，学生不仅可以体验知识形成的过程，而且可以养成努力钻研的良好学风。施瓦布的主体参与思想就体现在“探究学习”上。他认为探究学习是这样一种过程：通过学生积极主动地对客观事物进行探究的过程，发展他们的探究意识和探究能力，从而形成一定的科学概念。这是他们进一步发展自己的前提。施瓦布的探究学习既可以表现在课堂上，也可以表现在学生在课外的主动探究上。我国现在十分重视“探究学习”，教育部提出的“研究性学习”，旨在通过学生的主动参与，获得一种积极探究的意识和能力。施瓦布在三十多年前的观点仍然对我们进行研究性学习具有一定的指导意义。

在理科教学上，施瓦布认为主体参与要体现在“做科学”而不是“读科学”上。他认为以前的教育犯过两大错误：一是机械的方法代替了智力活动；二是不区分学习本身同作为结果获得的知识的不同，陷入了单纯地传授学习的误区——知识的倾向，尤其对理科教学而言，不是让学生动手“做”科学，而是去“读”科学。由于施瓦布特别重视学生参与探究学习，传统的“教材中心”让位于“方法中心”，“教师中心”让位于“学生中心”。他的这种教学模式强调：知识的获得固然很重要，掌握知识如何获得的过程更为重要。发展性教学必然从过去重知识掌握的结果到重知识掌握的过程，因此，在教学评价方面，我们开始重视过程性评价。

为了有利于学生的探究，必须对当前的课程、教材、教法进行一定的改革，即精选基本教材，注重科学概念的授受。他在课程方面区别于以往的理论提出了实践模式。传统教学中，教师对学生的指导基本体现在对教学内容的指导上。而对教学内容的直接指导往往会使学生失去独立探究的机会，教学就成了教师的“包办”。施瓦布强调要对教学方法进行必要的改革。对学习方法的指导，就教学内容而言，具有一定的间接性，学生可以按照教师提示的方法去做出自己的探索。

五、西方教育界关于主体参与的专题研究

1. 主体参与研究的社会热潮

国外社会学在20世纪后期开始重视对参与问题的研究。在有些方面参与的研究是用“卷入”代替的。卷入有自我卷入、问题卷入和反应卷入之分。20世纪70年代是政治上共同参与民主制的发轫时期，共同参与的原则改变了美国生活的各个方面。在企业，雇员要求更多的权利，工人要求更大的参与权。正如要求在政府中扮演一个新的共同参与制的角色一样，人们对公司也有同样的要求，他们通过改组公司结构，使工人、股票持有者、消费者和社区领袖平等参与公司的重大决策。公司也通过更加积极、广泛地参加政治和社会活动而寻求在外部世界中起新的作用。

从这个时期开始，人们已经看到那种仅仅依靠少数冒尖人物的战略，使美国的生产率在世界上失去了居于首位的荣誉。正是这一主要原因，促使人们重新估量共同参与的价值。美国的公司不得不重新看待工人参与的价值。他们是从日本的“质量圈”获得一定启示的。“质量圈”在日本十分盛行，即一起工作的一群人，定期聚会，参与讨论与工作有关的问题以及解决的办法。类似的组织还有“生活质量小组”。他们都是为了给人们提供一定的主体参与的机会。

日本的这种参与法使日本生产率突飞猛进。过去关于共同努力的新价值观念被经理们认为是很傻气的，现在，工人们的主体参与给他们带来了效益，他们从经济利益的角度承认了主体参与的合理性。现在，美国人认为，共同参与民主制即使在处理私人关系时也是十分有用的。如果要使人热情支持一项决定，那么就必须使他们感到对这项决定有“份”。

20 世纪 80 年代以来，美国形成了一种事必躬亲的行动哲学，这种理念被上至总统、议员，下至普通民众所接受，从根本上改变着人们的生活。后来，人们提出了一个指导原则：共同参与民主制，即凡生活受到某项决策影响的人，就应该参与那些决策的制定过程。不管人们是否同意或遵行这一观点，共同参与制已经渗入人们价值系统的核心，对人们的生活产生很大的冲击。

社会心理学家也对参与进行了研究。它是从听众对说话者话题的参与程度、对说话者态度的影响等问题入手进行参与研究的，认为听众卷入不仅影响演讲者的态度，而且影响演讲者的效应和信息变量。

2. 教育学对主体参与的专题研究

几乎在同一时期，西方教育界研究课堂教学的视角逐渐从教师转向学生，学生主体参与的研究一度成为一个热点问题。人们综合运用教育学、心理学、社会学等学科的理论和方法对学生的参与进行了卓有成效的研究。根据研究内容的划分，已有的成果有两类：对学生参与的本体研究，它包括参与类型与参与发展的研究；关于学生参与相关性研究，包括学习成绩、自我概念、性别等因素与参与的关系。一些学者对学生参与进行了动态与静态、质与量等方面的研究，形成了系统的参与学习理论。可以说，通过系统的主体参与的理论研究，西方国家的教师和学生都有较强的参与精神和能力。在教学实践中，美国课堂花花绿绿的像游乐园，学生上课围圈坐，教师居中，一起探讨问题；法国学生不受每节课 45 分钟、每星期 5 天的限制，教室被布置成“T”形以便师生交流；英国教师认为知识可以通过图书馆获得，上课时间宝贵应该用来激发学生的创造性思维，上课以讨论为主。

3. 对学生参与的本体研究

有学者认为，参与是由内在行为和外在行为的共同投入形成的，它具有一定的连续性。学生的参与不仅在量上而且在质上都存在一定的差别。参与对于学生的影响不仅体现在学习方面，还体现在他们作为社会角色的发展方面。因此，教育教学中的参与具有十分重要的意义，这就决定了我们研究学生参与的重要性和必要性。以往关于参与的研究主要表现在学生参与的特点和发展两个方面。

学生参与的特点主要是从分析性研究与综合性研究两个方面对参与性质的刻画，它更多的是对学生参与的静态分析。分析性研究指从多角度对参与所进行的量的评价；综合性研究在对参与进行多视角分析的同时，还对学生参与的类型进行了划分。

第二节　我国教育学家的主体参与教学的思想

我国教学思想史上，从孔子到陶行知，一些教育家的论述中渗透着一定的主体参与思想。

一、孔子、墨子、《学记》的主体参与思想

（一）孔子的主体参与思想

孔子具有鲜明的主体参与教学思想。他认为教学不仅是教师教的过程，更重要的是学生学的过程，他总是从学生的角度研究教学问题，在他看来，学习过程包括学、思、行三个紧密联系的环节。学习首先是求知，求知有“多闻”“多见”“不耻下问”等多种形式。孔子有句名言：“学而不思则罔，思而不学则殆。”他非常重视学习过程中的“思”，这是因为“思”是比“学”更高级的一种学习活动。为了使学生在学习中达到思的目的，孔子重视教师在教学中对学生的启发。他说“不愤不启，不悱不发”。孔子也十分重视教学中的“见诸行动”，强调要“身体力行”，即知行统一，言行一致，他要求学生“敏于事而慎于言”，“讷于言而敏于行”，“言必行，行必果”①。“身体力行”是自省自律基础上的自我教育，是比学和思还要复杂的学习过程。

总的来看，孔子从三方面对教学过程中的主体参与进行了论述。他尤其强

① 夏惠贤. 多元智力理论与个性化教学［M］. 上海：上海科技教育出版社，2003：111－112.

调思维的积极参与，为了有利于学生的思维参与，他提倡启发性教学。

（二）墨子的主体参与思想

墨子从参与方法、思维参与、参与意志上论述了学生在教学中的参与行为。在学习方法上，墨子提出了"述而又作"的学习主张。墨子反对"信而好古，述而不作"的保守态度，认为学生的学习要在继承的基础上发展、创新。这为学生提出了学习上的方法论指导，即他们不能只是在教学中听讲记诵，而应当有所创见。在学生思维的发展上，他提出了"察类明故"，即在类比中探明事理。他还提出学生在教学中要"强力而行"，刻苦磨炼，积极进取。

（三）《学记》的主体参与思想

"中国上古教育和教育思想的着眼点是学习者的学习，而不是教育者的教导。教育家习惯于把教育归结为教育对象的主动学习过程，这可以说是古代教育思想的一大特点。《学记》非常集中地反映了这一思想特点。"①"教学相长"是《学记》的重要思想，它认为教与学相互促进。把教学看成"教"与"学"的两个重要方面，这其实就是承认学生的主体参与行为对教师教的行为的重要性。《学记》发展了孔子的启发性教学思想，认为教师要充分调动学生学习和思考的积极性、主动性。对此，它从三方面提出了明确的要求。第一，"导而弗牵"，教师要引导学生，但不能牵着学生走。第二，"强而弗抑"，对学生要督促，但不能压抑，否则就会挫伤他们学习的主动性。第三，"开而弗达"，即教师要给学生打开知识之门的钥匙，但不能把知识硬塞给他们，要启发学生积极思考。

《学记》中的教学方法具有一定的主体参与性。《学记》提出了问答、讲解、练习、类比的教学方法。它从善问与善答两个方面论述了教学方法。提出发问要由易到难，循序渐进。它要求教师讲解要"约而达"，"微而藏"，"罕譬而喻"。《学记》非常重视学生的练习，认为学生必须勤于练习，打好基本功。它重视通过类比发展学生的思维，使他们具有触类旁通的能力。

二、王充、王夫之、颜元的主体参与思想

（一）王充的主体参与思想

东汉时期杰出的唯物主义思想家、教育家王充也有明确的主体参与教学思

---

① 王升. 主体参与型教学探索［M］. 北京：教育科学出版社，2003：66.

想。他认为，“世儒学者好信师而是古，以为圣贤所言皆无非，专精讲习，不知难问”①。他从正面提出“极问”，反对“信师是古”，这种不迷信权威的思想有助于学生在教学中的主动参与。他反对“记诵章句”，主张教学培养人才应该有独立见解，不受传统思想的束缚。在这种思想基础上，他提出了自己的教学思想。他认为“学之乃知，不问不识”。教学过程包括“见闻为”的感性阶段与“开心意”的理性阶段，“见闻为”就是耳闻、目见、口问、手做。“开心意”就是要求认真动脑筋思考，这样才能“知一通二，答左见右”。王充还提倡在实际应用中检验认识的正确性。

（二）王夫之的主体参与思想

明代著名思想家王夫之反对“生而知之”的观点，认为人的知识是在后天的实际活动中取得的，认为“习”在人性形成、发展中起着重要的作用。他在知行关系中更重视“行”，获取知识必须以实践为基础。同时，他还提出了学思结合的教学思想，重视思维在教学中的作用。他认为，教学中，学生要“自得”，即学习应积极进取；认为“教在我而自得在彼”，这种观点类似于西方心理学中的建构主义。

（三）颜元的主体参与思想

明代另一个思想家颜元提出了主动的教学方法，即在实际的活动中自主、自动地学习，认为只有这样才能取得真正的知识。主动的教学方法的一个核心是“习”。“格物致知”是他落实主动学习原则的主要方法。“格物”就是自己亲自接触事物，通过亲身实践获得知识。

三、陶行知的主体参与思想

陶行知的主体参与思想集中体现在他的“教学做合一”的方法论中。这是在杜威“从做中学”思想的基础上发展而来的教学思想。教与学的关系问题是陶行知在教育实践中首先要解决的问题，他反对教师“教死书，死教书，教书死”的传统的陈腐的教学方法，提出以教学法代替教授法。他认为，“好的先生不是教书，不是教学，乃是教学生学”。他起初提出的是“教学合一”，但在教学实验中，他发现了“做”在“教”与“学”中的重要作用。1927 年，他正式

① 王升．主体参与型教学探索［M］．北京：教育科学出版社，2003：67.

发表了“教学做合一”的文章。他主张教师应培养学生的自学能力与独立工作的能力。他认为“教的法子必须根据学的法子”。教师的作用主要在于激发学生学习的兴趣与动机，确立学生在认识活动的主体地位。

他所认为的“教学做合一”是一个统一的整体，“在做上教的是先生，在做上学的是学生。从先生对学生的关系说，做便是教，从学生对先生的关系说，做便是学。先生拿做来教，乃是真教；学生拿做来学，乃是实学。不在做上下功夫，教不成教，学也不成学”①。陶行知给“做”下的定义是“在劳力上劳心，单纯的劳力，只是蛮干，不能算做，单纯的劳心，只是空想，也不能算做，真正的做指是在劳力上劳心”②。他所谓的“做”就是生活实践、社会实践，是有目的有计划的行为。他说“亲知是亲身得来的，就是从‘行’中得来的”，“亲知为一切知识之本”③。

陶行知在强调直接经验的同时也重视间接经验，他认为要用个人的经验来吸取人类的全体经验。

在扫盲教育中，陶行知创造性地运用了“小先生”的办法。这是由学习者参与、在教中学在学中教的教学方法。他用这种办法解决了师资不足的问题。这种方法在当时的现实情况下对普及教育起了很大的作用。

---

① 王升．主体参与型教学探索［M］．北京：教育科学出版社，2003：39－40.
② 王升．主体参与型教学探索［M］．北京：教育科学出版社，2003：41.
③ 王升．主体参与型教学探索［M］．北京：教育科学出版社，2003：24.

第三章　主体参与教学的理论依据

第一节　主体哲学理论

主体的概念源于哲学，其特征具有积极性、自主性、能动性和创造性。学生的主体性是在社会的影响下，特别是在教师的培养下形成的。教育不同于其他社会活动，它是将人类积累起来的文化知识，道德规范和价值观念传授给学生，使他们的身心得到发展，成为合格的社会成员。在这个过程中，受教育者不是消极的教育对象，而是能动的教育主体。学生主动性发展的最高水平是能动，自觉规划自己的发展、成为自身发展的主人。这是教育成功的重要标志。承认学生的"主体性"就成为教育中关注学生主动性的发挥和发展的重要前提。

第二节　主体教育理论

主体教育理论认为学生是教育的对象，同时又是学习的主人、认识过程中的主体。教师的主导作用应该体现在对学生学习，认识过程的设计、组织、引导、实施等方面，最大限度地发挥学生的能动性和创造性。主体教育给人以开天辟地的划时代感。所谓新时代呼唤新教育，新教育即主体性教育。所谓人（教师、学生）的主体能动性都得到充分发挥，主体意识充分觉醒，主体的精神世界和意志充分拓展，主体素质全面发展，主体潜能全面实现。这已成为当代教育关注的中心。社会性是主体性内涵的重要组成部分。主体的社会性主要体现在以交往为特征的教育实践活动中。主体教育理论倡导以主体间性重构教育过程。主体间性要求的教育过程是一种“主体—客体—主体”交往实践关系。在这一关系中，学生既是占有教育内容的主体，具有主体性，又是师生交往的主体，具有主体间性。主体教育作为一种开放的、发展的、动态生成的教育理论，认为主体教育理论的拓展与深化，最终必须是探讨人的主体性发展的内在规律；主体教育的研究必须回到课堂教学这一原点，研究教师教和学生学的行为，深刻地揭示课堂教学中学生在实践活动基础上通过交往获得主体性发展的内在规律。主体教育关注日常教学过程中学生个体“主体性”生成与建构的问题，以及学生在此过程中所采用的建构方式及其行动策略。

第三节　建构主义学习理论

建构主义学习理论强调不仅要求学生由外部刺激的被动接受者和知识灌输对象转变为信息加工的主体、知识意义的主动建构者，而且要求教师要由知识的传授者、灌输者转变为学生主动建构知识的帮助者、促进者。知识不是被动吸收的，而是由认知主体主动建构的。知识是由个体的心理建构构成的，它不是被看作对外在世界的特征的某种真实的复制，而是个体的建构。知识的获得(即学习)，不是把“真理的金子”移交给个体，而是由个体自己去建构的。学习者不是被看成知识的被动接受者，而是知识的主动建构者。

一、建构主义的基本主张

1. 学习是一个积极主动的建构过程，学习者不是被动地接受外在信息，而是根据先前认知结构主动地和有选择性地感知外在信息，建构当前事物的意义。

2. 知识是个人经验的合理化，而不是说明世界的真理。因为个体先前的经验毕竟是十分有限的，在此基础上建构知识的意义，无法确定所建构出来的知识是否就是世界的最终写照。

3. 知识的建构并不是任意的和随心所欲的。建构知识必须与他人磋商并达成一致，来不断地加以调整和修正。这个过程，不可避免地要受到当时社会文化因素的影响。

4. 学习者的建构是多元化的。由于事物存在复杂多样性，学习情感存在一定的特殊性，以及个人的先前经验存在独特性，每个学习者对事物意义的建构将是不同的。

二、建构主义学习观

建构主义学习理论对于学习和学习者的看法，与传统的观点有本质的区别。建构主义的学习观的主张有以下几方面。

（一）对于学习者来说，先前的经验是非常重要的

建构主义理论认为知识是主体个人经验的合理化，因而在学习过程中，学习者先前的知识经验是至关重要的；同时学习者也不是空着脑袋走进教室的，他们在日常生活中，在以往的学习中，已经形成了比较丰富的经验，而且，有些问题他们即使还没有接触过，没有现成经验，但一旦接触到这些问题，他们往往也会从有关的经验出发，形成对这些问题的某种合乎逻辑的解释。

（二）注重以学习者为中心

既然知识是个体主动建构的，无法通过教师的讲解直接传输给学生，因此，学生必须主动地参与到整个学习过程中，根据自己先前的经验来建构新知识的意义。这样，传统的老师“说”、学生“听”的学习方式就不复存在。

（三）尊重个人意见

既然知识并不是说明世界的真理，只是个人经验的合理化，因而不应该以正确或错误来区分人们不同的知识概念。

（四）注重互动的学习方式

建构主义学习理论认为，知识是个体与他人经由磋商并达成一致的社会建构。因此，科学的学习必须采取对话、沟通的方式，大家提出不同看法以刺激个体反省思考，在交互质疑辩证的过程中，以各种不同的方法解决问题，澄清所生的疑虑，逐渐完成知识的建构，形成正式的科学知识。

三、建构主义的教学观

建构主义者从他们独有的理论视角出发，对教学过程有着独到的见解。建构主义学习理论对教学过程中的教学评价、教学目标、教学任务、教学方法和

教学模式、教师的作用及师生关系等方面进行了论述，具有一定的深刻性和合理性①。

建构主义认为，由于个人经历、成长过程和所处的社会环境的不同，人们对世界的观察和理解也会不同。个人知识的形成不是取决于客观世界的统一性，而是取决于个人通过与他人的交流和合作而形成的理解。因此，人与人之间的知识结构是不同的，评价学生进行知识建构的标准，往往是看其对事物的理解和解决问题的能力。这与传统教学中用考试的结果评价学生对知识的学习的方式截然相反。

建构主义的教学观认为，在传统教学观中，教学目的是帮助学生了解世界，而不是鼓励学生自己分析他（她）们所观察到的东西。这样做虽然能给教师的教学带来方便，但却限制了学生创造性思维的发展。建构主义教学就是要努力创造一个适宜的学习环境，使学习者能积极主动地建构他们自己的知识。教师的职责是促使学生在“学”的过程中，实现新旧知识的有机结合。建构主义教学更为注重教与学的过程中学生分析问题、解决问题和创造性思维能力的培养。

建构主义学习理论提倡在教师指导下的、以学生为中心的学习；建构主义学习环境包含情境、协作、会话和意义建构 4 个要素。据此，可以将与建构主义学习理论，以及建构主义学习环境相适应的教学模式概括为：以学生为中心，在整个教学过程中由教师起组织者、指导者、帮助者和促进者的作用，利用情境、协作、会话等学习环境要素，充分发挥学生的主动性、积极性和首创精神，最终达到使学生有效地实现对当前所学知识的意义建构的目的。教学过程中的教师、学生、教材和媒介四要素与传统教学相比，各自有完全不同的作用，彼此之间有完全不同的关系。

四、建构主义关于教师的地位与作用

与传统的教学观相比，建构主义学习环境中的教师与学生的关系已经发生了很大的变化。因为在建构主义学习环境中，学习者必须通过自己主动的、互动的方式学习新的知识，教师不再是将自己的看法及课本现有的知识直接传授

---

① 施良方. 教学论理论：课堂教学的原理、策略与研究［M］. 上海：华东师范大学出版社，1999：78－79.

给学生，而是植根于学生的先前经验的教学；而且，在建构主义的教学活动中，知识建构的过程在教师身上同时发生着，教师必须随着情景的变化，改变自己的知识和教学方式以适应学生的学习。在这个过程中，师生之间是一种平等、互动的合作关系。因此，在建构主义教学模式下，教师不再是知识的灌输者，应该是教学环境的设计者、学生学习的组织者和指导者、课程的开发者、意义建构的合作者和促进者、知识的管理者，是学生的学术顾问。教师要从前台退到幕后，要从“演员”转变为“导演”。

建构主义认为，建构主义学习环境下教师地位和角色的转变，并不意味着教师的角色不重要了，教师在教学中的作用降低了，而是意味着教师起作用的方式和方法已不同于传统教师。相反，在建构主义学习理论中，为了促进学生对知识意义的建构，教师课下所做的工作更多，对教师能力的要求更高。教师不仅要精通教学内容，更要熟悉学生，掌握学生的认知规律，掌握现代化的教育技术，充分利用人类学习资源，设计开发有效的教学资源，善于设计教学环境，能够对学生的学习给予宏观的引导与具体的帮助。因此，教师的新角色较之以往传统的知识讲演者的角色从深层次的作用上看更为重要。教师只有具备更宽广的心胸、更良好的沟通能力、更高超的教学技巧，才能协助学生完成知识意义的建构。

建构主义把教学视为学生主动建构知识的过程，这种建构是学生在自身的经验、信念和背景知识的基础上，通过与他人的相互作用而实现的，并且受社会环境因素的影响。因而建构主义认为，教学过程不仅仅是教师和学生之间的互动，而且是教师与学生以及学生个体之间的多边互动作用的过程。教师与学生都应该是建构知识过程的合作者。

建构主义学习理论强调学习过程中学生主动地建构知识，强调学习过程应以学生为中心，尊重学生的个体差异，注重互动的学习方式等主张，本质上是要充分发挥学生的主体性，使学生在学习的过程中是自主的、能动的、富于创造性的。建构主义的教学观更加关注的，是如何在教学过程中培养学生分析问题、解决问题的能力，进而培养他们的创造精神。

第四节　多元智能理论

多元智能理论是美国哈佛大学心理学家霍华德·加德纳提出的。他认为人的智力是多元发展的，人除了言语—语言智力和逻辑—数理智力两种基本智力外，还有视觉—空间智力、音乐—节奏智力、身体—运动智力、人际交往智力、自我反省智力、自然观察智力和存在智力。每个学生在不同程度上拥有9种智力，智力之间的不同组合表现了个体之间的智力差异①。教育的起点不在于学生原先有多么聪明，而在于怎么使学生变得聪明，在哪些方面变得聪明。因此，这9种智力代表了学生的不同潜能，这些潜能只有在适当的情境中才能充分地展示出来。这就需要教师在教学中给学生提供这种情境，要在主体参与教学中充分体现学生的主体性，充分发展学生的智力倾向，张扬学生的个性。我国教育部颁布的《基础教育课程改革纲要（试行)》（以下简称为《纲要》）是深化素质教育改革的纲领性文献。《纲要》指出要“改变课程实施过于强调接受学习、死记硬背、机械训练的现状，倡导学生主动参与、乐于探究、勤于动手，培养学生收集和处理信息的能力、获取新知识的能力、分析和解决问题的能力及交流合作的能力。加强课程内容与学生生活以及现代社会和科技发展的关系、关注学生的学习兴趣和经验，精选终身学习的基础知识和技能。”而这一目标必定要通过注重个别差异的个性化教学及积极主动的参与来实现。多元智能理论不仅是关于学生具有独特潜能、自身智力强项的极乐观的学生观，而且更是关于课程与教学改革的学说，这为实现《纲要》所提出的课程改革的设想提供了有益的思路，同时给主体参与教学提供了理论基础。

多元智能理论视野下的教育思想主要体现在以下几方面：

1. 积极乐观的学生观

多元智能理论认为学生与生俱来就各不相同，他们没有相同的心理倾向，也没有完全相同的智力。但学生都具有自己的智力强项，有自己的学习风格。如果考虑这些差异、学生个人的强项而不是忽视这些强项，教育最大限度地让

---

① 叶澜．“新基础教育”探索性研究报告集［M］．上海：上海三联书店，1999：88－89.

学生在积极主动的参与中展现并培养自己的特点，那么，教育就会产生最大的功效。

2. 个性化的课程观

学者们通过设置多元智力课程来实现其理论。课程的实施在学生成长的不同阶段，内容是不同的。项目学习则是实施个性化课程的主要途径，即试图通过学生在积极主动的参与教学活动，解决真实的问题过程中展示并发展学生的智力强项。

3. “对症下药”式的教学观

学生有时会有特别发达的智力表现，并倾向于用不同的智力来学习。教师应根据教学内容和教育对象的不同创设各种适宜的、能够促进学生充分发展的教学手段、方法和策略，使学生能以向他人（包括自己）展现他们所学、所理解的内容的方式去了解和掌握教学材料，并给予每个学生最大限度的发展机会。这个机会就是让学生积极主动地参与到教学中来。

4. 多元化的评价观

有学者提出建立以“个人为本”的真实评价的设想。这种设想认为真实评价是要求教师把对学生的观察记录、成果展示、录音、录像、图片、图表、个别谈话记录等都放进学生的个人档案袋中。用这种方法来评价学生，往往可以捕捉学生整个学习过程，激发他们进行自由探索，从而使教师鉴别出每个学生的智力强项，揭示学生成长的轨迹和进步的方式。

因此，通过发掘和培养学生的多元智力，学校教育就可以促使学生发现自身的智力强项和优势，找出开发学生智慧潜能的途径，从而为学生创新精神和实践能力的培养创造最佳的手段和条件。

第四章　主体参与教学的机制

人们对“机制”的一般理解是：机制是有机体或系统的工作原理。我们将探讨主体参与教学的机制，揭示教学中学生的主体参与赖以发生、发展的机理。主体参与的机制由内在机制和外在机制两个方面构成。

第一节　主体参与教学的内在机制

主体参与教学的内在机制是指主体参与发生、发展的心理层面的运作机理。主体参与的运行既需要动力性环节，也需要方向性环节。动力性环节保证了主体参与的启动和维持；方向性环节保证了主体参与过程的正确性和有效性。层次性需要是主体参与内在机制的动力性环节，教学理解是主体参与内在机制的方向性环节。层次性需要与教学理解共同构成了主体参与的内在机制。

一、主体参与教学的内在机制的动力性环节

（一）主体参与起源于学生在教学中的需要

柏拉图认为，社会起源于需要。马克思曾说，“没有需要，就没有生产”①。人的一切行为都源于他们的需要，把人看成没有需要的主体无异于把人看成空洞的灵魂，也无异于否定了人的真实存在。教学活动的发生、发展就是在满足或发展学生在教学中各种需要的基础上实现他们整体素质的发展。通过主体参

① 王升．主体参与型教学探索［M］．北京：教育科学出版社，2003：2.

与，教师完成了实践价值的创造，学生完成了认识价值的创造①。他们各自都在对方那里找到了自己的需要之所在，并且都以对方作为自己需要的满足对象。尊重学生的教学需要是主体参与的前提。需要决定着学生主体参与的动机，需要的不同决定着他们参与方式的不同。从学生的现实性教学需要出发，设计符合他们当下教学需要的教学活动，这是他们获得发展的重要前提。

从事“合作教育”实践的教师们有所体会，说道：“学生们每天来到学校，并不是以纯粹的学生，致力于学习的人的面貌出现的，而是以形形色色的个性展现在我们面前的。每一个学生来到学校的时候，除了获得知识的愿望外，还带来了他自己情感和感受的世界，这正像教师除了教学工作外，还有自己情感和感受的世界一样……他们两者都懂得快乐、痛苦、羞耻、满足，懂得失败的耻辱和胜利的快乐。”学校、教师对学生的意义不仅在于实现对他们的发展，而且还在于满足他们的需要，使他们的人格得到尊重。情感心理学告诉我们，客观事物本身并不能单独决定一个人的情感体验，决定一个人的情感体验的是客观事物与需要之间的关系，如果客观事物满足了个体需要，会引发快乐等正向情感体验；如果客观事物不能满足个体需要，会引发痛苦等负向情感体验。由此，教学中学生的学习，不能引起正向情感和负向情感。学习本身并无所谓苦也无所谓乐，只有当学习与学生的需要发生关系时，才因满足学生的需要而变成乐学或因不满足学生的需要而变成苦学。只有当教学满足学生的发展的需要和表现的需要时，教学中的学习活动才是乐学。教师在教学中的主体参与是以尊重学生的需要为前提的，满足学生的发展需要、表现需要等需要就是对学生主体地位的尊重。大量事实证明，那种不顾学生需要的教学，终将造成教学生态系统的失衡、学生发展的失败。

教学过程不仅是一个知识传授的过程，而且是一个伦理的过程，对学生需要的漠视都将不符合教学伦理性的要求。尊重学生的内部发展需求是主体参与的前提。承认学生个性的不同、需要的不同，学生才乐于与教师协同配合。主体参与也是学生自主需要、能动需要、创造需要的体现，没有这些需要，学生不会进行主体参与。需要决定着学生主体参与的动机，需要的不同决定着他们

---

① 丁安廉，和学新．主体性教育的教学策略探索［M］．天津：天津社会科学院出版社，2000：158.

参与方式的不同。例如，有些学生具有强烈的表现欲望，其参与方式就是表现性的。低层次需要的满足是人向高层次需要跃进的前提。教学需要是在教学情境中学生的需要，它区别于学生在其他场合的需要。学生在教学中的需要，是他们在教学中一切行为产生的动机。无视学生当下的需要，教学将是“目中无人”的教学，是缺乏人文关怀的教学。我们关心学生，就应该从他们的教学需要入手，满足、提升他们现在的教学需要，这是教学伦理性的重要体现。

（二）教学中存在的需要方面的问题

1. 教学不从学生的需要出发

教学活动的结果是学生身心发展的变化，这种变化是通过学生的内化与外化的相互转化形成的。教师可以运用自己的权威让学生做出外化行为的选择，但教师却永远无法通过威逼手段使学生达到自觉能动的内化，内化的实现主要取决于学生自己的内化需要。需要是学生主体参与的内在机制。无视学生的需要，就等于无视学生的尊严、学生的价值选择。我国传统的教学，严肃、充满教条，缺乏生命活力，基本上不是从学生的需要出发，而是出于教师的意志选择的。在这种教学中，学生的许多需要都不能得到很好的满足，他们在教学中体会不到一种乐趣，学习行为的产生大多都是迫于压力和无奈。

2. 误把成人的需要当作学生的需要

教学自诞生就带有一定的功利色彩，其发生学缘由使之一直把学生的需要更多地定位在认知的需要上，后来随着教学论的发展，发展的需要也就成了人们所认为的学生在教学中的需要。教学是按照成人的意志组织的，学生也是按照成人的需要参与教学的。成人有让学生认识与发展的需要，但成人的意志与需要内化成学生自己的需要尚需经过一个艰难的过程。由此可见，在教学中学生其实未必就有明确的认识和发展的需要。成人在自己的生活经历中感觉到了认识和发展的必要性，但他们的这种感觉并非是学生自己的体悟，学生不可能立即确立起认识和发展的需要。传统的教学对教学需要定位的失当，使教学长期以来过高地估计学生的需要，或拔高了他们的需要，成为不顾学生现实需要的行为，因而这种教学成为学生厌倦的活动。

3. 误把外在的需要当成内在的需要

在传播学中，长期以来有一个“靶子论”，即传播者不顾受众的需要与兴趣，而只是把他们作为一个信宿。有些学者提出了与此对立的“使用与满足论”，强调传播者必须从受众的心理需求出发进行传播。这是从传播者本位向受众的重大转移。教师作为一种传播者，同样也不能只把学生这个受众作为自己传递信息的“靶子”，而要一切从学生的教学需要出发。我国传统教学具有很强的功利性，即他们都是为了学生未来的需要或是为了社会发展的需要，甚至是为了满足教师的某些需要，如他们被评优的需要，而唯独不关心学生现在的需要。在教学中，教师主要应满足自己的需要，还是应满足学生的需要？从有利于学生发展的角度而言，教师在教学中的需要有积极的需要与消极需要之分。为了有利于学生主体参与，教师应满足自己的积极需要，避免消极需要的满足。他们消极的需要有自我表现的需要、权势的需要等，倘若一味地满足他们的这种需要，则势必出现满堂灌与专制的课堂气氛。教师总是从学生“应该”（即根据成人世界的价值判断）的需要出发，而不是从实际需要出发。在这种教学中，学生事实上扮演着满足成人世界需要的工具的角色。学生未来的需要、社会的需要和教师的需要对现在的学生而言都是外在的需要。在许多人看来，似乎满足学生的这些需要就可以实现他们的发展，这实在是一种误区。参与性教学坚持“以学生为本”，要求教师从学生的内在需要出发，设计、实施、评价教学，使之具有浓厚的人情味。

4. 教学中存在着对学生需要的简化理解

教学需要是一个复杂的问题，对这个问题的简单化理解会导致教学行为的不切实际。教学中学生的需要具有一定的层次性，不同学生的教学需要是有差异的。但长期以来我们只重视学生认知的需要，致使我们所认识的教学需要既单一又抽象。把教学需要划分成不同的层次有利于使教学需要具有详明的个性化特点，也有利于教学需要的层次性满足。

（三）学生在教学中的层次性需要

中西方学者对需要的划分是我们研究学生在教学中的需要的理论依据。马斯洛的需要层次论对后来关于这个问题的研究产生了较大的影响。他把人的需要划分为生理需要、安全需要、归属和爱的需要、尊重的需要和自我实现的需要。后来他又在尊重需要和自我实现的需要之间加上了认知的需要和审美的需要。阿尔得夫在大量调查的基础上得出了三种层次性需要：生存需要、关系需要和成长需要。我国学者扬丽珠等人对中小学生的需要也进行了研究。他们认为，中小学生的需要主要有安全需要、交往和友谊需要、尊重与自尊的需要、成长需要等。根据中外学者的研究，我们可以从心理安全需要、被认可的需要和发展需要三个层次性纬度分析学生在教学中的需要。

心理安全的需要是学生在教学中最低层次的需要。在教学中，来自评价方面对学生的压力是经常存在的，许多学生会担心由于学习成绩落后而掉队，进而失去归属感；同时学生主体参与教学，与其他同学在一起平行发展，从最低水平上说是归属于集体之中，这包括教师、同学对自己的认可、接纳。学生总是力图使自己成为集体中光彩的一员，如果他们学习太差，就会产生自卑心理，总是会担心成为老师或同学取笑的对象或者就断定他们已经取笑自己了，这样就在心理上对同学对老师产生一种厌恶的情绪。“逃学”是这种情况发展到极致的行为选择，因为集体已经对逃学者失去了任何吸引力。马斯洛所提出的人的最基本需要除了生理需要就是安全需要，这种安全需要既包括生理方面的安全又包括心理方面的安全。对学生来说，心理上的安全需要很大程度上就是不被批评的需要。学生希望自己是班集体中受喜欢的一员，而不是被老师嫌弃的对象，老师的批评和同学的指责都对学生个体的“安全”造成一定的“威胁”。对于差生来说，这种“安全”的需要最为强烈。避免批评、赢得表扬都可视为学生归属性需要的重要标志；总是得不到老师的表扬，他们就会感觉存在一种失落，就会感觉存在一种被批评的可能。

被认可的需要包括奖励需要和表现需要，就是学生希望自己的学习行为与结果得到教师的认可，它包括奖励需要和表现需要。不同发展水平的学生对奖励的需要是不同的，较低水平的学生更希望得到物质性奖励，较高水平的学生希望获得精神性奖励。奖励传达着教师对学生的一种认可，可以把学习活动和一种特定的目标联系起来。学生可以把教师的奖励作为炫耀自己的资本。表现是个人走向集体、社会的重要途径，表现的需要也是学生被认可需要的一种反映。为了获得教师与同伴的认可，学生必然会有一种表现的冲动。有些学生在教学中总是喜欢自我表现，想成为人们注目的中心，外向型学生自我表现的需要尤为强烈。“爱表现”是由学生的年龄特点决定的，是他们在教学中充满激情、积极参与的重要表现。认知的需要对那些各方面发展得较好的学生而言，尤为明显，这是因为他们已经有了一定的自我反思能力、忧患意识和社会责任感。但如果学习环境轻松，学生能从学习中体验到一种成功的乐趣，认知的需要也会在大多数学生的心里自然产生。这种教学需要是家长、教师不断培养和学生自己不断体验而得到的结果。发展的需要是学生在教学中最高层次的需要，它比认知需要的内涵要丰富得多。随着现代教育理念的深入人心，许多学生逐渐有了在各方面发展自己的需要，这是他们学习的巨大动力。

在用笔者设计的“参与愿望与参与动机”的调查表进行调查中得出的结论是：有92%的学生有参与愿望。而参与动机中“自我表现”一栏只有54%的学生认为参与的动机中有“自我表现”，而有46%的学生认为没有“自我表现”。这样的结果确实出乎我们的预料，也不符合现代大学生的特点。课题组的实验教师针对此结果进行了研讨，尽量找出出现此种结果的原因，这背后说明什么问题？给现代教育提出什么样的警示？讨论中教师们各抒己见，有老师说“是很多学生隐瞒了自己的真实想法，掩盖了自己的真实需要”；有老师说“这部分学生性格内向，不希望在众人面前表现自己”；有老师说：“是因为怕表现不好被同学和老师所嘲笑，这些学生最终还是有强烈的成就和自尊需要”；有老师说“是因为这些学生根本就没有掌握好知识，谈不上‘自我表现’”；还有老师将这几种可能全部综合在一起发表看法。问题的真实性还要出自学生的真实想法，笔者又对“你为什么没有自我表现的动机”进行了调查。当调查表发到每个人的手中时，上次没有选择此内容的同学自然会回答这个问题，在学生的回答中有代表性的有“实际上我们也需要表现，但怕丢面子”；有相当一部分同学认为“在班集体中如果哪位学生愿意表现，经常表现则会受到同学的谴责和排斥，为了和同学们达成一致，时间长了我们就不表现和不愿表现了”；还有一位同学说“我们认为自我表现就是出风头、冒尖，也不愿意让老师知道我们是个爱出风头和冒尖的人，我们不想让老师知道参与的动机中除了提高、锻炼自己以外还有自己表现的成分”。这样的回答值得教师深思，学生为了满足自己的归属需要，为了和群体环境协调一致，为了不被集体所抛弃，竟然要压抑自我表现的需要。这正说明我们传统教育的弊端，压制人的正常需要，这也正说明教育改革的必要性和紧迫性。我们要改变集体环境，改变每个人的认识，树立正确表达自己、表现自己的学习风气，同时也要深刻地认识到，培养学生良好的自我“营销”意识是多么重要，在市场经济的大潮中，在就业压力特别大的今天，合理的自我表现可以使我们获得更多的机会。

从深层次挖掘，这个调查说明，大部分学生有在教学中积极表现的需要。

中西方学者都比较重视人的认知和发展的需要。学生在教学中就是为了认知和发展，但这并不等于他们就一定具有认知和发展的需要。认知的需要高于表现的需要，但却低于发展的需要。为了实现教学认识和发展的目的，首先要培养他们认知和发展的需要，否则他们认知与发展的效果必然会受到影响。

笔者曾就“你认为学生在教学中有哪些需要？他们在教学中的需要与主体参与是什么关系？”这一问题在课题组成员中开展讨论，老师们经过讨论，得出学生在教学中的需要主要有：

1. 受表扬和获得奖励的需要。

2. 被老师重视的需要，平等与信任的需要。

3. 被老师指导的需要，得到帮助的需要。

4. 自我表现的需要。

5. 被同学赞许、羡慕的需要。

6. 合作的需要。

7. 获得知识、提高能力的需要。

8. 自由的需要。

9. 被同学和老师认同的需要。

根据理论分析与实验教师的看法，可以从安全需要、被认可的需要和发展需要这三个维度将学生在教学中的需要大体划分为由低到高的六个层次：不被老师批评的需要、不被同学嘲笑的需要、获得物质性奖励的需要、获得精神性奖励的需要、自我表现的需要、认知和自我发展的需要。这种划分不是绝对的。同一个学生在同一时期可能会表现出不同类型的需要，也可能同时表现出多种需要。不同的需要导致不同的学习动机，从而形成不同学生主体参与的不同风格。也有少数学生在学习中没有明确的需要，表现得冷漠麻木。学习需要和学生在教学中自居作用的类型具有一定的相关，场依存性学生的学习需要和场独立性学习的需要是不尽相同的。学习满足是与教学质量密切相关的一个问题，是学生对学习的一种心理倾向。学生在教学中常常表现出一定的差异性，不同的学生对学习满足的程度是不同的。教学内容简单，问题缺乏一定的挑战性，对于智力较高、学习成绩较好的学生来说是达不到“学习满足”的；任务太多，问题太难，对于差生而言就容易受挫。满足学生的教学需要的关键是设计难易适当的教学内容，让学生在教学中找到自己的“学力”所能表现的地方。学习满足其实也是学生“参与度”的一个说明。学生在教学中主体参与得顺利，则会体验到一种学习的满足；如果参与受到了挫折，或纯粹失去了参与的机会，他们就不能体会到学习的满足。

笔者曾就学生在教学中的需要这一问题在实验班和非实验班分别进行了调查和座谈。调查内容为："以下是几种需要，你认为在课堂教学中能满足以下哪些需要？最先满足的前三个需要是哪些？A. 不被老师批评和同学嘲笑的需要；B. 获得物质奖励的需要；C. 获得精神奖励的需要；D. 自我实现的需要；E. 自我发展的需要；F. 获得知识和能力的需要。"调查结果表明，这几种需要在课堂教学中都存在；而满足的先后顺序，在实验班中是这样的：自我发展的需要 > 获得知识和能力的需要 > 自我实现的需要 > 获得精神奖励的需要 > 不被老师批评和同学嘲笑的需要 > 获得物质奖励的需要，在非实验班是这样的：获得知识和能力的需要 > 自我实现的需要 > 自我发展的需要 > 获得精神奖励的需要 > 不被老师批评和同学嘲笑的需要 > 获得物质奖励的需要。从结果中不难看出，实验班学生将可持续发展的需要放在了最优先满足的地位，而非实验班学生将获得知识和能力的需要放在了最优先满足的地位，说明主体参与教学提高了学生的需要层次，从人的本性上满足人的需要，真正体现了人的主体性。这同时也说明通过主体参与教学，学生在教学中的心理意象、学习与发展动机有了明显的改变与提高。而在与学生的座谈中，实验班的学生谈道："通过主体参与教学我们感受到，我们在获得知识的同时更重要的是获得了发展的能力，通过主体参与教学我们确实获得了发展的能力，这方面的需要在主体参与教学中也能够得到满足。获得知识和能力固然重要，但如果我们没有获得学会知识的方法，没有获得发展的能力，将来的发展就没有后劲，我们可能就被社会所淘汰"。

（四）层次性需要产生动力作用的原理

关于学生在教学中的需要与主体参与的关系这一问题，我们认为第一，满足学生的需要，就可以提高学生主体参与的兴趣；第二，需要是主体参与的基础和桥梁；第三，它们是互相推动的关系，需要是主体参与的动力，主体参与行为有助于提高需要水平。满足学生当前的教学需要，学生参与教学的主体性就强；不满足学生当前的教学需要，学生参与教学的主体性就弱；教学需要的层次越高，学生参与教学的主体性就越强。在教学中，我们一方面要满足学生现实的教学需要，以确保学生参与教学相对较高的主体性；另一方面，我们要不断提升学生的教学需要层次，以确保学生参与教学绝对较高的主体性。因此合理有效的主体参与机制的动力系统的原理是：提升学生需要层次的基本条件是满足他们当前的教学需要；满足学生当前的教学需要可以提高他们参与教学相对的主体性；提升学生教学需要的层次可以提高他们参与教学的绝对的主体性。

"作为生物的基本属性，需要同时既是规范，又是自我活化和自我调节的机制。机体通过这种机制，使自己发挥功能的过程'服从'这种规范。"① 主体参与内在机制的起源性环节是学生在教学中的各种需要和需要层次的不断提升。"低层次的需要—满足这种需要的现实性操作过程—低层次的需要的满足—较高层次的需要—满足这种需要的现实性操作过程—较高层次的需要的满足……"，这可以说是主体参与的内在机制的动力环节。主体参与教学重在"目的—过程—结果"系统中实现过程的发展性目标和结果的多元性。教学结果永远是教学主体为了满足学习需要进行主体参与的必然产物。学生在教学中的需要不仅存在于需要的不满足之中，也存在于需要的满足之中。当学生总是在教学中受挫，没有成功的体验，其求知与发展的需要之门就会"关闭"。

教师对学生教学需要的态度大体有漠视、迎合、纠错与引导几种情况。漠视，即无视学生的需要，不从学生的需要出发实施教学；迎合，即不对学生教学需要的性质进行分析，一味追求静态性的适应；纠错，即有些学生的教学需要不利于其发展，或者有些学生在教学情境中出现了非教学性需要，如有些学生喜欢在课堂上看小说，这些需要如不进行规劝就会影响正常的教学，教师应对此给予必要的纠错；引导，即学生的需要由低到高也是不断发展的，教师要在满足其现有的合理需要的同时，培养学生更高层次的需要，它追求的是动态性平衡。在这几种对待学生教学需要的态度中，引导是教师在发展性思想的前提下，对学生的需要采取的最为积极合理的态度。

二、主体参与教学内在机制的方向性环节

层次性教学需要构成了学生主体参与内在机制的动力性环节，教学理解则决定着主体参与的起始和调整，是主体参与内在机制的方向性环节。

（一）教学理解在主体参与教学场中的地位

我国教学论已有成果在考察教学诸要素时，一般都是从静态的角度进行分

① 史根生．主体教育论［M］．北京：科学出版社，1999：66．

析的，基本要素有教师、学生、课程、方法、反馈、环境等因素。这些因素其实都是教学的条件性因素，由它们所构成的教学结构只是对静态的教学结构的刻画。但教学一旦发生，就是动态化的过程，这些因素不能很好地揭示动态教学的本来面貌，因为静态的教学因子的聚合并不能形成一个生动活泼的教学形态。教学的发生、发展总是在动态因素的组合中进行的。我国教学论长期以来并没有揭示教学动态结构中的活性因素及其表现形态，这严重影响了教学实践的丰富性、生动性。

从参与行为的角度而言，教学的活性因素主要有理解、沟通、参与、互动。这四个活性因素，既是形成教学机制不可或缺的因素，又是教学形态的基本内容；同时，它们也是对现代教学的一个总体描述。在这四个活动性因素中，理解与参与强调教学中个体的作用，沟通与互动强调团体的作用。由这四个活性因子协同构成的教学将是既看到全体学生，又看到每个学生的教学。需要一提的是，理解在这四个活性因素当中居于基础性地位，它是其他三个活性因子产生的前提。

教育不论在任何意义上，都是以理解为基础的，没有理解，教育是不可能的。教师要理解教材的内容，学生要理解教师的话语信息，教学的传达与反馈都是以理解作为中介的。学生的理解应当被设置在一定的情境当中，离开了具体的情境，理解的生发就失去了依托，也就是说，教学中的理解必然是教学场中的理解。教学场就是学生进行理解的具体情境。

（二）主体参与中教学理解的特点和内容

1. 主体参与中教学理解的特点

哈贝马斯十分重视主体间的“相互理解”，把它作为交往活动的本质特征。他对“理解”做出了三种解释：第一，理解的最狭窄意义是表示两个主体以同样方式理解一个语言学表达；第二，最宽泛的意义则是表示在与彼此认可的规范性背景相关的话语的正确性上，两个主体之间存在着某种协调；第三，表示交往过程的两个参与者能对世界上的东西达成理解，并且彼此能使自己的意向为对方所理解。

教学中主体参与的理解具有一定特殊性，这表现在它是共存性、条件性、目的性和手段性的统一。理解与主体参与是此生彼长的关系。它们是具有共存性的，都是学习的表现形态。学生是在理解中参与，在参与中理解的。理解是主体参与发生的前提，在学生参与的过程中，它始终起着定向作用，所以教学中主体参与的理解具有一定的条件性。理解是主体参与的目的，同时也是它的手段；把理解作为目的，主体参与就是它的手段。在理解中融进主体参与，就使理解的内涵有了一定的扩大。可见，目的性和手段性在主体参与中是统一在一起的。

2. 主体参与中教学理解的内容

在教学中，学生的理解包括以下四个方面。

（1）对教学意义的理解

教学就是一个由意义构成的具有价值属性的过程性结构，它承载、传达的就是教学意义所代表的人类文明史沉淀成的精华。教师要创设情境，与学生一起去分享教学意义所表达的意义。传统教学，学生更多的是理解教师对教材的理解，他们的理解总是依赖于一定的“拐杖”。主体参与教学提倡的是教师与学生对教学意义的同构性理解，即教师与学生一起去理解教学内容，师生对教学内容的理解决定着他们主体参与的方式与深度。教学意义是铭刻在知识中的方法论与文化表征。对教学意义的理解是在教师的帮助下学生主动理解对他们具有发展价值的方法论和文化表征。每个人受教育的过程就是不断在各种教学主体之间的互动中，借助已有的方法论与文化表征形成新的方法论和文化表征的过程。

（2）对教学活动的理解

对教学活动的理解就是指对活动意义、活动内容、活动方式、活动过程、活动目的的理解，对组织教学活动的话语的理解。学生个体对教学活动的理解直接影响着他们的主体参与。传统教学中师生的理解基本上是对教材的理解，这几乎是他们教学内容的全部。主体参与教学更多的是在理解教材的基础上开展的一系列教学活动，因此对活动的理解是主体参与教学中理解的重要内容。

（3）对教学人际关系的理解

学生的发展不只是依赖于学生对教材和教学活动的理解，还依赖于他们对教学人际关系的理解，这是因为交往是人们学习的重要途径。每一个人总是一个社会的人，也总是一个文化的人，是一定的社会与文化的活的符号，每个人都能给他人一定的信息。学生对教学人际关系的理解与把握是他们发展的重要依据。对教学人际关系的理解包括教学主体彼此的了解、谅解和信任。学生对教学人际关系的理解是他们建立与他人的关系，在人际关系中获得发展的重要前提。相互理解首先要相互了解，了解基础上的理解应当是对教学主体所表达的意念、意向的理解，这是相互合作的前提。人的社会化有两个基本任务：一是使自己知道社会和群体对自己有哪些期待；二是使自己具备实现这些期待的能力。学生的自我认知也必然包括两个方面，一是他们要清楚教师对自己的期待；二是知道自己为了实现目标而采取的手段，这是一个好学生必须具备的能力。

（4）学生的自我理解

任何人都需要通过对活动的参与而达到自我的认识。只有在活动中参与的学生个体才能把自己与别的同学进行比较，从而发现自己的长处与不足。通过对活动的主体参与，学生的智力与能力才能在活动中得到具体的反映，才能更恰当、更公正地认识自己、评价自己。离开了在活动中与他人的比较，就没有衡量自己的尺度。这种自我认识既可以使学生避免夜郎自大，又能使他们避免形成自卑心理。学生的自我理解是他们参与教学、发展自己的重要条件，对自我的理解水平是学生在不同的发展阶段上的一个标志。对自我的理解包括以下几方面：第一，对自尊自信的理解。它表现为自我肯定、维护独立人格以及对自己的优缺点有公正客观的认识。第二，自我调控，即在行动上按自己的计划、意图行事，不轻易为外部条件所左右。表现为有较强的注意力，做事有始有终，遵守学校的各项规章制度以及与同学游戏时能遵守规则等。第三，独立判断决断。表现为善于独立思考，对同学的优缺点有公正客观的认识以及遇事有主见并且合理果断地做出决定。第四，自觉自理。表现为力所能及的事情自己做，能合理安排学习时间等。

一个不理解自我的人很难做到理解他人。传统教学中不重视学生的自我理解，造成他们的自我认识能力差，在教学活动中缺乏必要的主体性，这也是他们主体参与差的一个重要的原因。教师要引导学生在活动中发展，最重要的是引导他们做好自我理解，进而在此基础上通过学生的主体参与实现他们的素质的提高。这是因为学生的发展是在理解产生的意义的作用下实现其由可能性向现实性转换，起决定作用的是学生的自我建构，而非外部的刺激和推动。而且，理解属于复杂性的析出性、生成性活动，学生在理解中，虽然要遵循一定的逻辑演绎轨迹，却又不是亦步亦趋。理解渗透着理解材料所引起的学生的主观动机、态度和想象理解是对客观意义的符号的主观的再创造，是客观意义的主观化的过程，它具有一定的主动性和选择性。

（三）主体参与教学内在机制方向性环节的原理

1. 主体参与是以理解为前提的

教学过程的进行是以师生对教学传达意义的理解为基础的，理解是意义符号与意义之间的中介，通过主体的理解，意义符号才能对学生产生意义。知识向意义转换必然要经过理解。教学中的客观意义符号在被师生理解之前是没有任何意义的，学生正是对教学意义符号进行理解才产生了他们与之相符的教学行为。一个没有理解教师话语的学生肯定在教学中茫然不知所措，也就是根本谈不上进行教学的主体参与。主体参与的启动需要理解，它的进行过程也需要理解。没有理解，就会出现参与中断；理解错误，就会导致主体参与的偏差。教学中的调整与学生的自我调控都需要理解，教学反馈是理解的反馈，教学评价是对教学活动符合一定价值取向的理解的传达。

2. 理解对主体参与的功能表现

学生此时的理解往往是他们彼时的参与行为的前提，学生任何外在的参与行为都是在内在的参与性理解的基础上进行的。理解生成意义，学生素质结构的完善通过参与与理解实现。教学中的意义不能依靠灌输的方法获得，而只能通过学生的理解—主体参与—理解来获得，只有教学中的理解与参与的结合，才生成了教学的意义。教学的生成性说明学生个体在教学中具有一定的积极性、选择性、参与性。学生在理解中存在着鲜明的个体差异，不同的学生会形成不同程度的理解，不同的理解会形成不同的参与。理解的差异性、多样性是不同学生获得不同教学指导的现实依据。但理解只有转化成外部行为，才能实现需要的满足，在课堂情境中这种行为就是学生的主体参与。可以说，在理解基础上的主体参与是主体参与教学的基本方式，学生的发展是在理解与主体参与的融合中实现的。一句话，理解基础上的参与使学生拥有教学，使他们把自己投入到教学发展的可能性中去。

理解对主体参与的功能表现在：使主体参与成为实质性参与，而非形式性参与；加强了主体参与的协同性，这是因为，没有对教师的话语、教学意义等方面的理解，学生就有可能各行其是，不能按照同样的逻辑体系演绎其行为，教学活动就不可能达到谐振；加强了主体参与的针对性、目的性，从而有利于提高主体参与的效果。

3. 主体参与中教学理解运作的一个原理

理解作为一个动词，它代表着一种意义建构的过程；理解作为名词，它代表着意义建构的结果。我们可以在动词和名词两个词性上使用理解这一概念的。因此，从词性上划分，理解可以分成过程性理解和结果性理解。过程性理解伴随着主体参与，指导着主体参与，与主体参与具有一定的共存性。结果性理解是主体参与达成的目标，这种阶段性理解又是继续进行主体参与的基础。合理有效的主体参与内在机制方向性环节的原理是：要在提高过程性理解质量的基础上提高学生主体参与的有效度以及结果性理解的质量；要在提高结果性理解质量的基础上，提高下一次学生过程性理解的质量以及与之伴随的主体参与的有效度。

（四）教学中主体参与实现了教学理解的拓展

在传统教学中，学生的理解只是对意义的理解，更严格地说是对教师话语的理解。在主体参与教学中学生的主体参与可以使理解拓展为：对意义的思维性理解、对意义的建构性理解和对意义的分享性理解。

1. 对意义的思维性理解

这是学生对意义的一般水平的理解，是对理解内容的同化吸收。思维性理解停留在对意义符号相互关系的初级“解读”的层次上，它是建构性理解与分享性理解的基础。思维性理解可以让学生搞清主体参与内容的一般意义。

2. 对意义的建构性理解

这是学生主体参与重要的理解形式。皮亚杰认为，教学就是要通过一系列活动达到学生对知识的自主建构。建构性理解意味着学生把新的知识代表的意义纳入自己已有的知识结构中，也意味着他们对新的知识所代表的意义的一种变通性、创造性的理解。

3. 对意义的分享性理解

分享性是交往性理解的重要特征，分享性理解就是主体间的意义理解。教学是一种复数主体活动，教学中的意义在本质上具有一定的分享性，这是它区别于个体意义理解的根本。教学中主体的交流就是对意义的分享，主体间的分享性理解是主体互动的关键。

三、教学活动实现了教学中需要与理解的统整

（一）活动——需要与理解的基础

教学中的层次性需要是在教学活动中产生、提高与满足的。教学活动情境使学生产生了此时此刻的即时性需要。学生在教学中的层次性需要就是他们一贯的心理需要在教学活动中符合情境符合目的的具体表现。我们前面已指出的学生的六个层次性需要中的每一个层次不总是固定地体现在学生的学习活动中的，随着学生的发展它们都会历时性地或交替性地表现在同一个学生身上。学生的需要层次的提高只能在教学活动中完成，他们自身的发展也就是需要层次由低到高的发展。反过来，在活动中不断提高的需要层次又改变着他们参与教学活动的性质、方式以及效度。不参与具体的教学活动，学生的层次性需要将不能得到满足。因此，学生在教学中各种需要的产生、提高与满足都离不开教学活动。

教学理解的两种形态，即过程性理解和结果性理解都是学生参与教学活动的产物。教学过程性理解的内容与过程本身都是教学活动。从理解内容的角度而言，虽然有对教学意义的理解、对教学活动的理解、对教学人际关系的理解以及对学生自我的理解四个方面，但这四个方面的核心是对教学活动的理解，这是因为对其他三个方面的理解都是在教学活动中进行的，没有活动过程本身，学生就不可能有对教学意义的理解、对教学人际关系的理解、对自我的理解。意义就是教学活动中的意义，以交往为核心的人际关系也是在活动中建立起来的，自我理解也是学生在活动过程中对自我的发现和评价。从过程本身的角度来看，过程性理解所区分的三个层次的理解，即对意义的思维性理解、对意义的建构性理解、对意义的分享性理解都是学生在教学中不同水平的理解。从内部活动与外部活动的关系来看，外部活动是内部思维活动的依托，思维性理解是在外部活动的支持下进行的。皮亚杰认为，个体的认识起因于主体对客体主动的不断同化、顺应和平衡活动，即建构作用，他认为，复制的真理只能算半个真理。他的建构主义理论的关键词是活动与自主。由此可见，建构性理解不是个体凭空的建构，而是在具有意义的教学活动中的建构。分享性理解是教学主体之间意义的互换性理解，即个体对他人传达意义的理解，也只能是活动中的理解，学生个体不参与活动，就不可能产生分享性理解。

就结果性理解而言，它虽然是学生达到的一种理解状态，但这种状态是在一系列活动的前提下达到的一种学习效果，因此，结果性理解也不能缺少教学活动。

（二）活动过程整合了需要与理解

1. 活动是以探究为中心，塑造与建构学习主体过程，离不开需要与理解的作用

发展性教学重视通过教学中的活动实现学生的主动性和主动发展，主张学生由主动探究活动发现知识的演进与关系，强调通过内部活动与外部活动相结合实现认识的深化。这种教学认为要在活动的设计、实施中促进学生主体性的发展，塑造、建构学习主体。因为只有通过活动，学生才能按照自己的兴趣、意志进行探究、操作、体验与评价。通过自主的、能动的、创造性的理解活动，学生就可以了解知识的生成过程，从而轻松、自然地建构他们的认知结构。主体参与性教学中是以学生的层次性需要作为内趋力，而非教师的灌输作为活动的性质与效果的保障。同时，这种自主的、探究的活动本身产生、提升与满足学生的需要，推动他们理解的启动与发展。活动作为一种中介把教学中的需要与理解整合在一起，使它们在这个共同的"附着物"上发挥对学生主体参与教学活动的功能。

2. 学生的需要是活动性体验的前提、教学理解是理性认识与非理性认识的基础

活动体验是一种主体性体验，可以促进学生情意的发展，以及健康人格的养成，它包括对活动内容与方式的兴趣感，对活动的自主驾驭感等。不同的体验对学生活动产生不同的影响。教师在教学中要特别重视学生参与活动的态度、方式、努力程度、探究精神、创造性品质、合作的意识与能力等。

我们需要认识清楚的是学生的需要与活动体验的关系。由不同层次需要引发的行为所造成的学生的内心体验是不同的。需要的有无、强弱所造成的体验也是不同的。有某种需要，当这种需要满足以后，他们体验到的就是需要被满足后的幸福；当这种需要不能满足时，他们体验到的将是一种痛苦。需要越强烈，需要满足或不满足以后的体验就越深刻。教学活动开展的原始机制是学生在教学中的各种需要。学生在教学中的理解也包括他们对需要的理解，如果需要不被理解，它就不会转化成学生主体参与教学活动的推动力。学生对教学活

动的理解水平也决定着他们需要的层次，如当他们认为教学就是为了教学任务时，则他们的需要就是不被老师批评和同学嘲笑的需要、获得老师奖励的需要等低层次的需要；如当他们认为教学是为了实现对自己的发展时，那么他们的需要就是认知的需要和发展的需要。因此在教学活动的体验层次上，需要与理解都是不可缺少的。

学生在教学活动中的认识是从感性认识到理性认识不断提高的过程。只有经历一定的感性认识阶段，积累相应的直接经验，才能从一般的感知到对定理、法则、原理的理性思考，从而达到理性认识，实现思维的发展。在从感性认识到理性认识的飞跃中，学生的需要与理解也起着关键的作用。

在感性认识与理性认识两个不同层次的认识上，学生的需要与理解是不同的。教学中的活动实现了感性认识与理性认识的统一，使教学认识具有直接经验与间接经验各自的特点，把学生在教学中不同层次的需要与理解体现了出来。无论对未知知识的认识还是对已有知识的认识，都要求学生以不断探索的态度与方式进行，这种态度与方式也是学生在教学中需要与理解的反映。不同的需要有不同的态度，不同的理解有不同的方式。

3. 需要与理解是学生进行活动的基本依据

教学不可避免地要从学生的现实生活出发，传统教学与学生的生活脱节，其实也就等于与学生的现实需要和现实理解水平脱节。学生在生活中各种各样的印象，体验到的快乐、悲伤，获得的一些常识必然会影响到他们在教学中的态度、情感与认识。关注他们的生活，使他们把自己的生活带进课堂，使之在课堂上得以延续与升华，就会营造一个富有生命活力的课堂教学。从这个意义上说，生活是教学的基础、学生在教学中的需要与理解的发展。在这种需要与理解的支持下，教学才会富有生态性、伦理性。

第二节　主体参与教学的外在机制

主体参与的外在机制是指主体参与发生、发展的行为层面的运作机理。“教学沟通—教学对话—教学互动—教学吸引”是主体参与的外在机制。这四个方面在教学中既非线性关系，亦非并列关系，而是一种相互交叉的关系，他们交叉耦合在一起共同促使主体参与的发生与发展。这四个方面其实都是教学交往的变种①。因此，我们不难得出这样一个结论：教学交往是主体参与教学的外在机制的核心。可见，教学交往在现代教学中具有十分重要的位置。

一、多元主体的教学沟通是主体参与外在机制的前提环节

（一）教学沟通为主体参与创造了意义基础、交往基础

教学不是自学，它是教学主体的交往、交流活动，没有主体间的沟通，教学就失去了发生的前提。因此，沟通是教学场中的一个重要的活性因素，它是教学场气氛活跃的关键因素。沟通是理解在外在行为层面上的表现，沟通传递着意义，创造着意义，是教学理解更深刻、生动的重要保证。沟通就是在一定的情境中，主体之间在理解的基础上对意义或情感的抒发、交换、分享与共建，是自己的思想和别人思想的碰撞与互补。因此，教学沟通产生了教学交往，这是教学中主体参与的基础。主体参与教学理念下的沟通，重视每一个人的作用，每一个教学主体都是沟通的主体。在不同的教学观念下，会有不同的沟通形态。传统教学中沟通的中心是教师，师生之间是一种单向沟通。按照以上关于沟通的理解，传统教学中沟通的中心是缺乏或几乎不存在严格意义上的沟通。没有沟通，教学理解将不可能发生、发展（因为教学理解不只是学生个体对教材的理解），教学意义也就不可能在教学主体之间产生循环性流动，主体参与也就无法进行。因此，教学沟通是主体参与外在机制的前提性环节。

（二）教学沟通的特点与类型

现代教育理念下的沟通是多元沟通，主体参与教学中的沟通具有以下特点。

1. 互向性，指师生之间在知识和情感的沟通上是相互的，主体信息的发出或情感的付出是相互的，即任何沟通主体都既是信息和情感的发出者，也是接收者，缺少任何一方，沟通都将中断。只有主体的单向信息发出或情感的付出，是不可能有沟通持续发生的。心理或情感接收的对方必然要在理解或感受的基础上对信息或情感做出反馈，而且持续的沟通需要反馈的反复，即对反馈信息的反馈。

2. 多元性，指学生之间广泛的沟通。

---

① 上海育才中学．发展性教学策略研究［M］．上海：华东师范大学出版社，1998：187.

3. 平行性，师生、同学之间的沟通没有坡度，教学主体的沟通是非武断的、非权势的。

传播学把沟通分为人的内部沟通和外部沟通。所谓人的内部沟通，就是指人的内向交流，是人的主我和客我的交流，是人的自我思考、自我发泄、自我陶醉等。所谓人的外部沟通，是人与人、人与群体、群体与群体以及人与社会等方面的沟通。教学中的沟通是通过教学交往与教学活动实现的。教学的内部沟通是指学生对教师讲解的思考、阅读中的思考、解决问题的思考以及对教学的自我反思等。教学中的外部沟通是指师生交往、生生交往中的对话与理解。我们所使用的“沟通”主要指外部沟通，即在教学主体交往中的沟通。

（三）沟通对主体参与主要作用的表现

1. 教学沟通有助于实现教学交往——主体参与的前提条件

教学沟通是教学交往发生的基本条件。主体间的交往是建立在主体间的信息与情感沟通的基础之上的。沟通是对理解的信息化，是“发布—接受—发布—接受”的一个闭合回路。沟通就是信息的共振性的发生，它含有信息的分享、同构的意义。“交流感”对教学主体而言十分重要，它可以产生一定的动力作用。有效地接受和正确理解集体中其他成员传输出来的信息，将了解的情况和自己的心理活动及其结果传达出来，通过信息互换及时交流思想，可以把个人的力量“黏合”成巨大的社会“合力”。教学中的沟通可以使教学主体成为一个统一的整体。因此，教学信息的分享与同构有利于教学交往的发生，教学信息的封闭不利于教学交往的发生。教学交往把个体的主体参与纳入整个教学场中，使个体学生成为人际互动的一员。这是主体参与发生、发展的重要的教学条件。

2. 教学沟通有利于形成均衡态的教学场——主体参与的最佳教学场

教学均衡与失衡是教学所表现出来的两种状态。教学均衡是教学场能量运作呈现低能耗的状态，这种状态下，教学将显示出协调性和高效性。相反，失衡是教学能高消耗的状态，是教学有冲突、竞争和失调的情形。我们在教学中追求的就是一种均衡状态，这种状态离不开教学沟通的作用。当教学交往顺利，教学沟通良好，教师与学生都以自己最佳的状态进行主体参与时，教学就处于均衡态，这是使学生获得最佳发展的一种教学场。失衡必然表现为师生交流的不顺畅，教学交往常常呈现出单向性，学生的主体性处于被抑制的状态。生生沟通，有助于加深同学之间的相互了解，使他们的友谊得到一定的发展，这会大大提高生生互动的正向效果。参与阻隔往往是不能很好沟通的结果。沟通可以加深学生的理解，改变他们的知识与情感结构；可以帮助实现意义在主体间的流动与增殖。

3. 教学沟通有助于激发学生参与教学的兴趣——提高主体参与有效性的重要保证

学生有无参与教学的兴趣，关键取决于教学有无较强的情感性与教学是否能够满足学生的层次性教学需要。国外自20世纪50年代以来，在教学过程阶段研究提出了情意交往的阶段理论，重视情感对参与的动力作用。教学沟通既包括教学中师生、生生之间的信息沟通，也包括他们之间的情感沟通，甚至后者比前者更重要。行为科学认为，活动、相互作用、感情是相互关联的三个因素。在教学中，学生不断地开展活动，在活动中进行相互影响，彼此之间就会有稳定的情感关系。为了发挥学生在教学中的主体性，课堂教学中必须把情感因子放在十分重要的地位。师生、生生之间良好的情感关系能够使学生热爱教学这种生活方式，这种情感可以迁移到对科学知识、学校、国家的热爱。可以说，学生主体参与教学的动力源是学生的各种情感。不注重情感投资、情感培养的教师，其教学是没有生命力可言的。情感沟通指教师对学生教育爱的表达，它体现在教学活动的方方面面。情感沟通也指学生对教师教育爱的反馈，如对教师感激的话语、信任的目光，以及对教师教育期望的付诸行动等。情感沟通是学生主体参与的润滑剂。许多教师不注重或忽视师生间的情感，致使教学只是干巴巴的知识的交流。情感沟通还指教师经常与学生的思想交流，包括征求他们对教学的意见，了解他们的教学需要等。情感沟通是信息沟通的前提，良好的情感沟通是学生主体参与的巨大动力。柏拉图认为人的需要不能靠自己来满足，他必须与他人相互帮助，协作共度。在教学中，除了师生沟通外，学生之间的沟通也是很重要的。同学之间的沟通是相互帮助、相互理解的基础。在一个新生刚刚聚合的班级里，每个学生对主体参与总会有一些顾虑，但随着相处时间的推移，同学们对主体参与有了较好的理解，也有了一定的沟通，他们的主体参与行为就会获得同伴的理解与支持。尤其在小组合作学习中，他们之间的沟通对于合作的成败起着至关重要的作用。在教学沟通系统中，每一个个体都是以自我为中心同其他教学主体开展沟通的。由此可见，沟通有利于归属需要、交往需要等教学需要的满足。在一种富有情感与教学需要能够得到满足的教学中，学生自然会产生进行主体参与的浓厚兴趣。主体参与具有一定的非强迫性，兴趣是主体参与实行的重要的心理基础。出于满足学生兴趣的主体参与将更加有效。

笔者就“教学中教师与学生的沟通与学习兴趣是什么关系?”这一问题分别对学生及课题组实验教师进行了调查和讨论。在调查中，学生们写道“沟通是使学生对学习产生兴趣的中介和桥梁”；“沟通可以拉近学生和老师之间的距离，沟通可以使我们更喜欢老师，喜欢老师就对老师所讲授的这门学科感兴趣”；“沟通使我们与老师的感情更加密切，使教学和学习更加顺利，我们学习得好，自然就有了浓厚的兴趣”；“教师应该了解学生的兴趣所在，根据我们的兴趣加以引导和教学，而要想了解我们的兴趣就应走近我们”；“实际上，我们非常希望能和老师经常沟通、谈心，可我们没有这个机会，也没有胆量和勇气走近老师”；“我们希望老师能多和我们谈心，希望得到老师的鼓励，哪怕是一个鼓励和肯定的眼神也能使我们倍受鼓舞，感到莫大的安慰和幸福，即便我们已是大学生”。

在课题组实验教师的讨论中，教师们对学生发自肺腑的话语感到震惊。老师们纷纷发表看法“看来学生非常重视和需要师生之间的情感和沟通，可学生这么强烈的需要却被老师们忽视了，这对学生是极不公平的”；有位有着十几年教学经历的教师感慨地说：“原来一直以为大学教师只要能在专业领域给学生以知识和指导就可以了，因为大学生思想相对成熟了，有了较好的自我意识，也有了良好的自我调控能力，能知道对自己负责，理性地去学习，所谓的‘亲其师，而信其道’都是中小学生的事情。看来我们这些老师们都太主观了，根本没有重视学生的需要，根本没有把与学生的沟通放在应该放的位置上。现在突然发现自己是一个不称职的教师。”随后课题组全体实验教师通过讨论制订了“走近学生，与学生沟通”的实施方案：第一，下课十分钟不回办公室；第二，课后多进行辅导（非统一形式的）；第三，上课多运用语言和非语言沟通方式与学生沟通，尤其是要注意非语言沟通方式的运用；第四，对个别学生进行单独的谈话；第五，学会对学生微笑。

经过近一个学期的实施，实验班同学和课题组实验教师有深刻的感受，学生谈到“现在我们像感受到了阳光一样，感受着老师的亲切的笑脸，老师与我们的心灵是相通的。现在我们对学习充满了兴趣，在学习中感受到了快乐"；"通过与老师近距离的接触，才知道我们原来的怀疑和恐惧都是没有必要的，老师走近了我们，我们才发现老师是那样的和蔼可亲，老师了解了我们的需要，了解了我们的兴趣，尊重我们，我们更爱戴老师，我们更爱学习，真是太幸福了"。

实验教师谈到"了解学生，与学生沟通是件很容易，也是很愉快的事情"；"要想从真正意义上搞好教学就应走近学生，与学生沟通、了解学生的需要和兴趣，满足学生的需要。这样学生的心里就会感到满足，学生就会有更强烈的兴趣"；"沟通与兴趣彼此影响"；"在教学中教师有情感的投入，会激发学生强烈的兴趣"。

二、教学主体对话是主体参与外在机制的载体环节

（一）教学对话是主体参与中师生、生生之间平等的话语交流，是他们各自心声的抒发与分享

"对话以人及环境为内容，在对话中可以发现所思之物的逻辑及存在的意义。"孔子和苏格拉底是对话式教学的典范。苏格拉底式对话是深入灵魂深处的对话，"一种在灵魂深处的激动、不安和压抑的对话"①。苏格拉底主张教育不是知者随便带动无知者，而是使师生共同寻求真理。他提出的"产婆术"即认为教师的作用只是帮助学生进行认知，他的启发式对话可以说是对话式教学的范例。孔子与其学生的对话充满着启发与智慧，往往使学生嗟叹不已，以至于到了"欲罢不能"的地步。提问是对话的重要方式，是获取信息的重要手段。能不能提出问题，提问的质量如何可以反映出学生对文本、活动内容的理解程度。传统的教学中，"老师总是提问者，学生总是回答者"。这就使学生变得越来越木讷、越来越被动。在对话性教学中，教师与学生可以相互提问。

（二）教学主体对话是教学交往的载体

这是因为"教学过程（主要指课堂教学及其各种变种）赖以开展与进行的基本联结方式是语言"②。脱离了语言的中介联结，教学过程是无法形成的。教

① 王升. 主体参与型教学探索［M］. 北京：教育科学出版社，2003：65.

② 史根生. 主体教育论［M］. 北京：科学出版社，1999：146.

学过程中的口语表达是课堂教学人际之间的主要的交流方式。我们可以看出，对话在教学人际交往中发挥着联结作用。对于参与的个体而言，它起着意义表达的作用，这是个体被他人理解与接受的前提；对于参与的复数主体而言，它起着意义交换的作用，这是互动的前提。

（三）教学对话的特点

1. 平等性。对话主体之间首先要平等，这是对话的基本前提条件。权威心态或自卑心态都不可能形成对话。平等对话要求对话主体不仰视上，不歧视下，要以平视的心态参与交流。在平等的对话中，"霸权语言"将不能存在。

2. 感染性。我们所探讨的主体参与是在一定的教学环境中进行的。有利于学生主体参与的教学情境必然是信息畅达、人际关系和谐、组织方式灵活、情感交流充分、班级舆论良好等。在一定情境中，富有情感与智慧的教学对话对师生都会产生一定的感染，这对主体参与具有很强的带动作用。

3. 开放性。直抒胸臆才是好的对话，半遮半掩必然导致对话的失败。只有敞开自我，对话主体才能体会到一种充分表达的满足和听到"真言"的愉快。正是由于对话具有以上这些特点，才颇受师生的欢迎。

（四）教学对话对主体参与的作用

1. 对话有利于真正实现教学沟通，可以确保主体参与外在机制前提环节的形成

师生开展对话可以创造一个良好的理解性教学活动。它要求师生、生生之间既"开放"，又"接纳"，在和谐的教学场中相互吸引、相互包容、共同分享，教师的包容、理解可以使学生"开放"自己，这样师生才能在知识与情感两个方面达到沟通。那种相互疏离的师生关系，不是真正的对话。对话是良好的教学情境，它可以使师生真正达到相互理解、精神上的沟通。对话既给学生进行主体参与提供一个切入点，又给主体参与持续进行提供了基本线索。沟通是主体参与的外在机制的前提环节，对话有利于使之在主体参与实施过程中发挥作用。

2. 对话有利于创造良好的主体参与的情境

在对话中，教师不是自上而下地给予学生知识，而是通过对话诱导学生。在对话情境中，师生关系是交互性的，教师不只是言者，学生也不只是听者，他们双方都是对话的平等参与者，扮演的"听者"或"言者"的角色可以即时

地相互转换。在传统教学中，教师自始至终地在讲述，角色单一，学生没有进行主体参与的机会与时间。教师“一言堂”中，学生没有对话的权利，岂能有师生的平等对话？生生之间也是如此。如在现实的小组合作学习中存在明显的“小学霸”现象，致使其他学生没有进行主体参与的机会。主体参与教学主张把更多的课堂时间留给学生，让他们自主、自由、平等地参与教学。角色的即时转换可以为每一个学生提供更多参与教学的机会。

3. 对话有利于实现平等参与

主体参与教学所提倡的主体参与是一种平等参与，平等参与的“平等”主要体现在学困生能否进行主体参与上。在对话性教学中，每一个学生都可以与教师、其他同学开展交流。学困生在平等对话中，可以找到自己在教学中的位置，教师或其他同学可以倾听他们发表的见解，这有助于他们确立自己在教学中的自信。

在教学科研中我们课题组的实验教师就“你认为教学中的对话对于学生主体参与教学有什么重要性?”这一问题进行了讨论。下面是课题组实验教师的讨论结果:“在对话中，教师所表现出来的亲切、关爱是提高学生主体参与教学的催化剂”；“只有对话才能沟通、理解，才能使教学相长”；“对话使学生敢于、乐于发表自己的见解，可以使他们的思维具有一定的积极性”；“对话让教学具有一定的研究性，可以使学生学习气氛活跃；让教学的亲和力和感染力得到增强；可以使学生乐学、学不够”；“对话体现了师生的平等关系，缩短了师生的情感距离，出现了情感的成分，‘亲其师，而信其道’，对话是主体参与的前提”。

三、教学人际互动是主体参与外在机制的交往环节

（一）从主体参与的过程看教学互动

主体参与教学的过程，存在“目标—策略—评价”和“活动—体验—表现”两种基本形式。无论哪一种形式，学生主体参与的过程都有“兴趣、分析、创意、操作、评价”五个阶段。主体参与的兴趣是在师生互动中形成的，双向、多边的互动有利于形成主体参与的兴趣，单向的受动不利于学生主体参与兴趣的产生。主体参与的分析不是单方面的讲析，而是教师指导、学生为主体下的意义的条理性建构。创意是对主体参与内容、方式的操作，是一种合作性行为，既有师生的合作，也有生生的合作，其实也是一种互动。主体参与教学中的评

价是自评与他评的结合，它包括教师对学生的评价，也包括学生对教师的评价，还包括生生的互评。由此可见，从主体参与要素的角度分析，教学互动在主体参与中具有十分重要的作用。

（二）互动是主体间参与的重要形式

教学互动是师生交往的一种表现形态，是在教学的情境中，教学主体之间发生的相互作用的方式，是教学主体之间进行信息与行为交换的过程，是教学场的核心特征。互动使教学中的人际关系不再表现为简单的“主—客”关系，而是具有一定相依性的“人—人”关系。现代教育哲学家马丁·贝布尔认为，教育过程中，师生双方是主体间的“我—你”关系，而不是“我—他”关系。“我—你”关系就是一种平等包容、共创、共享的关系。互动赖以发生的前提就是这样一种“我—你”关系。传统教学中，学生没有主体地位，所以也就谈不上师生的互动，师生关系是一种“动—静”关系，即教师是动，学生是静的格局。确立师生在教学中的互动关系是对传统教学中“控制—服从”关系的一种挑战。互动内涵：师生之间的关系是一种相依关系，在教学中，谁也离不开谁；师生之间是平等的对话；师生之间是平行的影响。参与是一种交往性参与，教学中的主体参与是师生互动的认知性发展参与。教学中的互动包含着主体参与，没有学生主体参与，就没有师生的互动。教学中的主体参与更多是在互动中进行的，互动使主体参与成为可能。教师确立起师生互动的观念，才能为学生创造参与的机会。互动的教学过程自然是学生主体参与的结果，只有教师在教学中有互动的意识和开展互动的行为，学生才能有主体参与的机会。

（三）主体参与在互动中的“齿轮”原理

齿轮在转动中是一个轮子带动另一个轮子，最后达到所有轮子共同转动的目的。互动对于主体参与而言，就是一个齿轮，它会带动参与的发生、发展。参与是教学中一切行为的始发机制，参与决定互动；但在参与的过程中，互动又以它的惯性实现了参与的加速度进行。互动和参与在教学场中形成了一种律动。这种齿轮性效果在互动参与之间是很明显的，因此我们把教学互动看作主体参与外在机制的共振性环节。有人经过研究后认为，亲密、依赖、矛盾是师生互动的主要维度。亲密是师生之间心理和行为上的接近程度，依赖是学习寻求帮助、指导和保护的心理、行为和倾向，矛盾则是师生互动中师生行为的和谐程度。师生在这三个方面的不同表现，决定了师生互动的基本性质和总体特征。在主体参与性教学中，教师的参与带动了学生的参与，在师生发生互动以后，这种互动的教学场又反过来助长教师参与教学的激情。

在我们强调学生主体参与的教学中，生生互动甚至比师生互动更为频繁，它对每一个学生的主体参与情绪、主体参与效果产生更大的影响。生生互动是一种对称性互动。在同一个学年段的学生，个性发展水平相近，交往是平等互惠的。学生的交往合作，存在合理交往与不合理交往。生生互动要进行有效的合作学习，必须具备三个条件。第一，个体基本条件均衡。这是在教学意义上的均衡，小组内每个成员在基本知识、技能、兴趣、性格等方面表现出相似性。第二，有共同活动。包括明确的活动目标、活动规则、个体的责任感与分工、行动上相互配合，以及在信息资源、任务、奖惩、责任上的相依性。第三，个体交往意识及交往技能。由于个体差异的存在，不可能做到成员个体间的绝对均衡。因此，成员间相互信任，群体对个体的接纳、情感的支持，反馈信息的提供，以及每一个成员的相互尊重、诚挚、谦让的态度就十分重要了。

（四）互动对主体参与的作用

1. 互动使个体学生的行为成为教学活动系统的有机组成部分

由于互动，学生个体的主体参与被纳入到教学的动态化系统之中，这有利于避免个体参与的游离或孤立。在互动的教学中，个体的主体参与就是集体行为的一部分，是互动把个体的行为集体化了。个体的行为如果不变成教学集体的一部分，势必影响到全班同学的参与情绪。如一个学生在课堂教学中，不顾教师与其他同学的活动，根据自己的计划自学，这个学生对他本人来说，是进行主体参与了，但对于课堂教学而言，他却没有进行主体参与。他的这种游离会影响教师和同学的教学参与。所以教学中的主体参与是教学场中的参与，它属于教学系统不可分割的一部分。只有在理解与沟通基础上的互动才可以实现学生主体参与的系统化。

2. 互动凸显了主体参与的发展目的

互动把主体参与放在了教学人际交往之中，实现了参与主体的思想与行为的交换与分享，这就使主体参与更多地具有了交往性、合作性与发展性。这其中发展是核心。传统教学不强调互动，也不强调交往，学生参与基本上是为了认知。主体参与性教学的人际互动使主体参与走出了传统教学的单一认知的局限，实现了自我发展性目的和社会目的的统一。

3. 互动有利于创造富有活力的教学气氛

“正是主要通过有意义的与他人的交往作用，个人才感到其社会的意识形态的内容并将之内化；正是通过这种作用，个人才会为了自身的生存进而安排并支配自身的物质环境。”① 互动对个体学生参与是一个很好的带动，它实际上是教学主体共同参与的结果。主体参与要持续地发展，离不开师生、生生的互动。互动把参与放在了一个动态的教学场中，使参与有了一定的教学气氛支持。在单向的教学活动中，如果教学的情绪是比较低的，课堂将缺乏一定的活力，信息的传递将会受到影响。在互动性教学中，教学主体都会积极参与，教学气氛会具有一定的感染性、带动性。

4. 互动保证了教学交往的多边形

在非互动性的教学活动中，真正的教学主体只是教师，学生只是教师的受动者。互动，必须是两个或多个主体间的相互作用，否则就不是互动。互动性教学必然存在多元的主体，在这种教学中，教学交流不只是互动；教学交流不只局限于师生或某几个学生之间，单边的交流会影响互动的效果。生生互动对参与有很重要的带动作用。在动态性教学场中，这两种互动都是不可缺少的。19 世纪从英国兴起的“导生制”，即由学习好的同学担任指导者的一种教学形式，产生了良好的教学效果。这种形式的本意是解决教师少学生多的矛盾，但事实上它的好处是很多的，参与指导的学生在给别人讲述知识时，锻炼了自己的能力，又加深了自己对知识的理解。同学相互答疑是一种非常好的学习形式，它对学生发展的意义远超过它在知识学习中的意义，使每一个同学都能积极主动地参与教学活动。

5. 互动对主体参与过程具有一定的正向影响性

人际互动对个体人的行为具有一定的矫正作用。互动为学生主体参与创造了一个良好的教学场氛围，每一个教学主体对其他教学主体或许会产生一定的影响。一些学生的不良行为习惯在互动性较强的良好的教学氛围当中会得到一定程度的抑制和矫正。处于一个很安静的环境中，任何个体要想喧哗都会感到不安。同样，在一个上进心很强的具有探求精神的互动性教学场中，任何一个学生游离都会引起一定的自我责备。

---

① 史根生. 主体教育论［M］. 北京：科学出版社，1999：187.

四、教学吸引子是主体参与外在机制的催化因素

（一）教学吸引子的含义与特点

把在教学场中具有一定启动性、催化性，能使主体参与得到即时性发生、发展的教学因子称为教学吸引子。教学中的吸引子相当于化学中的催化剂。吸引子是主体参与机制中的关键环节，它直接影响着学生主体参与教学的心理与行为，是推动主体参与发生、发展的前沿性、敏感性机制环节。吸引子的作用在于促使主体参与的生成、完善和维持。教学吸引子是在教学中激发学生主体参与热情，助长学生主体参与行为的各种诱因，它可以是教师富于激情的话语，可以是有趣的讨论话题，也可以是一种奖赏。没有这些吸引子，主体参与的产生就失去了主体参与外在机制中重要的一个环节。学生存在着巨大的发展潜能，问题在于我们采用什么样的教学吸引子去激活、显化他们的潜能？因此，在教学中，吸引子的设计是至关重要的，没有吸引子，学生的主体参与就只能存在于潜能状态。教学内容具有客观上的枯燥性，教学过程具有人为的程序性，教学主体具有不可回避的差异性，教学评价具有不可否认的非伦理性，因此，教学在先天上就是不太吸引学生的。要在这种情况下实现愉快教学，就必须设计、运用好教学吸引子，否则，学生主体参与的有效性是无法得到保障的。

吸引子不是静态的因素，而是动态的变量。引发主体参与的吸引子，其实就是奥苏伯尔提出的“先行组织者”，它要么是教学活动的背景材料，要么是教学活动的设计说明，要么是教学活动的激励办法等。在主体参与进行过程之中的吸引子，即过程吸引子对主体参与起着一定的“鼓劲”作用。过程吸引子往往表现在为教师的话语鼓励，小组之间的竞赛，趣味性、挑战性的教学问题等方面。

教学吸引子具有以下特点：

1. 情感性

我国特级教师成功的教学经验表明，只有富有情感的教学才是吸引学生、激发学生求知欲的教学。教学艺术论认为，情感性是教学艺术的重要特点。教学交流包括知识交流与情感交流两个方面，在知识交流中渗透情感交流，它就会更加省时高效。现代教学强调教学过程中的人文关怀，教学情感是教学中人文关怀的重要体现。教学吸引子作为教学中的“激发”机制，必然具有鲜明的情感性。这种情感性也激发着学生的情感。

2. 趣味性

教学中的有趣味的事例的合理引用，都是教学吸引子的实际应用，它们的一个共同的特点就是具有趣味性。一位研究“演讲”的学者认为设计趣味的环节是使演讲取得成功的重要策略。同样，设计富有趣味性的教学吸引子是引发学生主体参与、使教学获得成功的重要条件。

3. 激发性

激发学生积极参与是教学吸引子的本质特点。在主体参与性教学中，教师主体参与的主要内容是设计、组织学生主体参与。因此，教师在备课时要在教学吸引子上下功夫。

（二）教学吸引子对主体参与作用的主要表现

1. 引发作用

教学吸引子首先的作用是引发主体参与。主体参与的内在机制——“教学需要—教学理解”以及主体参与外在机制中的“教学沟通—教学对话—教学互动”等环节都从心理和行为的主要方面为主体参与的发生、发展创造了良好的条件，但从教的角度引发主体参与的将是教学吸引子。教学吸引子是很重要的起引发作用的活性因子。

2. 引导作用

教学吸引子对主体参与的进行始终起着引导作用，即在一定程度上决定着学生进行主体参与的方向，会对正向的主体参与予以鼓励，对负向的主体参与予以纠错。

3. 助长作用

表扬或批评，实际上是教学中的话语评价，是一种形成性的评价，这能达到控制、调节、矫正、激励学生行为的目的。在教学中，许多老师对学生过多地使用负强化，吝惜表扬，正强化没有及时使用或既不批评也不表扬，对学生的态度冷淡，都会影响学生的主体参与。教师对学生进行主体参与行为的态度是影响学生主体参与效果的重要变量。我们可以把实现教学中教师对学生主体参与的态度分为：麻木、观望、欣赏与助阵四种情况。麻木，是一种非参与性的、冷淡的态度；观望，是一种非参与性的、低情绪的态度；欣赏是一种参与性的、悦纳的态度；助阵是一种参与性、激励性的态度。教师的麻木与观望会严重影响学生的主体参与情绪；欣赏与助阵会助长学生的主体参与。教学吸引子所表现出的态度就是欣赏与助阵，它有明显的助长作用。

第五章　主体参与教学的原则

第一节　以学生为主体的原则

一、以学生为主体教学原则的内涵

人按其本性而言，有一种追求真理的热情和渴望。在本性的作用下，人不仅致力于对包括自己在内的客观世界的无休止的探索，而且经常把求知的兴趣指向自身，通过一般劳动对客观世界和本身起支配作用。这就足以证明，人不仅是主体，而且是客体①。说人是主体，是相对于一定的客观对象而言的。说人是客体，是相对于人自身而言的。所以说人既是客观对象的主体，也是其自身的主体。说人是自己的主体，是因为人能把自己转化为自己的客体，做自己的主人。主体的实现过程是人把自身的认知、情感、能力作用于对象之中，使其物质化，再使物质化的对象作用于人本身，满足人的需要和产生新的需要，使主体的认知、情感和能力得到再创造，实现主体自身的自我实现，这也是一切实践活动的终极目的。对此，我们可以这样理解，学生主体的实现，是通过其自身的努力，将自己的精神、态度、方法、知识与技能作用于外界，获得相应的成功，并作用于其本身，进入螺旋式上升的高一级环节，在生存与发展质量方面得到提升。也只有在这种双重的运动中，人才实现为人。所以，从这个

① 王策三. 教学论稿［M］. 北京：人民教育出版社，1985：211.

角度来说，使学生作为人的主体性得以实现是教育的终极目的。人的主体性的实现过程就是人的价值的实现过程，是学生获得可持续发展的原动力，是教育要解决的根本问题。

以学生为主体的教学原则有两方面的内容：

1. 教学过程中要尊重学生的主体地位，教学目标、教学的指导思想、教学内容、教学方法都要围绕其进行。

2. 要把学生的培养指向社会，从大学生毕业后需要扮演社会角色的角度，即从实现学生主体性的高度出发来进行教学，使他们的认知、情感和能力能够有效作用于社会实践，物化于实践对象，反过来作用于其自身，使其人生价值得以实现，不断产生新的需要、动力，使其主体化的程度不断深化，实现可持续的发展。当然，学生主体作用的发挥，必须在社会道德、伦理、法律的框架内去实现。

这一原则具体体现在四个方面：

1. 自主学习。懂得自身的责任，明确学习目的，认清学习的作用，掌握学习的规律，制订学习计划，克服学习中的困难，培养和充分发挥学习能力。

2. 自为学习。在学习过程中，学会处理好各种与之相关的关系，为现在的学习和将来的社会生活创造良好的外部环境。

3. 自觉学习。掌握自我调节、自我控制、自我支配、自我激励的能力，养成良好的学习习惯。

4. 自由学习。使所学的知识、技能在社会生活中充分发挥作用，展示才干，获得更多的学习动力，使自身才干具有更大的发挥空间。

二、主体参与教学为什么要强调以学生为主体的原则

由于我国基础教育是以应试为主要特点和内容，重点培养的是让学生接受知识和运用知识进行考试的能力，而不是对学生主体性的培养和潜能的挖掘，对学生的主体地位至少是忽视的。这种教育培养出来的学生思维狭窄，冲破传统定式和解决实际问题的能力较差，并带有许多心理问题，不能满足社会对人才需求的内涵和外延。这已是社会公认的。在这种情况下，高等教育如果再延续基础教育的培养方式，问题就会越来越严重。因此，主体参与教学本着使学生具有可持续发展的能力的目的，以适应不断发展的社会对人的要求，同时纠

正应试的基础教育带来的不利影响，强调在教学过程中尊重学生的主体地位，使学生作为人来讲，在其本性当中存在的对真理的追求和渴望具有合理性、科学性和自觉性。因此，主体参与教学强调以学生为主体的教学原则具有重要的历史和现实意义。

主体参与教学所追求的教学目标从广义上讲是让学生学会学习、沟通、生存，让学生在自身的学习、生活过程中处于主宰地位，获得可持续发展的能力，符合人的本质特点。这一目标必须从人的本性出发，即必须尊重学生的主体性才能实现。所以，学校教育必须强调以学生为主体的教学原则。

主体性是一个哲学概念，主体性是人的本质属性，是人的本性中存在的对于追求真理的热情和渴望的特质外在而能动的反映。人类由远古的野蛮阶段进入现代文明阶段正是由人类的这种本性所推动的。之所以说主体性是人的本质属性，是因为任何人都不可能脱离三种关系而存在：与自然界的关系、与他人的关系及与自身的关系。人在这三种关系中都处于主体地位。

主体性是人生来就有的，但却处于潜藏状态。传统的讲授法教学以传授和灌输知识为主要职能，以学生接受知识并运用知识去通过考试为目的，主体性的发挥更多地体现出自发的特点。主体参与教学突破了传统的讲授法教学的局限性，以培养学生的主体性为主要教育职能和目的，使其成为人的自觉行动，使学生能够自主、自为、自觉、自由地学习与生活。其目的是使人获得发展的能力，可持续发展的能力。因此，主体参与教学强调以学生为主体的教学原则。

主体参与教学体现了学生主体性的原则。这一原则提示我们：在培养学生的过程中必须突破传统教学中以传授知识通过考试为目的，以“教师为中心，以教材为中心，以课堂为中心”的教学模式。在教学过程中教师的主导作用由过去的“显性”退为“隐性”，而更加突出学生的主体地位。以实现教学目标为手段，以培养学生的主体性，激发内在的、人类固有的对真理的热情和渴望为目的地进行教学。这样做的优点在于将教育的作用直接作用于人的本质属性。

三、如何实施以学生为主体的教学原则

1. 设立三元教学目标

主体参与教学的教学目标是认知、情感、能力“三元目标”，其目的是使学生在价值上认同教学内容，产生对学习的需要和渴望，在能力上掌握运用教学

内容，培养发散思维。

2. 确立三个课堂的教学形式

按教学计划在教室中进行集中授课为第一课堂，课后为第二课堂，社会实践为第三课堂。教师把教学内容以问题的形式提前布置给学生，让学生在第二课堂进行充分的准备，按计划将准备内容拿到第一课堂中进行交流与展示，让学生在这一过程中进行学习，教师只根据学生交流与展示的情况进行点评、引导和启发，让学生充分体现出教学过程中的主体性。第三课堂作为学生社会实践的场所，让学生通过参观实习、实训和实践活动来加深对知识的掌握、理解，提高学生运用知识解决实际问题能力的水平。实施三个课堂的教学，就是让学生的学习和实践能力充分地发挥出来，保证学生的主体地位贯穿于学校教育的全过程。

3. 充分重视和体现学生对已有的知识、经验及所学知识的运用与交流

主体性的实现，在于人通过劳动，将知识、经验、技能作用于客观事物，并最终作用于人本身，使人的生存与生活质量得以改善。学生的学习可以说是一种特殊劳动，所学的知识、技能必须通过运用才有价值，学习的能力只有在运用过程中才能得到提高。基础教育重视知识的掌握，在高等教育阶段就特别强调知识与技能的运用，因此，教师在教学过程中，要注意让学生把自己的知识、经验、技能在学习中运用出来，从而促进自身学习质量的不断提高，在学习中产生自信心和成就感。这就是学生在学习过程中主体性的实现过程，也就是主体参与教学强调的主体性原则实施的一般性过程。

第二节　面向全体学生的原则

一、面向全体学生教学原则的内涵

面向全体学生也就是面向每一个学生，要为每一个学生创造参与的条件、提供参与的机会、培养参与的意识、习得参与的能力，使课堂成为学生展示课下准备情况的舞台，使每个学生的主体性都有发展的条件和可能。在三个课堂的教学中为每一个学生提供和创造公平的适合接受知识、展示自身成就和发表

见解的学习条件和机会。

二、为什么要实施面向全体学生的教学原则

1. 体现了教育的公平性原则

受教育是每个公民的权利，无论在基础教育还是高等教育阶段，每个学生都是受教育的对象，都是掌握知识的主体，学校都有责任为他们提供一个平等的学习机会。而追求公平的教育也是现代教育的一个特征。因此，在学校的教学管理中要体现这一原则。在教学过程中教师的教学设计也要充分考虑这一点。

2. 是学生的主观需要与社会对人的客观需要

就教学效果来讲，使每一个学生都有接受教师与同学点拨与交流的机会，这样做的针对性要更强，也体现了教学中普遍强调的因材施教的原则。就学生而言，每个人的学习情况都有其特殊性，对其特殊性的关照的程度与学生学习效果有着紧密的联系。所以，作为体现满足时代对培养学生需要的主体参与教学，就必须体现这一原则。

3. 由学生的差异性决定的

多元智能理论告诉我们，人的智能的表现形式是不同的，就是同一种智能在不同人身上的表现也是不同的。主体参与教学基于这一理论，承认并尊重学生间不同的及相同的能力差异，并按这种差异去设计教学，这是与讲授法教学的统一教材、统一时间、统一听课、统一考核重要的区别所在。从社会角度来看，让每一个人都能成才，会更有效地推动社会进步，使每个社会成员都从中受益。面向每一个学生，成才的比例会更高些。

4. 市场经济条件下大学生就业的需要，事关学校的声誉

现阶段市场经济条件下，高等学校的毕业生的就业在很大程度上需要学生独自作战，由自己去敲开用人单位的大门，独立自主地去接受用人单位的试用。这就对学生的个人能力提出了更高的要求，直接关系到学校的就业水平，也直接关系到学校的社会声誉。

5. 主体参与教学也为这一原则的实施创造了条件

主体参与教学要求学生组成团队学习小组，人数最好控制在 10 人以下。针对教师布置的学习任务，大家要先在组内进行充分的交流，每个人都要谈自己的见解，并展开充分的讨论、辩论甚至争论，让思维充分活跃起来，最后形成

文字材料。之后，同学们轮流代表小组到班级到各种公开的场合进行展示。这就在客观上为每一名学生提供了机会，以不同的方式，关注到了每一名同学。

三、在主体参与教学中如何实施面向全体学生的原则

根据美国心理学家加德纳的多元智能理论，智力是彼此相互独立、以多元方式存在的。每个学生的智力倾向不同，每个学生的智力发展同样存在差异性。在教学过程中，要正视学生的这种差异性，学生个体发展的速度有快慢、水平有差异、结果有不同，所以应提倡个性化教育，面向每一个学生，为学生提供平等的发展机会和条件，这也是教育最低程度的公平。而教师应尊重学生的人格，关注学生间个体的差异，满足不同学生的学习需要，创设能引导学生主动参与的教育环境，激发学生的学习积极性、培养学生掌握和运用知识的态度和能力，使每个学生都能得到充分的发展。为此，教师要注重学生独特的感受和理解，学生标新立异的思维方式和行为，因材施教，培养出个性丰满的学生，让每一个有个性差异的学生充分展现自己独特的才华和兴趣，感受成功。注意防止教育模式单一化，教育方法简单化。

但是，这并不是要求教师机械地理解这一原则，也就是说，并不是在每节课或每个课堂上对每一位学生都关照。课堂教学的个性化原则可以采取以下具体做法：

1. 学生以团队小组为单位进行课前准备

也就是说，要通过团队学习，让每一名同学都有参与的意识，为每一名学生提供参与的机会。教师要针对教学内容设计问题并提前布置给学生，让每个学生在已有能力的基础上运用各种方式进行探究，在小组内部要展开充分的交流，人人都要谈自己的探究所得，可以是讨论、辩论，甚至是争论，最后人人都要提交书面材料。小组要选出代表，到课堂上与其他小组进行交流，这一切都与期末考核挂钩，代表发言的同学分值适当要高。当然，小组代表必须轮换以保证尽可能多的同学参与到课堂的交流中来。

2. 课堂上进行小组间的展示和交流

小组代表要把小组的集体见解拿到课堂上进行全班展示、说明，全体同学可从不同的角度与其进行交流、研讨、辩论和争论。这样做的目的是活跃学生的思维，从思想方法的高度来进行交流。教师要把 2/3 的时间留给学生，重点

要放在课题节奏的把握、对学生展示与交流的点评、引导和启发方面，并要求学生在课后根据课堂上的展示与交流再写出一份书面报告，前后对比，得到更新的收获。总之教师要发挥“导演”的作用，既是课堂的灵魂，又不大块占用课堂时间。

3. 注意培养学生养成良好的学习态度

第一，在参与过程中要态度严谨、刻苦钻研。将知识的原理及内在的逻辑结构搞清楚，并大胆提出自己的见解，锻炼严谨的思维能力及流畅的表达能力。第二，在参与的过程中要学会尊重别人。主要表现为能够认真倾听别人的意见，接受中肯的批评建议，恰当地表述自己的观点，宽容不同的意见，从逻辑体系上指出对方缺点，以理服人。第三，在参与过程中加深同学间的感情。在交流过程中要学会对同学的优点加以及时发现、及时肯定，对同学发表的见解给予良性评价，不足之处要善意指出，以诚感人，加深同学间的感情，为现在的学习和将来的生活创造良好的人际氛围。教师要为学生创设有利于学习的风气，提供相应的学习条件，经常深入到学生小组当中，了解学生参与的情况，培养学生习得参与的方法，及时发现和纠正参与过程中存在的问题，促进学生形成良好的参与习惯。

学校应为学生提供多种展示个人才能的舞台。如开展第二课堂、举办丰富多彩的各种文体活动、提供各种实验场所，在高校成立各种社团及校内外的各种学术交流活动等，为学生提供更多的参与的学习环境和条件。

第三节　培养能力的原则

一、培养学生能力原则的内涵

教育的结果是培养具有各种能力的人，他们必须具有解决问题的能力、学习能力、良好的沟通能力、和谐发展的能力、良好的创造能力、良好的市场竞争能力、调整目标和动机的能力、内省能力等。这绝不是培养单一的接受知识和运用知识进行考试的传统的讲授法教学所能实现的。这就是主体参与教学培养学生能力的内涵。这一原则是将学生置身于社会大系统中加以考虑的。

二、如何实施培养学生综合能力的原则

1. 承认学生的潜能

多元智能理论强调人的主要的九种智能，但我们必须认识到，在人受教育前，其智能是不同程度地潜藏着的，必须通过教育手段将其挖掘出来。这也是受教育程度高的劳动者，其工作质量和工作效率相对而言较高的根本原因。这是培养学生综合能力的重要前提。

2. 在教学过程中着力于学生潜能的挖掘

要创造各种有利于挖掘学生潜能的条件和方法，让每一个学生都充分地"动"起来。如让学生对教学进行事先的准备，就涉及学生的言语逻辑智能、自然观察者智能、人际关系智能、自我反省智能等多种智能，这些智能的综合运用就体现出了学习能力、应用能力、与人交往的能力并最终形成的可持续发展的能力。这里必须说明的是潜能的挖掘是根据不同学生的具体情况而言的，具有个体特征，要因材施教，绝非各种智能的齐头并进，必须承认学生间能力的差异性。

第四节　教法与学法统一的原则

一、教法与学法统一原则的内涵

这一原则是指在教学过程中，教师教学的重点是通过知识与技能的传授让学生掌握学习方法；学生学习的重点也是通过知识与技能的学习而掌握学习方法的原则。教与学的着重点都在方法方面，相互统一，突破了传统的讲授法教学中教与学两条线的旧模式。这一原则特别要求教师不仅进行知识的传授，更重要的是通过知识、技能的传授，让学生掌握学习的方法，为学生能够自主学习，学会发现问题和解决问题打下基础，这也是让学生能够在工作岗位上独当一面，发挥重要作用的先决条件。

教育的目标一般分为四个层次：第一是知识层面的教育，使学生掌握一定量的知识；第二是方法层面的教育，教会学生学习的方法、做事的方法和沟通

的方法；第三是态度层面的教育，态度是个人对他人、事物的较持久的肯定或否定的内在反应倾向，对人的行为具有重要的决定作用；第四是精神层面的教育，让学生养成忘我的废寝忘食的钻研精神，不畏权威的创新精神等①。精神是人的动力源泉。可见，知识是最低层次的。

传统的讲授法教学体现了教师本位，其教学特点是：我讲，你听；我问，你答；我写，你抄。以教代学，教师的头脑代替了学生的头脑，把教学变成了以教师活动为主的“单边活动”，造成了教与学的两条线的情况，使学生除按教师的要求进行学习外，不会自主学习，不会解决实际问题，不能适应工作岗位的要求。出现这一情况主要的原因是把教学的重点放在了传授知识这一认知的最低层面。由于忽视学生学习方法的习得，到达其他层面是非常困难的。而实施主体参与教学的目的就在于突破讲授法教学的局限性，它通过教师的引导和学生的积极参与，从中获得学习的方法、形成严谨的学习态度和探索精神，以实现主体性培养。

二、如何实施教法和学法的统一的原则

1. 先让学生解决问题

教师把教学内容以问题的形式提前交给学生进行解决，而解决问题的过程就是运用方法的过程。在这一过程中，学生要通过查阅资料、实验、调查、讨论等形式掌握问题的脉络，及时形成文字材料，并在同学间进行交流；教师要与同学进行及时的沟通，了解其进展情况，在方法方面及时加以指导、肯定、纠正、引导与启发，对其创造性地解决问题的做法及时鼓励，在考核的分值上加以倾斜。将这一过程多重复几次，加深学生的印象，熟悉这些过程。

2. 加强实践环节训练，让学生从解决实际问题中加深体会

第一，教师教的知识、技能、方法要让学生用得上，如要在作业、撰写论文与报告中用得上，便于学习方法的掌握和巩固；第二，创造条件让学生参加社会实践活动、实习、实训活动，让学生有用武之地，这无论是对方法的巩固，还是产生对方法的渴望都大有益处。在每一项活动结束之后，要让学生写出研究报告、心得体会等材料，与教师、同学再进行交流，取长补短，进行理论的

① 王升. 主体参与型教学探索［M］. 北京：教育科学出版社，2003：98.

升华。这样让学生的学习处于不断的“学习—实践—总结—再学习—再实践—再总结”的过程之中，使其将掌握的学习方法不断运用于解决实际问题，强化意识，熟练过程，再内化为本质。

3. 通过教学评估、测评等方式提高教师学生的参与程度与重视程度

将学生在参与过程中的表现情况，列为成绩考核的重要指标，如小组内的发言情况、撰写的文章、报告、进行的社会调查等的数量、深度与开创性等方面；用让学生以提问题、出考题等方式进行考核的方法，让学生积极参与；用抽签口答的方式对参与程度不高的同学进行考核等。

第五节　师生互动的原则

一、师生互动教学原则的内涵

师生互动教学原则，就是指在主体参与教学中，教师通过引导或是设置情境，激发学生的学习热情，使其积极参与教学全过程的原则。在这一过程中，师生为探究某一问题而进行对话。在对话过程中，师生各自凭借自己的经验，用自己独特的精神表现方式，通过心灵的沟通、意见的交流、思想的碰撞，实现知识的共同拥有与个性的全面发展。具体地说，互动式教学使学生能与教师面对面地交换见解，使双方都能得到检验，做到教学相长。在互动式教学下，课堂不再是教师唱独角戏的舞台，不再是学生等待满堂灌的知识接受站，而是气象万千、充满生机活力的广阔天地，是浮想联翩、精神焕发、创意生成的智慧沃土。在这一过程中，师生双方对自己的知识经验、学习态度、逻辑思维、言语表达、团结协作等方面进行检验，特别有利于学生自信心的产生。

师生间和生生间的交往与合作是教学的本质属性。师生间的交往与合作关系不只是知识的传递关系，而是有着共同话题的对话关系。学生与教师的对话，也就是互动。在教学过程中起主导作用的教师，其工作的目的是要与学生的发展要求相一致，这从客观上要求教师尊重和满足学生对发展的追求，尊重学生的发展规律，采取互动式教学。很难想象单纯从传授知识的角度出发，无视学生对发展的要求的教学形式，能对学生的发展起多大作用。

二、如何实施师生互动的教学原则

1. 教师要围绕教学内容设置与学生进行对话的共同话题

这个话题可事先布置给学生，让学生有所准备。也可以在课堂上提出来，引发学生的思考，并提观点进行袭击，激发学生的参与兴趣，这些都是锻炼学生思维能力的必要手段。这个话题可以是有代表性的案例，也可以是某一个重点、难点、热点问题。教师事先要说明规则和要求，鼓励学生从多个角度发表见解，多渠道解决问题，并勇于发表与教师的不同意见，但要立论有据。

2. 在对话中教师要发挥主导作用

重点要放在启发学生发表各自的见解和对问题的更进一步的思索上。教师可对学生提出问题，也可以让学生发表自己的见解。在这一过程中，教师要认真倾听，以进一步启发为目的，以共同研究的态度对待学生的见解，从逻辑的严密性、论据的合理性、知识的准确性、结论的创新性等方面加以把握、纠正、训练、启发和引导，把学生的思路引向深入，鼓励学生在此基础上进一步研究。对学生表现出的学习能力、研究能力、表达能力、协作能力等要积极肯定、引导，使之感受到老师和同学的期待，产生强劲的学习动力。教师也要发表自己的看法，但要从平等的角度出发，说明论据，与学生进行交流。对学生要充分尊重，对待学生指出的不足之处和学生的高明之处要诚恳地接受并给予积极的鼓励。在观点交流过程中，师生双方可进行讨论、辩论，甚至是争论，从中让学生体会到自身的价值、能力，产生信心，学会交流，养成民主、严谨、求实的学风。

3. 师生互动的主要措施

（1）概念的把握和运用。概念是关于客观现实的同类事物的稳定的、一般的、本质特征的反映。这里概念也包括实践的操作规则。概念是构成各门学科的基础，所以，各门学科教学的最重要的任务之一，就是帮助学生掌握新的概念，或者使他们过去所掌握的概念明确化和精确化。因此，在互动过程中教师要强调学生对概念把握的准确性。准确把握概念一是指对所学概念的把握要准确和精确；二是指通过互动式教学引导学生准确掌握新概念。在此基础上，引导学生灵活地运用概念，建立概念间的联系，认识学科的内在逻辑体系，并不断掌握新的概念。运用概念是把已经概括了的一般性的东西，应用到个别的特殊场合，用以解决实际问题。运用概念实际是概念、知识（一般的原理、方法、规律）的具体化，而概念的每一次具体化，都会使对知识要领的掌握进一步丰富和深化，做到更全面、更深刻的理解和掌握。运用概念的具体表现之一是通过运用概念组成判断和推理。概念与概念的联系构成判断；判断与判断的联系构成新的判断，即推理。

（2）鼓励学生创造性思维。教师学术的权威性主要体现在学科专业领域内，而在专业领域外，学生团体优势要远高于教师，这是由学生的人数优势、媒体的广泛传播、知识总量的增加、知识更新的速度及学生对新知识的吸纳能力等一系列因素造成的。在这种情况下，学生会根据自己的认识，提出大量标新立异的问题、见解和解决问题的思路与方法，在很大程度上超出教师的知识范围。这点在高等学校表现得比较突出。对此教师要给以肯定和鼓励，但要在思想性、逻辑性方面加以要求和指导。在一些实践场合，对于操作规程要严格要求，对于学生发明的新的方法创造新的规程，只要合理、合法就应积极鼓励、尽量采纳。

（3）引导学生善于总结。总结的过程就是分析、综合的过程。在课堂教学结束之前，要让学生先于教师进行总结，这也是对学生思维活动的一个极好的锻炼。总结一般先从分析入手，将不同和相同的观点看法一一列出，之后进行综合、概括，再得出结论，这既是学生思维能力的表现，也是思维能力的锻炼。同学之间可对学生的总结进行点评、补充和指正。之后教师再进行总结、点评，并征求学生的意见，若课堂时间不够可以以作业形式留给学生，以互动形式结束课堂教学。其主要目的在于培养学生严谨的逻辑思维能力和勇于挑战权威的创新精神。

第六章　主体参与教学的教学策略

主体参与教学策略是指以学生为主体，通过学生主动学习促进学生主体性发展的教学思想和教学方式。下面我们就教学策略理念和具体策略两个方面来阐述主体参与教学的教学策略。

第一节　合理安排教学活动

一、策略理念

马克思认为，离开劳动过程，人无以表现自己的主体性；离开劳动产品，人无法确证自己的本质力量；离开劳动，人无法肯定自己的主体地位。人的主体性总是在人的本质力量对象化、具体化的过程中体现出来的，离开了劳动、活动、实践，人的主体性就失去了对象化、具体化的可能。

长期以来，我国教学理论受赫尔巴特主义的影响颇深，其研究范式局限于“目的—手段—方法”的基本框架。这一范式的理论基础是经典认识论，属于“主体—客体”两极认识论的范畴。这种范式把教与学的关系演绎、简化成了主客体之间的关系，表面上看，它很重视人，但实质上人在此变成了手段，成了认识客体制约的对象。基于这种两极认识论范式的缺陷，皮亚杰把活动引进到认识论当中，这就使活动成为主体与客体的一个中介①。我国的教学论近十年

① 朱慕菊．走进新课程［M］．北京：北京师范大学出版社，2002：118．

来非常重视教学活动的研究，但在实际的教学当中，教学活动出现了片面性和被动性的弊端。究其原因主要是我们对活动的现实化机制缺乏明确的认识。

"要理解活动系统运行的现实过程，必须首先把考察活动的两个不同质的方面抽象出来。第一个方面是机制的现实化，这些机制促进、规划和实现着行动主体的能动性；第二个方面是区分这些主体的定向努力的各个完整部分（相对的活动领域）。"① 我们研究教学活动，就必须研究它的现实化的机制及其内在机理，活动机制的现实化是保证活动开展的关键。人的活动是有层次的，主要有社会活动与个人活动之分。主体参与是实现社会层次的活动向个人层次的活动转换的有效机制。不实现这种转换，社会层次的活动将是抽象的、空洞的。主体参与是活动系统的功能—操作环节。人的一种质的规定性行为往往是为了让另一种手段引发别的行为的。我们把这种手段性行为称作"创造条件"的活动。主体参与就属于这种创造条件的活动，其目的是实现教学活动对学生的发展。主体参与是活动之所以成为活动的前提性行为，是因为没有个体学生的主体参与，教学活动就永远只是主体以外的其他主体的活动。因而，主体参与是活动的起点，是活动实现对学生发展的要素，是活动过程个体化、个性化的行为。活动是主体参与"消费"，活动在体现与完成主体参与的同时，也产生着参与活动的主体，就像没有生产就没有消费，反之亦然一样，没有主体参与就没有活动，没有活动就没有主体参与。

近年来，认识论强调从微观的角度进一步探究人类认识的有效机制。以上观点肯定了活动的主体性生成功能，但它们却忽视了活动发生的机制。在"主体—参与—活动"框架中，参与成了主体与活动之间的一个中项，是活动产生的前提，因此，认识发生的原始性机制应该是主体参与。主体参与能够从更微观的角度进一步揭示教学认识的内在结构。人的发展必须通过自己的主观能动性来实现，如果学生在活动中处于被动状态，他们就不会通过活动实现自己的发展。正是在活动中，学生逐渐把教材所反映的人类文化精华转化成自己的精神财富；又通过活动参与，表现出自己的能力。

教学不是简单的教与学两个行为的组合，它里面存在着一定的达成目标的机制。学生居于教与学的中间，是教与学责任的承担者和结果的体现者。他们

---

① 王升．主体参与型教学探索［M］．北京：教育科学出版社，2003：230.

通过自己的主体参与实现教学活动内化与外化的统一，从而达到发展自己的目的。这就出现了教学过程完成的“双机制”，即参与是达成活动的机制，活动是实现发展的机制。从先后顺序来看，主体参与是教学的始源性机制。只有当两个教学机制都正常发挥作用时，教学才能很好地实现其对学生的发展。我们只有突出强调学生的主体参与，才能使教学活动成为学生自己的活动，从而让学生达到发展自己的目的。

主体参与与活动有着非常密切的联系，活动是它的目的、对象与内容，离开了活动就谈不上主体参与，它昭示着人在活动中的能动性、自为性。活动不会自动产生在主体面前，正是人的主体参与才使活动成为活动，成为展示人、发展人的重要途径。主体参与强调学生对活动的亲自性、卷入性，它表征着学生个体对教学活动的一种态度与方式。主体参与是对活动的创造、运演，它决定着活动的方向、性质以及结果，使活动具有较强的建构性。参与是前提，决定着活动的始发；参与是过程，决定着活动的质量。主体参与教学所提倡的就是主体参与基础上的活动，活动基础上的发展。

二、具体教学策略

（一）重视教学活动的准备（第二课堂的活动）

教学活动的准备包括活动的设计、活动素材的搜集、活动条件的创造以及对问题的探索。在教学设计中，教师要尊重学生的意见，甚至要与学生一起共同设计教学活动。在课题组实验教师的教学实验中鼓励学生参与教学设计，效果很好。教学素材的搜集要靠教师和学生两方面的努力。教学条件创造也是一个学习的过程，教师要善于调动学生在这方面的主动性。在“教师与学生在认知上平等，强调长辈向晚辈学习”这种理念越来越占优势的今天，教学活动的准备应当是教师与学生共同的责任与义务。然而，我们在这里强调的准备更多地是让学生做好准备。第二课堂活动是主体参与教学活动中非常重要的成分，学生的主体性、自主性、创造性也大都在此过程中得以培养和表现，在此过程中学生对问题产生探究的欲望，在探究活动中激发出他们探究的热情，让他们体验到探究的乐趣，在小组合作学习及小组集体备课中体验到集体智慧的强大，体会到合作的力量。主体参与教学的效果如何、学生对知识的掌握如何、主体参与的程度如何、学生的主体性的表现如何，尤其是学生的自主学习的意识和自主学习的能力都可以在第二课堂的活动中反映出来。然而在实施主体参与教学过程中，此环节最容易被老师忽视，教师最不容易把握，也最容易出现问题，如教师深入不够，不能及时了解学生参与的程度，小组合作的情况，集体备课中学生对哪些知识明确了、哪些知识尚不清楚，学生课前备课形成的文字材料的质量等；设置的问题不合适，没有层次，体现不出参与的全员性的原则，问题过难，使有些学生对问题不能理解，从而失去参与活动的兴趣，设置的问题过于简单，学得好的同学觉得没有挑战性，从而也会失去参与活动的兴趣；还可能存在个别学生学习的自主性不强，离开老师的视野，学生的思维、情感就游离于活动之外的情况。如果课前的准备不充分，第一课堂上的课上展示及总结升华的参与活动不能很好地完成，那么学生的主体性、自主性、创造性的培养，只能是纸上谈兵，主体参与教学也只会流于形式。所以关注第二课堂的活动情况是教学策略中非常重要的一部分。值得提出的是，重视教学活动的准备，关注第二课堂并不是让教师主宰课前准备活动，而是要求教师仍然退到幕后起指导和协作的作用，教师是合作者而不是指挥者，是合作的伙伴而不是指挥的将领，要重视学生对教学设计的思想，激发他们的潜能，肯定他们的创造性，在协作中对学生的意见和设想不要随意下判断，也不要评价他们的价值观，延迟评价会使学生毫无顾虑地表达自己的看法，满足学生被老师和同学接纳的需要，使他们的自主性和创造性得到充分的培养和发挥。

各种能力的培养都与具体的活动相关联。没有活动，能力就无从培养和表现。众所周知，学习的五大流程是这样的：预习—听课—复习—作业—考试。在传统的教学中学生几乎都省略了非常关键的一步——预习。而在主体参与教学中预习是教学活动的准备，正是培养学生自主性、能动性和创造性的最重要、最关键性的环节。对这种准备活动的忽视就是对人的发展、对人的需要、对教育本质的忽视，也是对人之本性的歪曲。

笔者在主体参与教学实践中对实验班的学生就“你认为第二课堂中的课前预习准备过程非常必要吗?”“它有什么作用?”“在传统的讲授法教学中你经常预习吗?”这些问题进行了调查。结果被调查的对象都认为第二课堂中的课前预习准备过程很有必要，“通过课前的集体备课我们可以自主学习、自由学习，不受任何学术权威的力量所左右、按照我们自己的观点和方式去理解，有利于培养我们的创造能力”；“可以培养我们的合作意识，培养我们的团队精神”；“培养我们独立解决问题的能力"；"通过我们的学习会把自己没有弄懂的问题记下来，在课堂上带着问题与其他组的同学去讨论，目标明确地听老师的总结和点拨，学习效果要好得多"；"提前的集体备课预习使我们对知识的掌握更牢固，记忆更深刻"。当看到同学们对"在传统的讲授法教学中你经常预习吗?"这个问题的回答时，我们课题组的实验教师们无不感到震惊："在传统的讲授法教学中我从来不预习，因为老师没有要求""以前我从来不预习，习惯了，觉得这样也没什么不好""说实在的，过去我就非常反对老师在课堂上一味地讲，老师机械地'喂'，我们就毫无滋味地'吞'的教学方式，但没有办法，我们左右不了老师，这一段时间，我才真正体验到了学习的快乐，我才感受到了这时的我才是一个真正的学生""迄今为止我最难忘的教学方式就是小学时一位语文老师的教学方式，她留的作业从来不是在一篇文章讲完之后让同学们朗读课文，而是在将要学习某一篇文章之前让学生读课文，分析课文，写出这篇文章哪儿好、哪儿不好，思考要是你是作者你会怎样写？我们班的同学非常爱学语文，成绩也非常好。尤其是当你能回答'假如你是作者，自己会如何写'这一问题，被老师表扬说：'你以后一定能成为一个优秀的作家'的时候，内心甭提多满足了。虽然现在我没有成为作家，但我仍然非常感谢这位语文老师采取的方式。从那以后再就没有遇到这种教学方式了，直到现在，在大学中老师采用了主体参与教学，我又找回了当初那种兴奋和满足，不容易呀!"我们为什么就不能突破旧有的传统的教学理念？国外已经司空见惯的事情在我们身上实施起来为什么就那么难？鉴于此我们坚定了改革到底的决心，并希望能在全校乃至更广的范围推广。

学生预习备课是第二课堂的主要活动，这种活动不是第一课堂活动的补充。在这里学生有很高的自由度，更能充分地体现学生的主体性，是学生积极参与中的最积极的成分，学生的积极性、创造性能得到很大程度的发挥。课前备课可以使学生通过各种渠道获得很多的信息和材料，充分培养学生的自学和处理问题的能力。当学生能够很好地完成备课任务，并得到别人的肯定的时候，会产生满足感和成就感，从而对自己充满了自信。就像一位对学习很没兴趣、学习成绩很不理想的学生说："原来我也能像老师那样去备课讲课，学知识原来还可以用这种方式，我对学习充满了兴趣。"

（二）把学生的个体活动与小组活动、班级活动结合起来

个体活动、小组活动、班集体活动这几种教学组合形式在学生发展方面各

有优势和不足，要取长补短，就要在教学中将它们结合起来使用。课前的小组合作学习、集体备课就是将个体活动与小组活动结合起来；第一课堂的展示、讨论和发言就是将个体活动、小组活动与班集体活动结合起来。我们要求课题组实验教师在实验之初，首先做到在形式上保证学生的几种活动的结合，从形式上保证学生的主体参与，虽然有些教师感觉有点形式主义，但随着实验的推进，我们普遍认为，利用各种教学形式对学生的发展的确是有好处的。因为形式是为内容服务的，当某种思想、意识还没有形成，还不能支配人的行为的时候，先有了形式上的行为活动，不久便可以内化为人的某种意识和思想。

（三）将第一课堂活动、第二课堂活动与第三课堂活动结合起来

前已述第一课堂活动、第二课堂活动与第三课堂活动的含义。人的能力不是单一的，活动的类型就应是多种多样的。第一课堂活动、第二课堂活动、第三课堂活动都可以培养学生的自主能力、创造能力、学习能力、合作能力、沟通能力等，但从知识、材料占有的角度而言，第一课堂活动、第二课堂活动的过程主要是获得理论知识的过程。而第三课堂则是将在第一课堂活动、第二课堂活动中获得的理论知识应用到实践领域解决实际问题，使获得的理论知识在实践中得到检验，并指导实践活动，从实践再回到理论，使理论得到升华的过程。这种“理论—实践—再理论—再实践”的过程使学生掌握知识更完整、深刻、真实，更重要的是培养了学生的实践能力、动手操作能力、灵活应用知识解决实际问题的能力、发现问题的能力、分析问题的能力、观察能力、创造能力、沟通能力、组织管理能力等。尤其是在我国大力开展职业教育，培养高素质的普通劳动者的今天，在一些高等职业院校第三课堂的实践、实训活动就更显得格外重要。娴熟的实践技能只有在第三课堂活动中才能得到培养，学生曾获得的理论也只有经得起实践的检验才能成为真理。任何人都不能离开实践而空谈理论，那是很危险的。

据此，课题组实验教师特别重视第三课堂活动的开展。首先，调动各种支持力量，开发校外有利的教学资源。公司、学校、商场、机关、企业都成了我们教学的主阵地。其次，教师们认真调研，合理设计，充分利用，使第一课堂活动、第二课堂活动、第三课堂活动有机结合，使学生的理论知识能得到应用和检验，各种能力得到培养。再次，通过第三课堂与社会建立广泛的联系。从社会获得对学生的反馈，从市场获得培养人才的标准，给学生就业提供机会和方便。

值得提出的是，无论是第一课堂活动还是第二课堂活动都有小组讨论的形式，

讨论是主体参与教学中非常重要和使用非常多的一种生生、师生互动的方式。

针对教学内容进行课堂讨论，可以分小组进行，成员要轮流发言，阐明自己的意见和观点。实现生生互动，学生的知识、观点、思想可以在讨论中得到升华，如软件工程专业要结合地方高校的办学特点及服务地方软件行业发展的需求，进行专业设置与产业需求对接、课程内容与职业标准对接、教学过程与生产过程对接，培养适应地方产业发展需要的应用型软件人才①，在笔者讲授的《SQL Server 数据库应用与开发》课程中的“使用 ADO 访问 SQL Server 数据库”课上，学生以小组为单位进行讨论，毫无顾忌地发表自己的见解，最后组内成员的意见达成共识，由组内同学代表小组发表本组的见解，学生的讨论非常热烈。学生讨论时老师不必限制讨论形式和课堂纪律，学生可以离开座位，也可以把一组同学的座位摆成圆桌式便于讨论。除小组内讨论外，组间还可以进行讨论，进行思想上的交流，讨论可采取灵活多样的方式进行。

课堂讨论作为一个学习的机会，其质量直接关系到学生的热情程度、投入程度以及参与的意愿的影响，教师的任务便是吸引所有的学生参与，保证所有的学生讨论同一个主题，并帮助他们提高对材料的洞察力。我们要注意的是要避免陷入假讨论的误区，即学生开口了，但并没有形成自己的观点或自我批评的立场，对整个讨论的过程和结果也不能进行思考。假讨论的两种较为普遍的形式是智力竞赛（老师有正确的答案）和自由讨论（特点是措辞陈旧、概括空洞，缺乏评判的标准，漫无目的地闲聊）。以下建议会帮助教师们建立一个令学生感到舒适自在、安全并愿意冒险，随时准备测验或分享观点的课堂氛围。

一般策略：

（1）鼓励学生去熟悉、了解彼此的兴趣，成为“朋友”。如果学生感觉他们处于朋友中间，而不是与“陌生人”一起融入课堂，讨论中就会畅所欲言，无所顾忌，“敞开心扉”。同学之间相互描述自己的主要兴趣，或学习每门课程的背景，对同学之间的沟通是有益处的。

（2）教师尽可能多地记住学生的名字。教师尽量多记住学生的名字，这一点很重要，记住学生的名字顺便了解学生的兴趣，师生进行非正式的谈话，学

---

① 李占宣. 对地方高校软件工程应用型人才培养的思考［J］. 教育探索，2014（8）87－88.

生参与讨论的情况就会得到改善。

（3）合理安排座位、加强讨论气氛。移动桌椅形成半圆形，让学生看见彼此。

（4）开始讨论前，先留出时间活跃课堂气氛。提前2~3分钟到教室与学生闲谈一会，如相关的时事、校园活动或行政事务等都可以。

（5）限制你自己的评论。有些教师说得多，导致讨论变成了讲授课或者师生间的系列对话，许多研究者研究发现，许多课堂讨论中教师占据了主导地位，如教师所讲的时间占整个课堂的86%。因此，教师应克制自己，不要对每个学生的发言都进行评价，而应该鼓励学生形成自己的观点，并对别人的观点发表见解。

促进学生参与讨论的策略：

（1）让每个学生在开学初的两三个星期内都有一次课堂发言的机会

（2）在学期初策划一次气氛热烈的活动。

（3）让学生探讨一场有效讨论的特点。

（4）定期将学生分组。

（5）给学生分配任务。

（6）使用扑克筹码或者评论卡来鼓励学生参与。发卡片，可以限制那些占据了发言席的学生，也可以鼓励那些沉默的学生开口讲话。当学生发表了有说服力的观点或者有深刻见解的评论时，便发给一张评论卡片。到课堂结束时，学生交上所有的卡片，教师把每个学生得到的卡片数登记在课程名册上。

（7）利用网络资源，如利用E－mail开展一场讨论。教师将问题通过电子邮件发给学生，学生回复，再发给学生。

避免学生讨论中断的策略：

（1）与学生建立和谐的关系。仅仅告诉学生你对他们的想法很感兴趣或你认为他们观点很有价值是远远不够的，还应对学生的发言给予充分的肯定，对于好的观点可以通过解释或概括加以强调。

（2）把学生在课外表达的观点带入课堂。

（3）使用一些非语言的暗示来鼓励学生参与讨论。学生在发言时，用期待的眼神看着他，并微笑点头，始终与学生保持眼神的交流，表现出轻松而且很感兴趣的神情。会让学生心情放松、毫无顾忌地表达自己的思想和见解。

（4）让所有的学生都加入讨论。教师可以问大家是否同意刚刚听到的观点，或者让他们另举一些例子来支持这个观点，让更多的学生加入讨论。教师可以问其他同学有什么想法，或者问没有发言的同学对人们共同的计划有没有别的想法。此外，如果一位学生正好在发言的话，教师可以从他身边走开而不是靠近他。这样这位学生就会面向全班，大胆发言，从而激励其他学生加入讨论，这样，学生的观点也就能得到大家的评论。

（5）给保持沉默的学生特别的鼓励。沉默的学生并不是一定没有参与讨论，所以，教师也要避免过度关注，有些沉默的学生只是在等待可以放松的时机开口讲，教师可以考虑通过如下步骤来帮助这些学生：

设计一些无须详细准确回答的问题，如“产生问题的原因有哪些，或者这个阅读材料给你留下最深的印象是什么?”等；

给沉默的学生布置一个小而具体的任务；

对难得发言的学生报以微笑和鼓励；

把学生的观点写在黑板上，加以鼓励；

站或坐在没有发言的学生的旁边，近距离接触也许会让这位沉默、犹豫的学生加入讨论中；

（6）限制那些占据讨论席的学生。在现实的讨论活动中，我们总会发现有几个占据讨论席的学生。教师可以采取如下方法限制占据讨论席的学生：

把一个班级分成几个小组；

让大家选择几位发言的学生；

避免与占据讨论席的学生眼神接触；

对每个同学分配一个任务；

限制每个人发言的时间。

（7）巧妙地纠正错误。任何形式的否定意见都会阻碍学生大胆发言或努力学习，因此，在纠正学生有错误或不足的回答的时候一定要先肯定学生做得对、回答得好的地方，及时肯定学生回答中表现出的理解得有深度、有创造力的成分，然后再指出不足之处，可以给学生一些暗示、建议或者提出一些后续的问题，帮助学生明白并纠正自己的错误。如“好！现在让我们想得更远一点”，“继续想一想”或“不是很确切，再仔细想一想”。纠正学生错误的时候，教师要通过和蔼可亲，面带微笑，与学生保持目光接触等表示对学生的鼓励和信任，切忌在学生回答有问题、有困惑或启而不发的情况下表现出不耐烦、不高兴的表情和反应，让学生在轻松愉快中打开思路同时得到老师的鼓励，而不是被恐惧和紧张阻塞思路。

(8) 不要给参与的学生的参与结果打分。有些教师给参与的学生打分或在期末的时候加分，笔者认为这种方式并不是很恰当，因为这种做法太主观，如遇质疑则无法解释。同时这种做法会导致学生害怕暴露自己的错误和无知，或被认为为成绩而发言，因而不敢发言，从而妨碍学生进行自由开放的讨论。笔者认为更有效的鼓励或奖励学生参与的办法是对发表好的观点的同学给予口头表扬，对提出有价值意见的同学予以明确的肯定，对讨论中发表重要意见的同学甚至可以给予书面肯定、发放彩票。

(四) 处理好内部活动和外部活动的关系

尼科洛夫认为生命能动性的相对独立的形式主要有：通过同外部环境诸因素的相互作用和身体内部的相互作用再造机体的正常物质成分和能量；身体在外部环境空间的运动；通过机体的肉体运动改变外部物质环境；在精神上反映外部和内部的客体——评价它们对主体的意义；在精神上模拟主体未来的行为和主体能动性的若干套行为，以及这些行为的结果；调动和控制心理和生理能量，以便完成被模拟了的若干套能动性行为，在主观上以特殊的心理形式感受内部和外部的事件、事件对主体的影响，以及主体的能动性本身及其结果；把反映外部和内部客观属性的知识和评价外化为包括主体动作在内的物质符号系统。在尼科洛夫的观点中，内部活动与外部活动都是人的活动重要表现。这两种活动其实在一种教学活动中是不可分的，它们都是从侧面强调活动的内显的或外显的行为。如阅读更多的是一种内部活动，但手和眼的运动却是不可少的。它们在教学中都发挥着重要的作用，没有内部思维的活动，外部的活动将是盲目的；没有外部活动，内部活动的效果将会受到一定的影响。在教学实验中，课题组实验教师达成了这样一个共识：要努力体现形式参与下的实质参与。这里的形式参与即以外部活动为核心的主体参与的组织形式，实质参与即以思维参与为核心的身心的高度投入。外部的操作性活动对内部活动的深入开展是不可缺少的辅助，内部活动给外部活动提供了理解性前提。尤其对以直觉思维占优势的低年级的学生和形象性比较强的专业的大学生而言，要特别重视外部活动的理解价值。传统教学中，学生的外部活动严重不足，知识是机械地直接进入到学生的思维体系中的，由于少了内外部活动的相互协助这个环节，他们的发展就受到了一定的影响。

第二节 建立良好的彼此相依的师生关系

一、策略理念

卡尔·罗杰斯在《学习自由》一书中认为“人际关系”在教学活动中起着十分重要的作用。在他看来，所谓“关系”，在教学中实际指的是“帮助关系”，即人际间相互理解、相互协调、相互支持。苏联教学论专家休金娜指出，师生关系应彼此信任，相互依赖，共享成功的喜悦，并一起承担失败的责任。巴班斯基提出了一个“教育共鸣”的概念，强调“教育教学活动必须以建立在合作、相互信任、相互交往的教育机制基础上的师生之间的人际关系为前提”①。因此，我们在教学中应十分重视教学主体之间的关系，这是教学有效性的一个决定性因素。

人际关系是影响工作效率的重要因素，因为它总是与一定的心理反应相联系。教学中的人际关系也不例外。人际关系主要有相依性关系和对抗性关系两种情况。感情融洽，相互谅解的相依性人际关系有利于调动学生学习的积极性，反之，对抗性人际关系不利于学习成绩的提高。沃勒认为，课堂教学中的对抗是一种必然的现象。教师总是企图达到对学生的控制，而学生有可能会对教师的控制进行反抗。主体参与教学努力的方向就是不断减少教师与学生之间的对抗，使师生关系由对抗走向协调，协调是学生主体参与的关键。如果教学中充满了对抗，那么，学生的主体参与就要受到严重的影响。教师希望把学生当作一种材料加以雕琢，而学生希望用自己的方式自动求知。彼此相互对立，一方目标的实现就得牺牲对方的目标。学生对教师的对抗在程度上有轻重之分。态度消极，不参与教师的教学活动，不举手，不回答老师的提问，不做老师布置的作业，有时还甚至公开捣乱课堂秩序。这时学生的参与几乎是一种对立性参与或破坏性参与。研究表明，教学对立的主要原因存在于教师方面，如教师的教学方法单调、教学态度蛮横、教学评价欠妥、教学内容枯燥等。

---

① 史根生. 主体教育论［M］. 北京：科学出版社，1999：121.

为了在教学中避免对抗性关系，确立相依性关系，教师要努力建立合理的教学交往系统。K. 沙勒提出了合理交往应该具备的一些品质：合理的交往是一种合作式的交往；参加交往的各方面都应放弃权威，处于平等地位；真正做到民主，必须促进相互取长补短和理智相处的态度；逐步创造条件，使不带支配性的交往行为成为可能；相互传递的信息是最佳的；现在的交往将为以后的合理交往创造条件；合理交往的结果将取得一致的认识，但并非一切合理的交往都必须达成共识等。师生之间合理交往的前提是教师的非权势性。权势在这里指教师的地位性权威。中国教师与国外教师相比，对自己的地位性权威看得更重，他们常常背着手，踱着方步，“巡视”学生的活动，他们的话语常常是，“我再问你一个问题”“我再给你一些时间”“你给我回答一下这个问题”等。教师从自己的角度与学生说话，把教育看作学生在配合自己完成任务。这说明我国教师的学生观还是比较落后的。教师如果总是把自己与学生对立起来，总是认为自己是教学的中心，那么就必然会产生以上表现行为。在这种情况下，学生就会把自己的参与认为是为教师负责，是做给教师看的，那么，他们的人格特征是依附性的，其参与教学的动机将会大大降低。但师生关系在客观上是不对等的，为了师生在教学中有平等交往的资格，学生就要不断发展自我。主体间的师生关系要求教师从学生的角度，以学习者的姿态看待学生。

在实际的教学中，师生之间往往表现出四种相依状态。第一，假相依。如果教师在授课时心中并没有想着学生，只是按照自己的意愿、兴趣来上课，在这种情况下，教师和学生只是形式上的互动，实际上互不依赖，这就是假相依。假相依的另一种情形，即学生不参与教学，游离于教学之外，没有与教师之间产生一种视听行为。第二，非对称性相依，这是一种单向性互动。一方面教师自以为根据学生的需求在进行教学，但学生却不能积极配合；另一方面是学生对教师提出了满足自己学习愿望的某种要求，而教师对此并未给予重视。这两种情况都是师生的行为缺乏呼应，是单向的，非对称性的。第三，反应性相依，这是一种“单主体预想或情愿”的双向性互动。有两种情况，一是教师原本没有这方面的教学计划，由于学生提出了要求，教师应和了学生此时的需要，改变了既定计划，对他们现实的要求给予满足。二是学生对某种活动并不想参与，只是受了教师的提示或说服，而转向对组织活动的关注或参与。第四，彼此相依，这是一种“主体都有意愿”的双向性互动。与反应性相依不同的是教师和学生双方都有计划、有目的地根据学生和自己发展的需要进行参与活动。

师生之间要建立和谐的教学交往关系，要使教学活动富有成效，就必须尽量避免假相依、非对称性相依，使他们之间的互动关系成为彼此相依。教师在班级授课制下要与每一位学生都建立一一对应的互动是有困难的，但还是要尽可能地运用一切教学组织形式与大部分学生建立互动关系。

教师与学生之间的关系状态基本上有两种：一种是离间的；一种是和谐的。离间的关系，即师生之间存在着较大的心理距离，有一定的心理对立、对抗。主要表现为：态度分歧，即态度很不相同，甚至完全相反；兴趣背离，教师与学生有完全不同的兴奋点，许多教师往往不善于把自己的兴趣转化为学生的兴趣；评价欠妥，教师对学生的评价不准确，主观性强，有很大的随意性。和谐关系，即师生关系协调，冲突较少，心理距离小，即使冲突了，彼此也能很快理解、沟通。

要达到师生的彼此相依，就需要和谐的，而非间离的师生关系。和谐的师生关系的关键因素是教师。

二、具体教学策略

（一）摈弃师道尊严的传统观念，建立人人平等的师生关系

人际沟通理论中有所阐述，人际沟通包括两个层面：内容层面和关系层面。关系层面有对称的关系和不对称的关系，而师生关系一直被认为是不对称的“教师在上、学生在下”的关系，基于对这种关系的认识、传统的师道尊严的观念和传统的教师的权威身份，人们（包括教师和学生本身）对教师与学生的关系界定为教师应控制学生，学生要无条件地服从老师。在这种观念下，有些教师有强烈的操纵欲望和操纵权利，为了时刻保持教师的尊严，就采取各种方法，如不能接受学生提出的质疑；有些教师不能在学生面前表达歉意；有些教师不能看到学生在某一方面强于自己；有些教师在课堂上甚至用高声来控制和威胁学生；更有甚者要对学生采取体罚；还有的教师在课堂外春光满面，走进课堂便冷若冰霜，似乎给了学生笑脸就失去了教师的尊严。而在这种观念下的传统的教学中，教师以自己的意志主宰整个课堂，学生很少有参与教学的权利和机会。教师打破传统，让学生参与教学必然是以新教学观念为其理论背景，以对学生的亲和为基础的。威廉姆·多尔对教师角色的界定是“平等中的首席”，他认为教师的作用应从外在于学生转向与情景共存。教师是内在情景的领导者，

而不是外在的专制者。只有当教师"走下'神圣'的讲台"，去掉颐指气使，来到学生中间，与他们融为一体时，学生的主体参与才能够发生。

课题组中有这样一位教师，按传统的教学评价标准来说，他是一位很出色的优秀教师，有事业心，有责任感，专业知识丰富、扎实，授课语言生动流畅、逻辑性强，重点突出、目标明确等优点都集于一身，但学生们不喜欢他，评价效果不好。经过学习、实践、反思，得出导致这一结果的主要原因是他还很不习惯于去掉教师的尊严，不能做到与学生平等相处，不能建立真正的平等相依的师生关系。下面是课题组实验教师就"师生关系"这一问题进行讨论时的对话，我们暂且将这位教师称为"甲"，其他教师顺次称为"乙""丙""丁""戊"。甲："我认为教师就是教师，学生就是学生，因此，教师在学生面前就应该有尊严，教师和学生之间就应该有距离，教师在学生面前不能失去身份。""甲"一抛出这段话语，教师展开了激烈的讨论，甚至是争论。乙："我理解你所谓的教师的尊严，我也赞成教师不能在学生面前失去身份，然而，教师的尊严应该是建立在内在品质的高尚、学识的渊博和人格魅力上的，而不是外在的形式上的，而对于不失教师的身份我的理解是教师在学生面前要为人师表，'学高为师、身正为范'，言谈举止应成为学生的效仿的榜样，而不是在学生当中装出来的一种夫子形象。"甲："当然，我理解你所说的教师在学生心目中的形象应是来自内在的东西，也就是说让学生'敬'，这很重要，我也认同，但我认为，在教学中只让学生'敬'是不够的，还要让学生'怕'，这个'怕'就要求你显出教师的威严，就要用教师的身份。为什么有一些学生偏偏需要老师的控制和管理，老师不在变成老虎，老师一来就变成了老鼠?"丙："你说得太对了，正说到了要害之处，这种现象确实存在着，但为什么会出现这种情况？都是什么样的学生当老师在与不在时会表现得不一样?"甲："当然是一些学习不好的学生，自控能力弱的学生。"丙："为什么这些学生自控能力差?"丁："这就是传统教学下的教师用威严控制的结果，学生习惯于被老师控制，离开了老师就无所适从，学习没有自主性。那么为什么没有自主性?"戊："就是因为老师没有给学生学会自主的机会，老师居高临下按照自己的意志控制教学活动，没有平等的师生关系，在被迫服从和严格的控制下，再加之有些恐惧和担心的情况下，学生怎能敞开心扉，又怎能放开思维的骏马任意驰骋？久而久之这种外在形式的控制就内化为学生的一种行为习惯，这种情况下学生要是有了自主学习的习惯才怪了呢!”甲:“那为什么在同一种教学模式下有那么多的学生会有自主性呢?”丙:“你忘了人与人是有差别的,但不管怎样,传统的教学模式下学生的自主性是不高的。影响一个人的各种素质形成的因素太多了,个别有较强的自主性的学生很可能根本就不是老师在具体的教学活动中培养起来的。”甲:“既然不能用教师的威严控制那些没有自主性的学生,还有什么好的办法吗?”乙:“当然有,那就是放下你的威严,平等地与他们合作。”甲:“具体措施?”乙:“可以给他设置问题,让他自己去找答案,适当地肯定和鼓励……”甲:“不用说了,我明白了,措施在我们脑子里早就明确了,就差操作了。”讨论之后,为了从多方面了解信息,从根本上解决问题,我们用无记名的方式向学生们了解“他们心目中的教师形象”,目的是更深切地了解自己,建立良好的师生关系。我们总结了学生对这位教师的看法,概括起来有:“是位好老师,但太孤傲了,居高临下,过于威严,同学们有些‘怕’,不敢接近,与他有心理距离。”这之后这位老师进行了深刻的反思,找到了原因,明确了师生之间的平等关系是实施主体参与教学培养学生自主性的重要保证。在以后的主体参与教学的实践中,他着重建立师生之间融洽的平等的关系,教学效果非常好,学生也非常喜欢他。后来他总结道:“要想改变教学效果,首先改变人——这个人是教师,是我们自己,改变我们的教学理念,有了先进正确的理念才能有先进正确的方法,才能有好的教学效果,科学研究的过程是我们在教学的道路上成长的过程。我现在有一种特殊的感觉——教学科研的第一受益者不是学生而是我。”

(二)教师要注重对自己内在权威的建设,提升自己的人格魅力

教师要尽量去除外表的威严,注重塑造以渊博的学识和高尚的师德为核心的内在的具有亲和力的人格形象。因为教师不应该只是在教学中发指令的人,他既是信息的提供者,又是信息的分享者,更是在这个过程中的组织者。要建立一种资讯分享的伙伴关系性师生关系。当教师给学生传授知识时,不是自上而下的“给予”,而是与学生一道去探索,在主观上“分享”他们尚未获得的经验和知识。师生间良好心理气氛形成的关键因素在教师一方,教师要体贴学生,关心学生,爱护学生,放下外在权威,主动走近学生,不断缩短与学生在心理上的距离,让学生亲近你。

教师要树立在学生心目中的榜样形象,就要努力提升自己的人格魅力,加强内涵建设,使自己拥有热情、真情、宽容、负责、幽默等优秀品质,这是优

化师生情感关系的重要保证。教师要自觉提高自身修养，扩大知识视野，提高敬业精神，提升教育艺术，努力成为富有个性魅力的人，用伟大的人格去感染学生，去熏陶学生。历来人们都说“身教重于言教”，教师的行为足以让学生来效仿，学生每时每刻都能在教师的身上学到各种各样的知识，在耳濡目染中受到教育，“润物细无声”。

我们常常描述老师在学生心目中的形象，有些教师也非常在意自己在学生心目中的形象，在接近学生之初就通过各种方式树立起良好的形象。有些老师说，一开始就应该厉害点，把学生“镇”住，开始时用了这一招果有奇效，可时间一长，却失灵了，学生们说，原来他是个“纸老虎”。

“可敬可亲”是我们所希望树立的教师形象，“可敬可亲”的内涵是很丰富的，在可敬可亲的教师面前学生才能插上想象的翅膀，参与到教学活动中，体验到创造的快乐和满足。尤其是高等教育阶段，教师的这种内在的人格魅力作用就显得格外的重要。

（三）诚心诚意地信任和鼓励学生

信任能启发学生的智慧，能激发学生的创造性，能使学生迸发出无穷的力量，“相信自己，一切皆有可能”。从心理学上来讲，这是积极的他人暗示变成积极的自我暗示，暗示的力量是极其强大的。可在实际工作中，许多教师总是对学生缺乏正确的估计，总认为他们是孩子，需要教师牵着，甚至扶着。课堂当中一些教师不能还主权于学生，实际上就是不相信学生的表现。教师的长期不相信，会使学生将其内化为对自己的不相信，认为自己是没有能力解决问题的人。久而久之，技术的不自信变成了人格的不自信，如此又怎能使自己以一种开放的心态自主参与到教学中去？实际上，自信心、自主性与主体参与活动是互为因果的。

埃里克·霍尔特别强调要鼓励学生，只有这样，学生的自我概念才能提高，也才能产生更为合作的集体。教育心理学的研究成果和一些优秀教师的经验证明，鼓励是十分有效的教育手段。可惜的是，在现实的教育情景中鼓励常常被挖苦、责备所代替。有些教师看不到学生的优点，当学生犹豫时他说的不是“前一个问题你都解出来了，这个问题也一定能解决，大胆地想，肯定能行的”，而是“你这个人呐，怎么这样，就这么个问题还要想这么半天”。还有的老师在一节课中批评学生竟能达到十几次，还很痛苦地解释道“我这是为同学们好，难道我自己要找气生吗？”当学生因某些问题未解决而彷徨、因受挫而失意、因失败而自信心下降的时候，老师真诚的鼓励能给学生以力量，使学生走出沼泽，看到光明，增强信心，昂扬斗志，勇于克服困难。

那么如何才能做到信任和鼓励学生呢？对待学生要发自内心、真诚友善，而不是表面、形式、虚假，真诚地欣赏学生。对待学生要有足够的耐心。当学生解决问题有困难的时候可以用这样的语言：“再想想，你能行的。”当学生自信心降低的时候，可以用这样的语言：“老师相信你，请相信你自己，试试看。”非语言的沟通方式更能起到信任和鼓励的作用。如一个坚定的点头、一个真诚的微笑、一个坚信和赞许的眼神、一个翘起的大拇指、一个抚摸的动作、一个有力的握手、一个温暖的拥抱都能给对方以无穷的力量。

这样的氛围下学生当然会有极大的参与热情和参与行动。

主体参与教学需要教师具有极大的热心，平时多与学生沟通，缩短师生间的距离。学生走上讲台时普遍存在想讲又胆怯的心理，这时我们可以进行积极、热心、真诚地鼓励，让学生放下包袱、充满自信，体验到成就感和满足感，而且要给予学生一些赞美。

（四）给学生微笑

人可以不美丽，但不可以不微笑。微笑代表着阳光；微笑代表着春意；微笑代表着友好；微笑代表着接纳。当一个迷路的人微笑着说“您好，请问到…的路怎样走?”时，任何一个正常人都不会拒绝回答。笔者就“你喜欢什么样的教师?”这个问题进行了调查，学生的反应是“我们希望看到老师的笑脸”；“我们更喜欢有笑脸的老师”；“希望老师们能笑口常开”。还有，笔者曾对初中二年级的几个学生问起学习问题，却得到了意外的收获。“你们什么课的课堂纪律最好?”几个孩子异口同声“语文课”。“为什么?”“因为语文老师爱笑，很漂亮。”

笔者曾亲身经历了这样两件事，感受颇深。其一，在三年前的一个欢度教师节的主题班会上，同学们无不为老师们歌功颂德，所述“要为老师做的事情”也无不表现出对老师的爱戴和敬仰。这之后我提议说：“换个方式，给老师提点意见和要求吧。”其中一位同学说：“老师，希望您能常笑，看到您的笑脸我们就愿意听您的课。”我当即表示接受并感谢。从此以后，我经常用学生内心深处的真诚的话语来警示自己。其二，在信管专业学生的演讲课上，有一位同学富有激情地进行演讲，内容是她所感谢的一位老师，其中一段话是这样的：“王老师虽年岁已高，却是那样的平易近人，我们总是能看到他那和蔼慈祥的笑容，这笑容总能激起我们的学习热情，当我烦恼、失意时，头脑中闪现出李老师的笑容，我就有了力量，似乎王老师在鼓励我。”这位老师就是我们身边的德高望重的老教师。“改变自己”——我下定了决心。通过几年的主体参与教学的实践，同学和同事们说我发生了很大的变化——经常面带笑容。开始时同事们经常问我“最近有什么喜事，快说出来一起‘分享’”，时间久了，同事们方知道是我变了。我自己也感觉心情愉快很多，而且授课效果越来越好，与同学的关系越来越密切。我也有上述课题组老师的共同感受：“科学研究的过程首先是我们教师成长的过程，然后才是教学效果提高的过程。”从此我们每个人对科学研究都赋予了更积极的热情。教师的微笑给了学生情感上的支持，有了情感的参与，认知的参与当然会得到激发，学生自然会有强烈的参与欲望、参与热情及积极的参与行为。

（五）自我暴露——从心灵深处理解、贴近学生

自我暴露也称自我开放，是心理咨询中的一种咨询技巧，是指当咨询师与来询者有共同经历时，咨询师可以有针对性地从有利于求询者成长的角度出发将自己的经历表露出来，这是建立良好的咨访关系的一种很重要的方法。笔者在主体参与教学实验中将自我暴露迁移到教学活动当中，来建立良好的、相依性的、平等的师生关系。在与学生交往中，如果教师有与学生共同的经历可以表达出来，这样学生会感受到教师的真诚和平等，会感受到教师能从内心深处理解他，关心他，极大地缩短师生间的心理距离，这对建立平等的师生对话和相依性关系是非常有益处的。实际上，如果老师能够做到自我暴露，就表明已放弃了教师的外在权威，在这种和谐的、相互理解的师生氛围中学生参与的积极性会大大提高。但要注意的是，教师的自我暴露要适当，不能偏离教学目标。

第三节　给学生行动自由

一、策略理念

马克思认为，只有充分具备发展的条件，才可能实现每一个人自由人格的发展。自由必然意味着一种力量，一种每一个人想做任何事情的或满足人们希望的有效力量。表现在人与人的关系上，自由就是个体自主地把握自我的状态，

即个人对他人或组织的强制性的摆脱，自由的实质就是独立于他人的专断意志。作为一种力量的自由和在关系中的自由是一体两面的统一，因为如果没有作为一种预示着自由的力量，则个人在他人或组织的关系中就谈不上有自己的自由。而有预示着自由的力量，个人不一定就有现实的自由，只有把这种力量变成行动，自由才会真正实现。与自由相对立的范畴是“强制”，它意味着无能、服从、被控制。自由能够使个体运用自己的知识和智慧实现自己的目的。而强制只能使个体被迫按照他人的意志实现他人的目的。

人在本质上是自由的存在物，“自由是由人的创造本质产生出来的人的丰富的可能性。自由是社会进步的标准”①。美国肯萨斯大学心理学者布卢姆，在1966年出版的《心理抗拒论》一书中，提出了“心理抗拒理论”，对此种心理现象做了分析。他认为，每个人在某一时期都有一套可供自己选择的行为，称之为“自由行为”。这种自由行为是人人需要的，当这种自由行为受到威胁或被取消时，个体就会体验到“心理抗拒”，从而设法去恢复行为自由。布卢姆特别强调的是行为的选择自由。布卢姆认为即使某一种行为是一个人所需要的，但是他别无选择，而只是能从事此种行为，依然会感到心理抗拒。

自由意味着权利和责任。学生作为教学中人格独立的主体，他们应该有自主参与教学的权利。学生的责任感往往是在他们的主体性活动中培养起来的。同时，学生在教学中要进行主体参与就必须有一定的自主权，也必须承担一定的责任。没有自主权，就不能有主体参与；没有责任，主体参与就失去了效果。学生在教学中的责任就是他们必须完成一定的学习任务，主体参与的目的就是对教学任务的有效完成。自由不等于自流，不是没有任务，没有目的，不受教师的指导等。学生的自由是相对的，而不是绝对的。

教学中学生的自由，是指学生自主地而非强制地学习的一种状态。它可以分为人身自由与内在的自由。人身自由，是指在教学中教师允许学生随意走动，相互交谈，学生可以选择他想做的事，能够按照他们的意愿参与教学；内在自由指学生智力上的、情感上的和道德上的自由。有利于学生主体参与的教学就必须既有人身自由，又有内在自由。教学中的自由和谐状态有利于人格的培养。教学中自由活动的条件除了具备有利于学生自由发展的社会、技术、自然的各种因素外，

---

① 赵祥麟，王承绪. 杜威教育论著选［M］. 上海：华东师范大学出版社，1981：55.

还要形成一种自由的教学秩序。教学中使传统的专制状态下学生的被动参与变为民主气氛中学生的主体参与，要通过一种教学自治，体现教学中的“对称自由”。所谓“对称”就是指师生之间的平等。对称的自由有助于学生的主体参与。

《教育——财富蕴藏其中》一书认为，“教育的基本作用似乎比任何时候都更在于保证人人享有他们为充分发挥他们自己的才能和尽可能牢牢掌握自己的命运而需要的思想、判断、情感和想象方面的自由”。杜威著、赵祥麟等译的《学校与社会》一书中谈道：“给儿童以自由，使他在力所能及的和别人所允许的范围内，去发现什么事他能做，什么事他不能做，这样他就不至于枉费时间去做那些不可能的事情，而把精力集中于可能的事情了。儿童的体力和好奇心能够被引导到积极的道路上去。教师将发现，学生的自发性、活泼性和创造性，有助于教学，而不是像在强迫制度下那样成为要被抑制的讨厌的东西。”

不管怎样，每个人至少应该有不可侵犯的最低程度的自由。如果这个范围任意窄化，那么其能力就到了不能发挥的程度。教育史上，尼尔是主张给学生较大自由的代表人物，在他主持的夏山学校中，学生拥有选择是否上课的自由。卢梭赞成给学生以自由，他说，完全不要给学生命令，绝对不要，也不要让他想到，你企图对他行使什么权威，只要让他知道，他弱而你强，由于他的情况和你的情况不同，他必须听你的安排；让他理解这一点，学到和意识到这一点。主体参与教学提倡给学生以自由，“自由就是提供机会，使他尝试他对于周围的人和事的种种冲动及倾向，从中他感到自己充分地发现这些人和事的特点，以至他可以避免那些有害的东西，发展那些对他自己和别人有益的东西”①。教师的工作不是约束、管理、命令、传授，而是观察、了解、帮助、指导学生。

教学中的自由最关键的是学生在各种教学活动中应该有一定的发言权。

好的教师能够给学生一定程度的自由。

二、具体教学策略

（一）给学生自主支配时间的自由

教学中教师的合时适度的话语是学生理解的重要前提。但教师的过度讲授在教学中不利于学生的主体参与：第一，过度讲授导致过度的信息量，这必然

① 史根生．主体教育论［M］．北京：科学出版社，1999：86.

会超出学生的“忍受度”和接受力；第二，过度讲授必然会使学生失去许多自主参与的时间；第三，过度讲授必然意味着教师在帮助学生理解时，费了苦心，这会降低学生理解的难度，使学生失去在一定难度的理解过程之中发展自己的机会。因此，教师在教学中要给学生一定的自由支配的时间，要相信学生有能力支配自己的时间；要认识到“自由时间”不是放任自流，而是在教师的精心策划下，学生充分发挥其主动性；认识到多给学生主体参与的时间不会影响教学质量。一节课要将2/3的时间留给学生，为确保学生在时间和空间上最大限度地参与教学的全过程。我们要求教师由“讲”师变为“导”师，由知识的传授者变为学生自己建构知识的指导者，在学生学习过程中起启发、点拨、引导作用，这样才能充分发挥学生的主体作用，培养学生分析问题和解决问题的能力。我们要求教师每节课的精讲时间不超过二十分钟，其余时间用在学生讨论、操作、置疑、知识反馈检测等方面，让学生有自由支配的“空白时间带”，以利于学生主体性的发挥。

著名的特级教师魏书生老师一年有2/3以上的时间忙于开会，在外讲学，他不在学校时，都是由学生自己学习，他的学生在高考中总会取得十分优异的成绩。现实教学活动中，有一些教师唯恐少讲一点就会影响教学质量，实际上这种担心是多余的。我们的老师总觉得时间不够用，内容多、时间少，讲完满满的45分钟仍嫌没有讲够，还随意延长教学时间，甚至在晚上还要加班加点地给学生讲课。有些学生表示“我们都太累了，老师少讲点吧”，这时老师们会无奈地摇摇头说：“我还没嫌累呢，你们学习怎么没有一点主动性呢？我是想让你们多学点知识。”老师确有一片片“好心”和“苦心”，可结果呢？暂且不说培养学生的自主性，就单从记忆规律的角度来谈，“满堂灌”也不利于知识的掌握和吸收。学习心理学告诉我们：通过学生自己加工、整合知识，记忆才牢固；单位时间内，识记的信息的量与记忆效率成反比，给学生灌得越多，记住的东西反而越少；及时复习和总结记忆效果才好。由于学生已习惯于传统教学的“满堂灌”的教学方式，偶尔哪一次老师提前把内容讲完，剩下一些时间留给学生，学生却无所适从，不知干些什么才好，这时，教室变得无序了，学生们开始“自由”了。在教学中这种现象无论在基础教育的中小学阶段，还是高等教育的大学阶段都无处不在。要想改变这种现状，就要改变教师的教学理念，然后指导教学行为。要知道，学生的发展不是靠老师讲出来的，而是在教师的引导下学生自主活动的结果，这当然就需要他们有一定的自由支配的时间。

（二）给学生提出问题和回答问题的自由

教师要善于给学生提出问题和回答问题的自由和机会，要鼓励学生自下而上地提问，既给学生思考“这个问题是什么”的余地，又给他们思考如何回答的机会。问题的质与量以及呈现方式直接影响着学生的主体参与。问题要少而精，要有一定的层次性，要在问题之间留有学生思考的充足时间。许多教师尽管用边讲边问代替了“满堂灌”，但由于问题的认识水平较低，不利于学生思考。还有些教师在课堂上高密度提问，有的甚至达到一节课几十次、上百次，这样就分散了教学的中心问题，削弱了学生学习的主要内容。教师要善于把教学内容转化成一系列的问题，即几个大问题和若干个小问题。没有问题的平铺直叙就不能引发学生的思考，学生思维的发展依赖于他们对问题的思考。问题设计应当是教学设计中的主要内容。学生智力发展的理想程式应当是：设计问题—思考问题—解决问题。教学中有一种情况是自问自答，即教师提出问题，教师自己回答，学生没有提问，也没有回答的机会；另一种情况是老师问，学生答，这比前一种情况要好一些。可以说，最好的模式是老师问学生答—学生问老师答。学生无问题时，教师要发问；学生有问题时，教师要让他们来回答。不会回答的，给他们以启示。

教师要使学生的回答具有一定的多样性，要使自己的回答具有一定的启发性。思考的过程是学生发展的关键环节，倘若没了这一过程，只剩下设计问题—解决问题，则学生的发展就不可能实现。在传统的教学中，许多教师恰恰忽视了这一环节。他们提出问题，不给学生思考的时间或者给得很少就让他们回答，这就使问题教学流于形式主义，达不到发展的目的。

笔者在了解一位初中三年级学生的学习情况时发现，这位学生的语文成绩原来一直很优秀，但一学期下来，较二年级时下降很多。问起原因，这位学生说，“我很不喜欢这位语文老师，她不像我们原来的那位老师那样让我们提问题，答问题，让我们思考，就知道让我们记、记、记，她不适合教我们初中生，适合到大学里去讲讲座。而且还特别能唠叨”。当然，导致成绩下降还可能有主观努力程度不够和其他原因等。但单从教学方法而言，这种现象和这位学生的回答，是值得教师们深思的。

长时间的一种模式的作用使人形成了一种行为习惯。在传统的没有问题的讲授法教学中，学生不提问题、头脑中没有问题。笔者在实验之初，在实验班采取设疑质问的教学方法。当在课堂上首次就某一知识点让同学提出问题时同学们一脸茫然，经多次启发方有一位同学提出了问题。这种思维的惰性完全可以制约一个民族的发展。

有学者提到，一些外籍专家在听了我国教师的教学以后往往纳闷：都是很聪明的学生，怎么课后没有问题？学生答道："老师把问题都提了，也都讲了，还会有什么问题?"教学中要实现学生的发展，就必须让学生发现问题、提出问题、解决问题，那种"无问题"的教学充其量只是能完成知识的授受。任何一种科学创造无不是从发现问题开始的。培养一个人的创造品质也是从培养他善于发现问题开始的。

培养学生发现问题的能力，在于教师是否有这种意识：要让学生发现问题，就要让学生"就问题而想问题"，不能教师提出问题来让学生想问题。计算机组装与维护课程集理论性、操作性和应用性于一体，它不但是计算机基础课程的提高与延伸，而且是操作系统、组成原理、网络技术等后续专业课程的基础①。如笔者在软件工程专业实验班的《计算机组装与维护》的课堂上，在讲授"内存储器"那部分内容中的"存储器扩充"时谈到"使用XXX内存条需要一条，使用XXX内存条需要两条，使用XXX内存条需要四条"时，我这样问学生，"大家思考一下，谁能在这个内容当中提出问题？是什么问题?"，而不是直接问"大家想想，为什么需要不同条数的内存，而使用XXX内存条为什么需要三条呢?"。就这么一个很简单的过程的区别，学生对知识的认识就不一样，学生的主动性和创造性的发展就不一样。久而久之，学生也就习惯了凡事都要问个"为什么"，科学的思维也就培养起来了。

（三）给学生选择学习内容和学习方法的自由

人的个性、能力是有差异的。要想使学生之间的差异性在教学中得到发展，就要使学生有选择地自由。弹性化的课程内容指在教学中呈现的课程形态在难度上具有一定的层次性，既有适合好学生的挑战性的课程内容，又有适合学困生的低难度的课程内容。一些教师担心，如果课程内容太弹性化，教学进度就无法完成。但值得我们注意的是，许多教师所认为的教学进度不是以学生的理解与掌握程度为依据，而是以自己是否完成讲授任务为标准的。有学者认为：

① 李占宣. 浅论"计算机组装与维护"课程教学的改革［J］. 教育探索，2011（8）28－29.

一节课的教学进度是指学生掌握教学内容的一个自然片段，它更多的不是形式，而是实质，只要学生理解、掌握了教学内容，教学进度就算完成了。走出这种关于“教学进度”的误区，教师就可以放心地设计与组织弹性化的课程。设计弹性化的课程有利于学生根据自己的实际水平自主地选择课程内容，从而有利于学生在教学中的差异性发展。

现代教学理论越来越明确地向课程提出了自己的要求，即课程设计要有利于学生的发展。课程应从学生出发，在知识的呈现上应有利于学生的主体参与。课程内容的弹性化实际给教师提出了更高的要求。传统教学中，教师只需活化教材，把教材内容“忠实”地讲给学生就可以了。主体参与教学要求教师对教材内容进行一定的加工制作，把知识在不同的层次上呈现给学生。因此，教师的备课任务会比以前有所加大，“备教材”的过程不光是对课程内容进行再加工再创造的过程。弹性化的课程内容能使每一个学生都体验到成功的喜悦。学困生可以选择难度小一点的题目，在题量上可以少做；优秀生可以选择具有一定挑战性的题目，加大题量。这是增强学生参与兴趣，实施因材施教的重要策略。

笔者在计算机科学与技术专业实验班的《计算机组装与维护》课程中，在学习“计算机主板”这部分内容时，在第二课堂活动的问题设置中，突出了问题的层次性。问题如下：CMOS 芯片故障会导致什么故障现象发生？IDE 接口故障会导致什么故障现象？二级 Cache 芯片故障会导致什么故障现象？控制芯片组故障会导致什么故障现象？BIOS 芯片故障会导致什么故障现象？要求学生随意选择，答出几个问题都可以。这几个问题都不是在教材上能直接找到答案的，而且难度是逐渐加大的。问题的层次性可以满足不同层次的学生，使他们每个人都体验到成功的喜悦。

第四节 培养学生的参与兴趣

一、策略理念

培养学生在教学中的兴趣，这是教学论的一个老话题。但传统教学，由于受教师本位和知识本位的限制，培养学生的学习兴趣，大多都是关于学生听讲的兴趣。由于没有以学生为本位，以发展为本位，学生兴趣的培养或学生的兴趣具有一定的肤浅性、暂时性、权益性。在这种情况下，学生学习的兴趣，就不一定等于他们主体参与的兴趣。有人把对学习毫无兴趣，被逼着去读书的人，称为“马戏团”人。马戏团的许多动物，如大象、狮子、黑熊等，都能表演精彩的节目，赢得观众的鼓掌和欢呼。他们在不觉得渴的情况下，如果逼他们喝水，他们肯定不会就范，就这点来说，人类比动物可怜，有些人明明对读书提不起一点兴趣，可周围的人偏偏逼他们读书。学者们通过中西教育的比较研究，发现中国的学生学习的愿望不如西方儿童的强。教师在传统教育观念影响下的教学方法难辞其咎。学校教育压抑了学生的个性，使他们对学习失去了兴趣。这极大地影响着他们走出校门后的继续学习。在学校中培养学生参与教学的兴趣、愿望甚至要比培养他们的能力更重要。

自然，参与是一种在集体当中学习的方式，但主体参与却反映的是现代教学中新型的学习方式。学生有学习的兴趣，不一定就有参与的兴趣。现实教学中，有些学生在课堂上与整个教学是两张皮，出现了“你讲你的，我看我的”的情况，不能把自己的学习行为纳入到整个班级的教学活动当中。这种游离于教学之外的自学也是一种学习，但这种状态下的自学至少会产生两方面的负面影响：其一，“双向的消极影响”，即其他师生的活动会对自学产生一种“干扰”，同时，自学者的行为也会对教师与其他学生产生不良的影响；其二，“孤独的学习”，自学者在教学环境中肯定是一个“孤独者”，所谓“独学而无友，则孤陋而寡闻”。由于失去了交往、沟通等机会，其发展将会受到很大的影响。因此，只有当学习的兴趣转化为参与教学的兴趣，它才能成为学生发展的倾向性动力。

有些学生在教学中的兴趣具有一定的短暂性与狭窄性。兴趣的短暂性是由于没有把兴趣与意志结合起来。短暂的兴趣其实只能算是兴奋。兴趣的狭窄性是指学生只对教学活动的一些方面有兴趣，而对其他方面没有兴趣；还指只对某一门或某几门学科有兴趣，而对其他学科没有兴趣。兴趣的短暂性与狭窄性都不利于学生进行主体参与。

学生兴趣的发生具有明显的迁移性。如某位学生小时候喜欢画东西，上学以后就对绘画课很有兴趣，就喜欢参与绘画课；由于喜欢某位老师就喜欢参与某位老师的课。很显然，兴趣影响学生的参与程度。

培养学生兴趣的广泛性与稳定性在主体参与中显得十分重要。狭窄性的兴趣，会影响学生的全面发展。当然，学生对于所有学科不可能平均分配自己的兴趣，会有强弱的不同，因此学生应有自己的“中心兴趣”，但围绕中心兴趣的外围兴趣应该尽可能广泛一些，只有这样才能实现特长发展基础上的全面发展。兴趣的稳定性也是学习兴趣应该具备的一个重要的品质。“三分钟热潮”型的学生，在主体参与中往往是前热后冷、虎头蛇尾，影响参与效果。因为教学中的主体参与充满了挫折性、挑战性，没有克服困难的勇气和顽强的毅力，只凭一时的兴趣是难以完成参与任务的。由此看来，主体参与需要兴趣，但不是光有兴趣就能解决一切问题的。

“神入”是最高的主体参与度。学生在教学中浓厚的学习兴趣有利于他们“神入”地参与。主体参与既是学生物理力量的参与，也是他们精神力量的参与。其中精神力量的参与是关键，没有他们的精神—心理力量的参与，学生的物理力量也就不可能参与到教学活动中去。学生的精神—心理—思维的参与是最主要的参与。这三个层次协调统一的参与才是“神入”。“神入”所强调的是学生在教学中实质的、真正的参与。外在活动的参与自然重要，但最重要的是思维的高度参与。罗杰斯提出学生在教学参与中要身心“全部侵入”，他批评那种只是在“颈部以上的学习”；苏霍姆林斯基提出要使学生的精神全部参与到教学中去。在教学中教师要努力调动学生的精神—心理—思维的“神入”性参与，这是提高教学有效性的关键。这种参与是学生的智力、情感、行为高度统一的参与。内化的过程应该是精神—心理—思维的参与，外化的过程也应该是精神—心理—思维的参与。

二、具体策略

（一）选择适当的教学组织形式，激活学生的参与兴趣

学生自身是具有兴趣潜质的，如何使它们成为现实的兴趣特质，来强化他们的参与行为？这就需要我们通过教学设计，选择适当的教学方法，使教学内容丰富多彩，动用理解、沟通、参与、互动这四个活性因子来激活学生的兴趣。因为行为科学的研究表明，工作设计能够影响工人们的干劲和动机。据调查，我国许多学生对教学活动兴趣不大，教学内容的纯知识化、教学方法的单调机械是其中一个很重要的原因。理解、沟通、参与、互动是教学中的四个活性因

子，这四个活性因子既是教学的内在机制，又是教学形态的基本内容；同时，它们也是对现代教学的一个总的描述。他们四个的关系及作用是：教学是建立在对意义符号理解的基础之上的，理解贯穿于教学的全部过程，决定着教学的一切形态。意义不通过个体的心理，实现个体的内化就不能达到教学主体对它的理解，教学的指令、反馈、调控、评价等也将无从发生。理解发生在教学主体的自身内部，它是单个主体在教学中的心理行为，是教学的心理学前提。但只有个体内隐的理解行为，教学还是不能发生的，主体间信息、情感的交流，即沟通是教学的发生学前提。这是因为教学必然是教学主体间的活动，没有沟通，主体间的理解就无法实现相互传达，教学行为就无法在师生间产生。个体如果不参与教学，教学就不会对其产生任何影响。教学中主体参与强调学生个体的能动性。教学是主体间多元互动的结果，互动指主体行为的因果性、依存性、共振性。师生、生生互动会形成一个有利于学生发展的教学场。理解、参与指教学个体的教学行为，沟通、互动指教学主体间的行为。这四个活性因子在教学过程中协调搭配，共同构成了现代教学的动态结构。

要实现上述四个活性因子在教学中的协调搭配，激活学生的兴趣，就要选择适切的灵活多样的教学方法和教学组织形式。如第一课堂的生生、师生互动，学生上讲台讲课；第二课堂的集体备课、小组学习；在课上增加动手操作、实验、演习等内容；采用案例探究、角色扮演、情景剧等多种教学方式。

笔者在软件工程专业实验班的《计算机组装与维护》课上，大胆改革，将教师理论讲授时间压缩成总学时的1/4，其他时间都还给学生，采取的形式多种多样，如案例探究；生生、师生互动；情景剧（角色扮演）；头脑风暴；活动体验等。

在角色扮演的情景剧当中不乏一些实践操作，如CPU安装、内存安装、整体组装等，一旦出现这些操作都要真人实做，让学生亲身体验安装的感受。可以让同学分别扮演正反两种不同行为模式下的操作角色，然后让他们交流操作感受，还可以互换角色。最后组员们进行讨论，相互启发，相互支持。在角色扮演中学生们学会了换位思考。

头脑风暴法又称思潮冲击法、脑力激荡法。它由美国企业家、发明家奥斯本首创。将它应用到课堂上不但能培养学生的创造性，激励学生的集体智慧，还能激发学生的学习兴趣。实施方法是将学生分成4～6人组成的若干个小组，在小组内指定5个基本角色由小组成员轮流担任：

（1）召集人，负责召集小组讨论。

（2）记录员，承担小组中每一位成员的发言记录。

（3）计时员，保证小组内每一位成员的发言时间。

（4）噪音控制员，控制小组讨论的声音音量。

（5）汇报人，代表本组汇报小组讨论的结果。

它是一种通过暂缓对大家提出的设想做出评价，以鼓励人们对同一问题做出多种解答的方法。它要求在小组内人人可以就某个问题畅所欲言、不受任何限制地发表自己的意见。所以实施时应遵循以下四条基本原则：

（1）禁止随意批评他人的答案；

（2）鼓励畅所欲言；

（3）鼓励多种想法，且多多益善；

（4）欢迎进行综合归纳和提出改进意见，其主要目的是避免过早集中于某一答案而忽视最佳答案的提出。

在各种各样的参与活动中让学生理解知识，经过教师的引导、启发得出某种沟通理论。让学生在实际情境中培养良好的沟通态度，学会沟通，掌握技巧。同时改变此门课程的评价方式，改变一张理论试卷决定这门课的成绩的做法，注重实际、参与，把学生的沟通实践能力和参与的程度作为评价的标准，采取实践考核的办法。实际上这些灵活多样的授课组织方式已将理解、沟通、参与、互动这四个活性因子协调搭配，激活了学生的参与兴趣。同学们反响特别好，他们说："这样上课太有趣了，我们有浓厚的学习兴趣，感觉太好了。"

（二）满足需要，提高学生的参与兴趣

教学中要培养学生的兴趣，但我们更要重视学生兴趣发生的关键，那就是学生在教学中的需要。不从学生需要的实际出发，就不可能有他们在教学中的兴趣。教师要了解学生，了解他们教学需要的类型，这是从学生需要出发设计与组织教学的一个基本前提。我们一方面要满足学生现实的教学需要，以确保学生在参与教学中相对较高的主体性；另一方面，我们要不断提升学生的教学需要层次，以确保学生在参与教学中绝对较高的主体性。教师对学生的教学需要应当有正确的态度。首先，应帮助学生形成合理的需要结构。所谓需要结构就是学生不同的需要构成的需要的发展性层次形态。高低层次需要的不同搭配、组合会形成学生发展的动力系统。学生的需要在同一时段是有变化的，如有些学生一会儿有表现的需要，一会儿却有认知的需要；有些学生只有低层次的需要，则其学习动机就不可能很强；有些学生只有获得自我发展的需要，而没有与人交流、合作的需要，这势必会影响其最终的发展。因此，合理的学习需要是动态的、具有层次性的、可以相互转换的。其次，应帮助学生提高不断拥有较高的学习需要的自觉性。许多学生在实际的教学中并没有明显的、自觉的发展需要，他们表现出的更多的是一些低层次的需要。有些学生虽然胸怀大志，但不能及时地把远大的志向变成平时学习的高层次需要，实现这种转换是十分必要的。学生有了自觉的高层次需要，其主体参与教学的境界就会更高一些，动机就会更强一些，同时也就会表现出更强的能动性和创造性。

要做到满足学生的需要，一个原则就是教师要用“心”去了解学生，体会学生。如学生多次举手或一直举手不放的，说明此时学生有表达的需要和表现的需要，教师应适当地满足他们的需要；在课堂上学生认真听课但紧蹙眉头，此时说明学生有疑惑，有强烈的认知需要，教师应根据课堂具体情况进行调整，如果是个别现象应在课后及时与学生沟通，解决此问题；在学习中学生表现出要表达意见或想得到别人的意见，此时说明有沟通和合作的需要，教师应提供沟通和合作的环境；学生有创造性地解决问题，满心欢喜渴望地看着老师；此时说明学生有被肯定和赞誉的需要，教师应及时给予认可和表扬；学生在学习中遇到挫折，情绪低落、一脸迷茫，此时说明有得到老师鼓励的需要，教师应给予及时的鼓励和指导。

那么如何提高学生的需要层次呢？我们认为，首先，尽量满足学生较低层次的需要；其次，也是更重要的，就是在长期的教学实践中进行引导和渗透，如列举大量成功人士的事例，让学生学习身边和社会的榜样人物，让学生体验人的自我实现等，让学生产生高级情感，从而产生更高级的需求；再次，就是满足各种需要的能力的培养和具体操作的指导。总而言之，提高学生的需要层次是没有固定的方法的，这需要在长时间的教学实践中去渗透。无论采取什么样的方式，最终的目标都是让学生产生自觉发展的需要，学生认为学习是自己的事情，自觉、自主地学习，在学习中感到快乐，并知道自己要对自己负责。这就产生了自觉发展的需要，并有一定的能力来满足需要。

（三）激发参与动机，维持学生的参与兴趣

学生在教学中的参与需要、兴趣在学习目的的引导下，产生一定行为的驱动力，这就成为学生学习的动机，它是学生主体参与的推动力。动机的强弱与主体参与行为的强度成正比。参与兴趣只有转化成参与动机，才能成为实际的来自心里的参与力。而且在参与行为进行的过程中，参与动机越强，参与的兴趣也就会越强，动机对兴趣有了一定的助长作用。教师要经常给学生讲主体参与对他们发展的重要性。这是学生参与动机的重要产生源。动机的激发需要一定的激励力量。美国心理学家佛鲁姆在《工作与激励》一书中提出了一个公式：激励力量（M）=效价（V）×期望值（E）。心理学中的皮格马力翁效应，迁移到教学中可以说明教师对学生的期望能使学生的动机得到激发，学生会向教师所期望的方向发展。潜能每个人都有的，这也要靠激发。教师对学生一定的期望可以使学生向教师所期望的方向努力，最终实现一定的目标。这就需要教师用心去激励学生，可以在学期末或某一阶段甚至某一时刻，对某一学生提出合适的期望。对不同的学生提出期望的方式是不一样的，而且期望值也是不同的。我们要求课题组的每一位实验教师对实验班的学生都要了解，都必须记住每一位学生的名字，并关注每一位学生的发展，要求期末给每一位学生写出评语，评语中一定要有激励的话语，并提出一定的期望。“你的表达与操作能力很好，下学期在学院的技能大赛上拿到大奖不成问题”；“你头脑灵活，与同学的关系很好，相信你能总结经验方法，各学科均衡发展，这样在下学期期末考试，班级前十名中不可能没有你”；“勤奋、努力、踏实是人走向成功的基石，你具备了这些，再加上灵活的学习方法，下学期系里举行的计算机应用技能大赛中你一定会为班级争得荣誉”。这些是笔者在学期末写给学生的评语，在下一个学期中，评语中的这些期望都成了现实。一个学期结束后与这几位学生坐下“聊天”，笔者问同学们：“为什么上个学期末老师给你们的评语中提到的内容都成了现实?”同学们说：“最重要的是我们有了目标。”笔者问：“你们平时不给自己确立目标吗?”同学笑着回答“当然也有目标，但哪能有老师的目标有动力呀?”笔者又问：“为什么呢?”同学们回答“这样说明我在老师心中多有地位呀!”学生的回答值得我们深思。这种方式不但可以激励学生，还可以密切师生关系，有助于师生间的沟通，缩短师生间的心理距离。值得提出的是，教师对学生的期望值应当有一个适当的把握，太高，盲目乐观，实现不了造成打击；太低，过于悲观，会使人放松努力，激发不出动机。教师对学生合适的期望是激励学生积极参与教学的重要因素。

第七章　主体参与教学的实践应用

主体参与教学是在先进的教育理念的指导下采取的教学方法，目的是实现先进的教学理念要达到的教学目标。我们在理论的指导下，进行教学实践。

第一节　教学设计

教学设计是教学方法的具体体现。在主体参与教学的实践应用中，我们设计了三个课堂，让主体参与教学在三个课堂中进行。第一课堂是指传统意义上的课堂教学活动；第二课堂是指课下校内的学生的学习活动；第三课堂是指校外社会实践活动。第一课堂的作用主要是通过学生展示和交流自己对问题的研究，通过师生互动和生生互动，让学生掌握、巩固学习内容、学习方法，产生进一步学习的兴趣和愿望；第二课堂的作用在于使学生自主形成自己的见解，主要是学生在理论上、实践上领会知识、解决问题的思维过程；第三课堂主要解决学生社会实践不足的问题，它包括认识相关的社会现实，发现现实中的问题和运用自身的知识技能解决相应的社会问题、进行社会实践锻炼等①。这三个课堂的作用是密不可分的，在应用主体参与教学时对第一课堂的作用，要同传统意义上的以单纯陈述知识为主的讲授法教学严格的区分开来。

下面是笔者实施主体参与教学三个课堂实践活动的整个过程的节选。专业：

---

① 张艳，郜学群. 高等学校“课型”教改理论与实践（下册）[M]. 哈尔滨：黑龙江教育出版社，2005：119.

软件工程，班级：2016级软件工程1班，人数：48人，课程：《SQL Server数据库应用与开发》，内容：第13章 VB/SQL Server应用程序开发中的第三节“使用ADO访问SQL Server数据库”。

第二节　教学步骤

一、学生参与备课——第二课堂

（一）课前分组

根据学生的学习情况将学生分成四组，每组12人，分别取名为：约翰·冯·诺依曼（John Von Neumann）组、艾伦·图灵（Alan Turing）组、姚期智（Andrew Chi – Chih Yao）组和詹姆斯·哈迪·威尔金森（James Hardy Wilkinson）组。鉴于这些人在计算机科学、数学、经济学、逻辑学等领域都做出了突出贡献，是杰出的世界科学家，这样取名既可以起到良好的暗示作用，使学生受到鼓舞和激励，激发他们的创造热情，挖掘学生的潜能，还可以活跃课堂气氛。当学生们得到自己的组名的时候，都异常兴奋，每个人都跃跃欲试、内心充满了快乐。

（二）课前备课

将这部分内容在上课的前几天也就是上次课结束后向学生展示，让他们预习，并告之需要查阅的资料——数据库原理及应用、数据库开发与应用、Visual Basic程序设计、Visual Basic数据库开发案例等各学科的教材及相关基础内容等，具体版本可自行选择。并对备课提出具体明确的要求：

教师：

1. 经常深入到学生当中了解预习备课的情况，包括知识学习、备课笔记、小组讨论、提出的问题、学习兴趣、感兴趣的话题等。

2. 并给予学生恰当、及时的指导。

学生：

1. 将学懂和没学懂的知识都要与老师沟通。

2. 采取小组集体合作学习的方式进行学习与备课。

3. 写出教案。

4. 提出教学建议和见解。

5. 提出问题。

以下是约翰·冯·诺依曼（John Von Neumann）组的一名学生的备课教案。

教学题目：使用 ADO 数据控件访问数据库

教学目标：应用 VB 提供的 ADO 控件作为 SQL Server 的前端开发工具进行数据库应用软件的开发方法。

内容：

（一）对 ADO 数据控件的理解（领会）

Visual Basic6.0 具有的最新数据组件是 ADO 数据控件，ADO 数据控件可以使用户通过 OLE DB 访问本地或远程数据源并且把它们与窗体的其他控件相结合而不需要编写很多代码。其常用的属性为 Recordset（记录集），其实 ADO 数据控件就是返回数据源提供的记录集。

（二）ADO 数据控件的功能和使用方法（了解）

ADO 数据控件使用 ADO 对象来建立数据约束控件和数据提供者之间的连接，并快速创建数据集，然后将数据通过数据约束控件提供给用户。其中数据约束控件可以是任何具有“数据源”属性的控件，而数据提供者可以是任何符合 OLE DB 规范的数据源。

1. 主要功能

（1）连接一个本地数据库或远程数据库。

（2）打开一个指定的数据库表，或定义一个基于结构化查询语言（SQL）的查询、存储过程或者是该数据库中表的视图的记录集合。

（3）将数据字段的数值传递给数据绑定控件，可以在这些控件中显示或更改这些数值。

（4）添加新记录，或根据对显示在绑定的控件中的数据的任何更改来更新一个数据库。

2. 主要属性

Caption 属性、UserName 属性、ConnectionString 属性、Password 属性、RecordSource 属性、Mode 属性、CommandType 属性、CursonLocation 属性、ConnectionTimeout 属性、MaxRecord 属性、CashSize 属性。

3. 主要方法

Refresh 方法、UpdateRecord 方法、UpdateControls 方法、Close 方法。

4. 常用事件

WillMove 和 MoveComplete 事件、WillChangeField 和 FieldChangeComplete 事件、WillChangeRecordset 和 RecordsetChangeComplete 事件、InfoMessage 事件。

5. 添加与设置

在使用 ADO 数据控件之前，首先需要将 ADO 数据控件添加到当前的工程中，然后将它连接到相应的数据库管理系统。

6. 前后端数据的连接

将 ADO 数据控件添加到窗体上以后，就可以将它连接到 SQL Server 中的数据库管理系统，并且可以为 ADO 数据控件创建一个数据源，实现数据控件的绑定。

（三）使用 ADO 对象访问 SQL Server 数据库（重点掌握）

在 ADO 对象模型中，Connection、Recordset 和 Command 对象是 3 个主要对象。在 Visual Basic 中使用 ADO 所需的步骤概括如下：

1. 在 Visual Basic 中，添加 Microsoft ADO 对象。

2. 使用 Connection、Command 或者 Recordset 对象打开一个连接。

3. 使用 Command 或者 Recordset 对象访问数据。

4. 关闭 Connection、Command 或者 Recordset 对象的连接。

问题：

1. ADO 对象的引用与设置应该注意哪些事项？

2. 使用 Connection 对象应该注意哪些问题？提供的不同格式各应该应用到哪些场合？

3. 使用 Command 对象或者 Recordset 对象对数据执行的操作有何不用？

教学建议：

最好能让学生分别实地查看现有的应用实例，对其中的关键性技术列举出相应案例来理解和掌握相关的内容。

此教案有如下几个特点：

1. 学生能把知识进行很好的整合，条理清晰，内容翔实。

2. 更可贵的是该生能将本次课的课程教学目标，重点内容标出来，对每一部分内容学习到什么程度做概述。这足可以看出学生完全以教师的角色进入到课程内容的学习当中，充分发挥了学生的主体地位，开发了学生的潜能，激发了学生的创造性。

3. 提出问题深刻、有价值、有创意，与生产实践相结合。从中可以看出该生学习知识灵活，善于思考，重视职业技能。笔者认为在备课时学生提问题比教师提问题更有意义，更有利于培养学生发现问题、解决问题的能力，培养学生的创造性。

4. 能以教师的身份设计教学，提出教学建议。

最后是约翰·冯·诺依曼（John Von Neumann）组的全体同学集体备课、讨论并解决问题后形成文字材料和教学课件。

我们经过认真的讨论，解决了如下几个问题：

1. 通过案例的分析，解决了 ADO 对象的引用与设置应该注意的问题。

2. 通过使用 Connection 对象的几种格式的实例，了解了 Connection 对象命令格式的使用场合和注意事项。

3. ADO 允许使用 Command 对象或者 Recordset 对象对数据进行检索。Recordset 对象表示的是来自基表或命令执行结果的记录集。任何时候，Recordset 对象所指的当前记录均为集合内的单个记录，通过 Recordset 对象可以对几乎所有数据进行操作。Command 对象定义了将对数据源执行的指定命令，可以从 Connection 对象或者 Record 对象中调用命令，但是 Command 对象方法与属性和 Parameters 集合提供了更多更新 SQL Server 数据的功能。命令可以是存储过程或 SQL 语句，进行 Insert、Update 和 Delete 标准数据修改操作，也可以是返回记录集数据的 Select 语句。Command 对象在定义查询参数或执行一个有输出参数的存储过程时非常有用。

4. ADO 对象模型是使用层次对象框架实现的，但 ADO 对象模型比数据访问对象（DAO）或者远程数据对象（RDO）框架更简单。在 ADO 对象模型中，Connection、Recordset 和 Command 对象是三个主要对象。Recordset 对象是 ADO 数据操作的核心，既可以作为 Connection 对象或 Command 对象执行特定方法的结果数据集，也可以独立于这两个对象而使用，由此可以看出 ADO 对象在使用上的灵活性。利用 Command 对象直接调用 SQL 语句，所执行的操作是在数据库服务器中进行的，显然会有很高的执行效率。特别是在服务器端执行创建完成的存储过程，可以降低网络流量，另外，由于事先执行了语法分析，可以提高整体的执行效率。

从这份小组备课的总结材料来看，同学们不但能对将要学习的知识材料有了明确的认识，更重要的是同学们已经很深入地讨论了一些问题，而且解决问题颇具创造性。同学们真正地自主地去学习、去探究，真正地培养了学习的自主性和创造性。我们感受到了合作的力量和集体的智慧。

备课不同于自学，自学要求学生理解和掌握知识就可以了，不一定表达出来。而备课是不但要求学生理解和掌握知识而且还需要表达出来，让别人听明白，这样对学生的各种能力的提高都是有极大的帮助的，而且还能提高学生的学习效率。心理学研究表明，学生掌握知识的量的多少和他的学习方式有极大的关联，通过单纯的视觉掌握知识的量占总量的30%、视觉和听觉同时应用掌握知识的量占总量的58%，而通过自己学会并讲给别人听掌握知识的量占总量的87%。课前准备的好坏直接影响着授课的效果，也决定着学生对知识的掌握程度。做好课前准备要注意以下几点：一是教师要清楚明确地向学生交代将要学习的内容，并向学生提出明确具体的要求，同时向学生提供可供参考的具体的书目。二是不能交代完任务之后就完事，应经常与学生沟通，了解学生的学习和准备情况，及时解决学生学习中遇到的问题，并及时肯定学生学习的成绩，激励学生去学习，积极暗示。尤其要照顾平时学习兴趣不浓、成绩不理想的学生，这些学生特别在意老师对他们的态度，这时老师若能走近他、关心他、鼓励他，他会从心底迸发出无穷的力量去学习。三是要求学生将学习内容形成教案或其他文字材料。这样可以使学生对知识有更深刻的理解，还可以锻炼学生的能力，体会教师的工作。四是备课的内容可多可少，有时只需要一个学生只把一个知识点备明白就可以了，有时还可以将知识分解，由几个组分别承担。五是教会学生查找资料和获得信息的方法，查阅书刊、网络搜索甚至让学生走上社会，亲自调查研究，并形成自己的观点和看法。

二、课堂展示——第一课堂

学生参与课堂授课的过程，是一个清晰的口头语言的表达过程，对于内容的理解，词语的选择，学生必然要经过精心准备，更重要的是这是一个展示学生的风采、增强学生的自信、锻炼培养学生的综合素质的过程。在充分准备的基础上，让学生扮演老师的角色参与授课。课堂上可采取让学生上讲台讲课、课上讨论、总结评价等方式参与课堂授课的整个过程。学生在授课过程中，可带着自己的观点和看法，与同学们共同研讨，活跃思维，培养能力，展示风采。参加授课的同学可在备课的小组中产生，代表小组来授课。为了给学生创造更多的机会，代表要轮换。在小组内产生授课代表意义重大，第一，在小组备课过程中每个人必定认真对待，发挥自己的最大潜能，希望能被小组内成员所认同和肯定，树立自己在小群体内的威信；第二，一旦走上讲台即便是只讲一个知识点、或只有几分钟，学生也有双重身份：代表自己又代表小组，不但极大地激发了学生的积极性，而且培养了学生的团队精神。

教学过程中可以采用的教学方法如下：

1. 自主性学习。学生根据提出的问题去实践、探索和学习。在学习过程中充分发挥主动性，利用多种机会在不同的环境下去应用所学的知识，根据自身行动的反馈信息来形成解决实际问题的方法，独立完成问题的解决方案。

2. 协作性学习。在自主性学习的基础上，通过协作和沟通，学生可以看到问题的不同侧面和解决途径，开拓思路，产生对知识新的认知与理解。尤其是对于综合性和难度较大的问题采用协作性学习方法更有效。

3. 研究性学习。在自主性、探索性学习的基础上，学生从感兴趣的管理信息系统中选择研究任务，以个人或小组合作的方式进行研究，是综合应用知识创造性地解决问题的探索性学习活动，培养运用所学知识解决实际问题的能力。

4. 示范性教学。利用 CAI 课件进行操作演示，使学生通过直观、具体、形象、生动的观察，在感性认识的基础上掌握概念、程序和要领。一个问题解决后，选取一些类似的较复杂问题，并提出相应要求，以便学生进行模仿完成解决问题方案及方法。

教师在导入问题时可以创设一定的情境来激发学生学习的兴趣，常见的有：

1. 问题情境。在教学过程中，教师要有目的、有计划、有层次地精心设计，提出与教学内容有关的问题，激发学生的求知热情，把学生引入一种与问题有关的情境中。

2. 形象情境。根据教学的需要，抓住事物的主要特征，利用动画、图画、幻灯、挂图、模型以及实物等形象手段激发学生情感，把学生引进知识的殿堂。

3. 实验情境。根据教学内容设置鲜明、有趣的演示实验，把学生的好奇心转化为求知欲，开始对新知识的探求。学生在实验情境中，满怀激情地展开形象思维和逻辑思维，达到对概念和基本观点的本质认识。

下面是继前述的课程准备之后的课堂授课内容及过程。

（一）使用数据控件访问数据库

案例1：在图书借阅管理系统中，使用文本框控件显示数据库中的数据；使用数据表格控件显示学生表中的数据。

老师：分析此案例，本案例反映了什么问题?

学生1讲授：DATA数据控件功能、添加DATA数据控件、通过数据控件与数据库连接、设置数据控件的数据源、添加数据绑定控件，学生讨论与实例演示。

（二）使用ADO控件访问数据库

学生3讲授：ADO编程模型简介、使用ADO数据控件、ADO数据控件上新增绑定控件的使用，学生讨论与实例演示。

（三）使用数据环境设计器

学生5讲授：添加数据设计环境、创建Connection对象、创建Command对象，学生讨论与实例演示。

（四）ADO数据访问应用的基本步骤

学生7讲授：连接数据源、创建SQL查询命令对象、执行命令、处理数据、更新数据源、结束更新数据源，学生讨论与实例演示。

教学过程中使用的部分案例及代码如下：

/＊设计一个对话框，用于查询图书借阅（TSJY）数据库中学生（XS）表中的数据＊/

```
Private Sub Command1_ Click ( )    /＊下一记录按钮＊/
  With DateEnvironment1. rs Command1
    . MoveNext
      If. EOF Then
        . MoveFirst
      End If
    End With
  End Sub
```

```
Private Sub Command2_ Click ()    /*上一记录按钮*/
  With DateEnvironment1. rs Command1
    . MovePrevious
      If. BOF Then
        . MoveLast
      End If
    End With
  End Sub
```

/*数据库连接及登录窗口设计*/

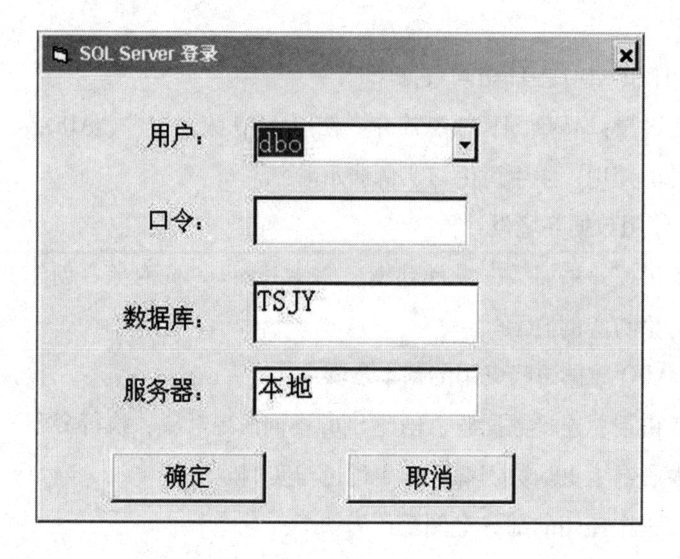


```
Dim Myconnection_ IsOpen As Boolean
Private Sub cmdCancel_ Click ( )
End
End Sub
Private Sub cmdOK_ Click ( )'重新以 Sql 用户连接到 SQL Server
Dim strConn As String
Dim SQLPassword As String
If Myconnection_ IsOpen Then
MyConnection. Close
Myconnection_ IsOpen = False
```

```
End If
SQLUserName = Trim（cmbUser. Text）
SQLPassword = Trim（txtPWD. Text）
strConn = “Provider = SQLOLEDB；Uid = “ & SQLUserName & ”；Pwd =
“& SQLPassword &”；Database = TSJY；Data Source = （local）”
MyConnection. ConnectionString = strConn
On Error GoTo err_ Msg
MyConnection. Open
MDIFormMain. Show
Myconnection_ IsOpen = True
Unload Me
Exit Sub
err_ Msg：
MsgBox（“SQL 用户不存在，或密码不正确”）
End Sub
Private Sub Form_ Load（）
Dim strConn As String '先以 Windows 用户连接到 SQL Server，获取数据库 Sql
账户
strConn = “Provider = SQLOLEDB. 1；Integrated Security = SSPI；Persist Secur-
ity Info = False；Initial Catalog = TSJY；Data Source = （local）”
MyConnection. ConnectionString = strConn
On Error GoTo err_ Open_ msg
MyConnection. Open
Myconnection_ IsOpen = True
Call Get_ UserList
Exit Sub
err_ Open_ msg：
MsgBox（“Windows 用户无法连接到 SQL Server”）
End Sub
Sub Get_ UserList（）'获取数据库的 Sql 账户
```

```
Dim objRs As New ADODB. Recordset
objRs. CursorType = adOpenKeyset
objRs. LockType = adLockOptimistic
objRs. Open " select name from sysusers where issqluser = 1 ",
MyConnection, , , adCmdText
cmbUser. Clear
Do Until objRs. EOF
cmbUser. AddItem objRs. Fields ( "name")
objRs. MoveNext
Loop
Set objRs = Nothing
If cmbUser. ListCount >0 Then cmbUser. ListIndex =0
End Sub
```

详细的教学过程请参照表 7 - 1。

表 7 - 1 《SQL Server 数据库应用与开发》主体参与教学教案（第一课堂）

<table>
<tr><td>课程名称</td><td>SQL Server 数据库应用与开发</td><td>章节</td><td colspan="2">第 13 章 13. 1—13. 3</td><td>授课教师</td><td>李占宣</td></tr>
<tr><td>授课题目</td><td colspan="2">VB/SQL Server 开发与编程</td><td>课型</td><td>主体参与</td><td>学时</td><td>50 分钟</td></tr>
<tr><td>教学目标</td><td colspan="6">认知目标：
1. 了解多层结构的应用开发已经在各种领域的项目中得到了广泛的应用。
2. 了解作为结构底层的数据库系统，SQL Server 以其和 Windows 操作系统无缝连接的独特优势，被大量应用于各种中小型信息系统项目中。
3. 掌握以 VB 作为 SQL Server 的前端开发工具进行数据库应用软件的开发方法。
能力目标：
训练学生对网络数据库开发与编程的基本能力，不同的前端开发工具与不同的数据库进行连接的差异。在分组备课与讲授过程中锻炼学生的资料收集与整理、语言表达、不同系统整合、综合运用等能力。
情感目标：
通过 VB/SQL Server 开发与编程的学习，让学生掌握了 VB 作为 SQL Server 的前端开发工具进行数据库连接的三种方法。</td></tr>
</table>

续表

课程名称	SQL Server 数据库应用与开发	章节	第 13 章 13.1—13.3	授课教师	李占宣
重点难点	教学重点：以 VB 作为 SQL Server 的前端开发工具进行数据库应用软件的开发方法（重点掌握 ADO 控件访问的方法）。 教学难点：VB 与 SQL Server 数据库连接的三种方法以及应用场合。				
教学过程（2/3 的时间留给学生）	课前准备： 按班级学习小组，将学生分成四组，分别为：约翰·冯·诺依曼（John Von Neumann）组、艾伦·图灵（Alan Turing）组、姚期智（Andrew Chi - Chih Yao）组和詹姆斯·哈迪·威尔金森（James Hardy Wilkinson）组。布置新课、查找资料、小组备课、并写出教案；每组推出授课代表。课前检查学生的准备情况是否符合要求。 教学步骤： 一、教师导入新课、展示目标（4 分钟） VB 虽然可以独立开发应用系统，但是面对大量的数据和安全性等方面考虑，还存在很多弊端。可以与 SQL Server 数据库相结合开发 C/S 型应用软件，做到取长补短。实际应用的系统如：宾馆管理系统、学校图书馆管理系统；会员登录系统、网上购物和网上考试系统（B/S）。 二、学习本节课的新知识（40 分钟） 教师导入： （一）使用数据控件访问数据库（6 分钟） 学生 1 讲授（3 分钟） 1. DATA 数据控件功能 2. 添加 DATA 数据控件 3. 通过数据控件与数据库连接 4. 设置数据控件的数据源 5. 添加数据绑定控件 学生讨论与实例演示（3 分钟） 学生甲提出问题：使用数据控件访问数据库是通过界面操作完成的，虽然操作简单，但是没有实现自动化作业，能通过应用程序自动完成数据库的访问工作吗？ 学生 2 回答：连接数据库还可以使用 ADO 控件访问数据库，使用起来还是很方便的，可以实现自动化操作。 教师点评并承上启下导入： （二）使用 ADO 控件访问数据库（10 分钟） 学生 3 讲授（5 分钟） 1. ADO 编程模型简介 ADO 实际上是 OLE DB 的应用层接口，这种结构也为一致的数据访问接口				

续表

<table>
<tr><td>课程名称</td><td>SQL Server 数据库应用与开发</td><td>章节</td><td>第 13 章 13. 1—13. 3</td><td>授课教师</td><td>李占宣</td></tr>
<tr><td></td><td colspan="5">提供了很好的扩展性。ADO 对象模型定义了一组可编程的对象，可用于多种脚本语言。ADO 使用简单，使用了一组简化的接口用以处理各种数据源。
在 ADO 模型中，主体对象有三个：Connection、Command 和 Recordset，其他四个集合对象 Errors、Properties、Parameters 和 Fields 分别对应 Error、Property、Parameter 和 Field 对象，整个 ADO 对象模型由这些对象组成。
2. 使用 ADO 数据控件
一个典型的 ADO 应用使用 Connection 对象建立与数据源的连接，然后用一个 Command 对象给出对数据库操作的命令，如查询或者更新数据等，而 Recordset 用于对结果集数据进行维护或者浏览等操作。Command 命令所使用的命令语言与底层所对应的 OLE DB 数据源有关。不同的数据源可以使用不同的命令语言，对于关系型数据库，通常使用 SQL 作为命令语言。
3. ADO 数据控件上新增绑定控件的使用
学生讨论与实例演示（5 分钟）
学生乙提出问题：这样就需要编程来实现了，有一些难度。
学生 4 回答：使用数据控件访问数据库是通过界面操作实现的，使用 ADO 控件访问数据库可以通过代码来实现，实现连接数据库的方法就这样两种方法吗？
教师点评并承上启下导入：
（三）使用数据环境设计器（6 分钟）
学生 5 讲授（3 分钟）
1. 添加数据设计环境
2. 创建 Connection 对象
3. 创建 Command 对象
学生讨论与实例演示（3 分钟）
学生丙提出问题：使用界面操作和代码操作都可以实现与数据库的连接，使用 ADO 控件访问数据库的演示实例是怎样实现的呢？
学生 6 回答：ADO 是一种控件，它的编程方法应该遵循面向对象的程序设计方法。
教师点评并承上启下导入：
（四）ADO 数据访问应用的基本步骤（18 分钟）
学生 7 讲授（10 分钟）
1. 连接数据源
利用 ADO 进行数据交换首先需要建立连接。所连接的数据源可在“连接字符串”中指定，但是对于不同的提供者和数据源而言，连接字符串中指定的参数会有所不同。</td></tr>
</table>

续表

课程名称	SQL Server 数据库应用与开发	章节	第13章13.1—13.3	授课教师	李占宣

2. 创建 SQL 查询命令对象

建立连接之后，要完成对数据库的访问就需要建立一系列的查询命令。查询命令要求数据源返回含有所要求信息行的 Recordset 对象。命令通常使用 SQL 编写。

3. 执行命令

执行查询命令之后就需要获取命令的执行结果，也就是命令的返回信息，这些信息一般保存在 Recordset 中。执行命令返回 Recordset 的方法有三种：Connection. Execute、Command. Execute 以及 Recordset. Open。

4. 处理数据

在得到查询命令的结果 Recordset 之后，还可以对 Recordset 数据行进行检查、定位以及其他操作。大量 Recordset 对象方法和属性都可用于对 Recordset 数据进行处理。有多种方法显式移动或“定位”（Move 方法）功能，还有一些方法（Find 方法）在其操作的附加效果中也能够实现此功能。

5. 更新数据源

要注意：更改不是立即对 Recordset 进行的，而是对“复制缓冲区”进行的，当不想更改时，复制缓冲区中的改动将被放弃；如果想保留更改，复制缓冲区中的改动将应用于 Recordset。

ADO 有两种基本途径用于添加、删除和修改数据行。

(1)“立即”模式

(2)“批”模式

6. 结束更新数据源

在对数据进行更新的过程中，并不一定每次都能成功。在批更新中可能会含有错误，例如，数据库是与其他用户共享的。典型的错误就是他人在你之前已更改了数据字段，ADO 检测到这种情况并报告错误。

在具体处理中，ADO 将根据不同情况进行不同处理：如果不存在更新错误，则“提交”事务，结束更新；如果存在错误，则会被错误处理例程捕获。此时，可使用 adFilter，ConflictingRecords 常数对 Recordset 进行筛选，将冲突行显示出来，然后回卷事务，放弃成功的更新，由此结束更新。

学生讨论与实例演示（8 分钟）

三、本节课总结（5 分钟）

学生丁进行总结：

1. 本节课知识重点。

2. 在备课时哪些模糊的知识点通过课上学习而澄清了。

3. 本节课除学到知识外还有什么收获？

续表

<table>
<tr><td>课程名称</td><td>SQL Server 数据库应用与开发</td><td>章节</td><td>第 13 章 13. 1—13. 3</td><td>授课教师</td><td>李占宣</td></tr>
<tr><td></td><td colspan="5">教师回示教学目标，以明确目标达成情况。
四、留作业及预习的内容（1 分钟）
出示案例，以案例为载体以小组备课的方式预习 VB 图书借阅管理系统的开发方法。</td></tr>
<tr><td>教学后记</td><td colspan="5">1. 本节课通过主体参与教学来进行，完成认知教学目标，基本上达到对能力目标和情感目标的培养。
2. 教学设计思路：本节课的重点是以 VB 作为 SQL Server 的前端开发工具进行数据库应用软件的开发方法（重点掌握 ADO 控件访问的方法），难点为 VB 与 SQL Server 数据库连接的三种方法以及应用场合。为了使学生弄懂难点，抓住重点，在课前预习的基础上，课堂上分别采取学生扮演教师授课；学生讨论；教师点评、总结、演示等方式，取得了很好的效果。</td></tr>
<tr><td>教学反思</td><td colspan="5">1. 对教学目标的反思。通过几个实际生活中的例子的教学，基本达到三元目标。这些目标是合理的，主要原因是例子来源于生活。达到预期目标，其中一些同学积极参与教学过程，促进了自己和其他同学对教学内容的理解。
2. 对学生参与情况的反思。参与的热情较为高涨，发表的见解中有一部分带有创新性，体现出了学生的参与热情。参与的同学不是很全面，原因是课堂上没有足够的时间来让更多人参与。
3. 此次课的收获。对重点内容理解得较为透彻，对教师的讲解方面希望能在课堂上讲述更多的实际应用。
4. 对下一步教学的启示与思索。应当增强企事业单位应用中小例子的引入，把小程序经过加工用于课堂上，使学生有学习实用知识的信心。</td></tr>
</table>

三、社会实践——第三课堂

第三课堂活动是在第一课堂活动、第二课堂活动后将所学的知识应用到实际当中解决实际问题的过程。这一环节实现了知识向能力转化的过程，是不可忽视的过程。除了每一章安排习题课和作业以加强学生对教学内容的理解和掌握之外，还必须让学生从事简单的社会实践活动，通过实践加深对教学内容的理解，并将理论知识应用到实践中去。

在课程教学后期，当学生的知识有了一定积累后，让学生根据建构主义理论参与工程项目内容的程序设计和编写，可以大大提高学生的动手能力和实践经验。实践内容包括：从选择调查课题开始，设计调查方案和调查表，将调查结果进行分析整理，最后写出分析报告。实践目的是通过学生亲自感受和设计应用的管理信息系统，提高学生的分析问题和解决问题的能力。社会实践的场所在校内可以选择电子图书阅览室、校园网的工作站等；在校外可以选择金融系统、电信业务、超市等电子信息化应用较广的单位。具体实施分为五个阶段：

第一阶段，信息系统设计。仍按前述分成4组，每组设一名组长，以小组为单位，运用学到的理论知识，根据信息系统研究的目标，讨论确定本组的研究主题。这样可以使每个学生都有发言机会，得到锻炼。教师巡回参加各组讨论，进行指导，在各组讨论的基础上，由教师帮助主持制定各组的实际行动方案。

第二阶段，以小组为单位讨论设计本组的调查方案和调查问卷，调查问卷要根据方案的要求，做到准确、简介、完整，接下来组织实地调查。

第三阶段，整理调查资料，对解决问题的方案和技术问题进行探讨和整理，在教师指导下确定切实可行的方案。

第四阶段，撰写实践总结报告。在报告中要按照软件工程的设计观点来说明设计过程，对于提出的问题，要分析问题产生的原因，并提出解决的方法。要求个人总结和小组总结各一份。内容包括问题解决的过程，问题解决的程度，有何收获，发现了什么新问题等。

第五阶段，考核评定成绩。根据学生在实践中的表现及实践总结报告的质量，对学生进行能力考评，并按一定比例记入期末总成绩。

四、学生之间批改作业

学生之间相互批改作业是学生参与教师教学过程的又一环节。学生批改作业可采取小组间相互批改，也可以采取组内批改，批改前教师应让学生先给出标准答案及批改作业的思路，然后给予指导，最后形成一致的答案和思路，并在批改过程中及时给以指导和帮助，要求学生在批改后给予批示、写出评语，还要进行总结。这一过程不但可以使学生进一步巩固和升华学过的知识，还可以培养学生的主体意识、思维的批判性、责任意识，增强责任感，同时还能培养学生的书面表达能力，并且能体会到教师的工作，以后认真对待作业。需要指出的是，学生批改作业并不是完全代替老师的工作，以减轻教师的负担，教师不可以放手不管。

学生之间互相批改作业时教师应给予必要的指导。学生的能力和素质还是有差别的，对能力稍差和认真程度不够的学生要及时给予督促和指导，避免学生在做作业中尤其是批改作业中出现表面应付和流于形式的情况，使学生养成不良的习惯。这就要求教师在学生每次批改作业后，要将学生的做作业和批改作业的情况进行总结及评价。评价要肯定的优点，明确存在的问题。

从学生的感受中看出，主体参与教学让学生参与批改作业是非常有益处的，学生在这种作业的批改中感受到的是被信任、被器重，表现出的是热情、负责，学到的是不同的思维风格和一些良好的品质，如合作、为他人负责等。但要注意的是让学生参与批改作业不是代替老师的劳动，不是老师轻松了，反而需要老师更加具备耐心，不但要深入了解学生对知识的掌握情况，更要了解学生的学习态度和学习方法，从而培养学生的学习热情，激发学生的创造性，增强学生的自信。通常，对做作业不认真的学生叫到办公室，指着作业告诉他他的作业是多么的不合格，态度是多么的不认真，这样教师才会认为：我很负责任，学生的作业我都认真批改，而且我会认真地教育他，叫他端正学习态度，教师做了，尽到责任了，学生听了。但我们在这种很普遍的、大家一直认同的做法中感觉缺少什么，那就是让学生主动去参与，主动去感悟，亲身去体验，自己说出来道理，自己写出来感悟，自己总结出来教训。教育家们常这样说：孩子是在体验中成长的，而不是在说教中成长的。当然，这不是说排除教育，而是说让学生自主参与，主动探索，亲身体验比单独的说教更有教育价值，效果更好。从学生的作业分析来看，学生身上确实还存在懒惰和应付心理。这就需要老师抓住每一个细节，培养学生学习的主动性和独立性。

五、学生出考题

学生自己出考试题，在内容上可以选择部分内容，也可以选择全部内容；在形式上可以采取分组出进行对组测试。通过测试检验学生参与教学全过程后，对知识的掌握情况。

一份好的考试题要求点、面到位，难易适当，实用性强。命题的过程就是很好的复习过程。通过命题可以全面、系统、深入地掌握教材的内容。让学生参与命题是期中期末复习和平时测验的一种好方法。教师可以将出一套考题作为一项作业或是考核内容，也可以让小组间交换出的考题。出考题之前要求老师将出题的范围、要求、达到的程度向学生交代清楚，具体应包括：考核学生的识记方面的能力、分析概括能力、灵活应用能力、解决实际问题的能力等方面的内容的比例。当然，在此之前一定要训练学生，让学生获得这方面的知识，但并不一定要单独搞一次学习，可以在平时每一次考试后的试卷分析中让学生明确这张试卷中考核了哪些方面的能力，从试卷中还可以了解到自己在哪些方面存在优势，在哪些方面还存在不足，哪些知识掌握了、哪些知识还有待提高。这也让学生知道老师出的每一套试题都是按照规律和要求经周密思考之后才形成的，对考试形成正确的态度，认真对待每一次考试。在这里值得提出的是，现在的高等学校教育的考试形式是在学生学完这一门学科后学校采用一次性的考试进行成绩验收，成绩一登、试卷一封，过关的学生满心欢喜、高呼万岁，没有过关的学生也无所谓，还有一次补考机会，过关没有问题，但他们对于知识的掌握程度、能力的培养程度，以后应在哪些方面加强一概不知晓，甚至教师在这方面也处于朦胧状态。所以笔者认为大学里仍可搞阶段考试，而且无论是期中的阶段考试还是期末的结业考试都应将试卷再反馈给学生，让学生做试卷分析，这样并不是让大学生回到中小学的学习状态，而是培养学生的自主性和分析问题的能力，同时也培养学生的良好的自我意识。既然学生能参与教师的整个的授课过程，学生就可以参与试卷分析和按要求出一份好的试卷。笔者认为让学生出一份好的试卷在培养学生的各种能力的方法中是非常重要的。

六、主体参与教学的优势和局限

主体参与教学突出的是师生双方都主动、充分地参与教学全过程，形成高效的教学活动。教育中的师生互动，尤其是学生在其中真正成为教学活动的主人，一改其被动、消极听课的旧局面。

（一）主体参与教学的主要优势

1. 充分体现学生在教学中的主体性

即加强学生在教学中的主动性、积极性、自主性、创造性的发挥。传统教育以教师为中心，教师在备课时只备教材，强调讲法，忽视学法，难以调动学生参与教学的积极性。主体参与教学要求教师不断地通过设置诱因激发学生的学习动机，让学生产生对学习的渴望，产生一种内驱力，变“要我学”为“我要学”，从而充分发挥教师主导与学生主体作用。

2. 充分体现思想品德的实践性

即在教学内容上突出应用性；在教学方法上突出实践性；在教学评价上突出实效性。

3. 充分体现教学模式的创新性

即变注入式为启发式；变单向式为双向式；变封闭式为开放式。

4. 充分体现素质教育的综合性

主要包括教育对象的全体性和教育目标的全面性。

（二）主体参与教学的局限

1. 参与内容有限

主体参与教学并不能取代和否定必要的基本概念、理论的讲授，而只是对讲授方式加以主体参与教学理念的改造，使灌输教育变为渗透性教育，提高学生的接受率。

2. 参与程度有限

制约因素主要有：教师的观念与素质、学生主体状况、学生主体缺位。

3. 参与条件有限

限制条件主要有教师现状、教育观念、教育管理机制、经济投入、教学时间、教学班规模。

第三节　教学案例

在计算机课程的教学中，常规的灌输式教学，抑制学习的自主性，压制学习的创造性。计算机教学目标是培养学生的信息素质和创新素质，因此，必须鼓励学生敢于动手，从而培养学生对计算机技术的兴趣和意识。主体参与教学是在先进的教育理念指导下采取的教学方法，目的是来实现先进的教学理念的教学目标。主体参与教学是以主体教育思想为指导，教师采取各种教学措施，调动学生的积极性、主动性和创造性，使全体学生积极主动地投身到教学的全过程中来，达到自主学习、掌握知识、发展能力、促进主体性发展的教学方法。主体参与教学包括“四个为主”和“四个注重”。四个为主是：教材以自学为主、课堂以讨论为主、作业以案例为主、考评以平时为主。四个注重为：注重投入、注重参与、注重个性、注重创造。运用主体参与教学，以实际案例为导向，加强学生的主动参与和动手能力，着重培养学生应用和创造能力，使学生在教学过程中充分体验参与和动手实践的成就感，提高学生的积极参与性、协作互助的意识和创新精神，提高教学效果。

一、《计算机组装与维护》主体参与教学案例

《计算机组装与维护》课程的教学目标是奠定计算机软硬件的理论知识，培养实际动手能力，提高分析计算机软硬件故障的能力，培养解决实际问题的能力和经验。初步学习计算机软硬件的知识，学生对计算机的各个部件有感性的认识并理性理解各个部件的功能和特点；学习计算机出现故障时解决和处理的方法，为学生今后使用计算机提供必要的计算机软硬件知识，以便其能够得心应手地使用好和维护好计算机，更好地使计算机发挥作用。详细的教学过程见表7－2。

表7－2　《计算机组装与维护》主体参与教学教案

<table>
<tr><td>课程名称</td><td colspan="2">计算机组装与维护</td><td>章节</td><td colspan="2">第12章12.1—12.3</td><td>授课教师</td><td>李占宣</td></tr>
<tr><td>授课题目</td><td colspan="3">BIOS设置</td><td>课型</td><td>主体参与</td><td>学时</td><td>50分钟</td></tr>
<tr><td>教学目标</td><td colspan="7">认知目标：
1. 掌握BIOS的基本功能和BIOS的类型。
2. 掌握BIOS与CMOS的区别。
3. 掌握BIOS的设置原则和BIOS参数的设置方法。
能力目标：
训练学生对计算机硬件组装完成之后，对BIOS进行设置的步骤与方法。在分组备课与讲授过程中锻炼学生的资料收集与整理、语言表达、软件操作技能与融会贯通等能力。
情感目标：
对计算机硬件组装完成后，还需要对BIOS进行设置，然后才能正常使用计算机。让学生掌握不同类型和版本的BIOS设置方法和操作要领。</td></tr>
</table>

续表

<table>
<tr><td>课程名称</td><td>计算机组装与维护</td><td>章节</td><td>第 12 章 12. 1—12. 3</td><td>授课教师</td><td>李占宣</td></tr>
<tr><td>重点难点</td><td colspan="5">教学重点：BIOS 的设置原则和 BIOS 参数的设置方法。
教学难点：不同类型和版本的 BIOS 设置方法和操作要领。</td></tr>
<tr><td>教学过程（2/3 的时间留给学生）</td><td colspan="5">课前准备：
按班级学习小组，将学生分成四组，分别为：A 组、B 组、C 组、D 组。布置新课、查找资料、小组备课、写出教案和制作演示课件；每组推出授课代表。课前检查学生的准备情况是否符合要求。
教学步骤：
一、教师导入新课、展示目标（4 分钟）
计算机的硬件组装完成之后，计算机还不能正常使用，还必须对 BIOS 进行设置，然后才能正常使用计算机。
二、学习本节课的新知识（40 分钟）
教师导入：
（一）BIOS 概述（8 分钟）
学生 1 讲授（6 分钟）
1. BIOS 的基本功能
2. BIOS 的类型
3. BIOS 与 CMOS
4. BIOS 的设置原则
5. 何时需要进行 BIOS 设置
6. 如何进入 BIOS 设置
7. BIOS 中的基本操作
8. BIOS 设置后的保存
学生讨论与演示（2 分钟）
学生甲提出问题：BIOS 是硬件与软件之间的接口，那么如何对一台具体的计算机进行 BIOS 设置呢？
学生 2 回答：可以使用 BIOS 主界面中的各个选项来进行 BIOS 的设置。
教师点评并承上启下导入：
（二）BIOS 参数设置（13 分钟）
学生 3 讲授（使用演示程序）（6 分钟）
1. 更改系统时间及日期
2. 设置启动顺序
3. 设置硬盘的参数
4. 设置密码
5. 设置快速启动
6. 调用安全设置</td></tr>
</table>

续表

课程名称	计算机组装与维护	章节	第 12 章 12.1—12.3	授课教师	李占宣
	学生讨论与演示（7 分钟） 学生乙提出问题：BIOS 设置完成计算机就可以工作了，如果计算机不能正常启动怎么办? 学生 4 回答：BIOS 为用户提供了检测相关硬件及连接是否正常的声音报警信息，可以借助声音报警信息排除相应的硬件故障。 教师点评并承上启下导入： （三）BIOS 报警声的含义（6 分钟） 学生 5 讲授（3 分钟） BIOS 是计算机的基本输入/输出系统，只要 BIOS 系统没有检测过的计算机配件，系统一定无法正常使用。当 BIOS 检测到一些关键性的计算机配件没有通过检测时，就会出现报警声，以便用户根据报警声对计算机进行维修。 学生讨论与演示（3 分钟） 学生丙提出问题：BIOS 设置的参数那么多，如果某个参数设置不正确那么计算机能正常工作吗? 学生 6 回答：BIOS 正确设置是计算机正常工作的前提，错误的 BIOS 设置会导致计算机无法正常工作。 教师点评并承上启下导入： （四）常见 BIOS 故障处理（13 分钟） 学生 7 讲授（6 分钟） 1. BIOS 设置中的 IDE 增强功能 2. 忘记 BIOS 密码 3. 时钟不准且 CMOS 易掉电 4. BIOS 设置错误导致计算机无法使用 5. BIOS 设置不当导致安装失败 学生讨论与演示（7 分钟） 三、本节课总结（5 分钟） 学生丁进行总结： 1. 本节课知识重点。 2. 在备课时哪些模糊的知识点通过课上学习而澄清了。 3. 本节课除学到知识外还有什么收获? 教师回示教学目标，以明确目标达成情况。 四、留作业及预习的内容（1 分钟） 出示案例，以案例为载体以小组备课的方式预习硬盘的分区与格式化。				

续表

课程名称	计算机组装与维护	章节	第12章12.1—12.3	授课教师	李占宣
教学后记	1. 本节课通过主体参与教学来进行，完成了认知教学目标，基本上达到对能力目标和情感目标的培养。 2. 教学设计思路：本节课的重点是BIOS的设置原则和BIOS参数的设置方法，难点为不同类型和版本的BIOS设置方法和操作要领。为了使学生弄懂难点，抓住重点，在课前预习的基础上，课堂上分别采取学生扮演教师授课；学生讨论；教师点评、总结、演示等方式，取得了很好的效果。				
教学反思	1. 本节课极大的调动了学生的学习积极性，真正的体现了学生的主体地位，培养了学生的主体意识，学生全员参与，上台讲课积极，讨论热烈，学会了学习，学会了沟通，培养了团队精神。 2. 培养了学生的语言表达能力，综合分析能力，发散思维能力和创造性。通过本次主体参与教学我们也深深体会到，学生是很有创造能力的，也很有潜能的，需要教师给他们提供一个空间，搭建一个平台，让他们来展示自己的才能。 3. 教学中应该加强与其他课型的融合，特别是计算机课程中操作性较强的内容，以实际案例操作加演示效果更佳。 4. 本次主体参与教学活动的关键环节是课前准备是否充分。准备情况将直接影响课堂上其他教学环节和课程教学组织的成功，故以后组织本课型教学活动时应进一步加强课前的准备和检查工作。 5. 加强教师对课堂的调控，合理安排各环节的时间是授课成功的保障。				

二、《计算机网络基础》主体参与教学案例

《计算机网络基础》课程的主要特点是实践性特别强，同时又具有很庞大的理论体系，许多概念不容易理解。这一课程的教学能够使学生在已有的计算机知识的基础上，对计算机网络从整体上有一个较清晰、全面、系统的了解，对当前计算机网络的主要种类和常用的网络协议有较清晰的概念，学会计算机网络操作和日常管理和维护的最基本方法，初步掌握以TCP/IP协议族为主的网络协议结构，初步培养在TCP/IP协议工程和局域网LAN上的实际工作能力，并且了解网络技术的最新发展。详细的教学过程见表7-3。

表7-3　《计算机网络基础》主体参与教学教案

<table>
<tr><td>学科</td><td colspan="2">计算机网络基础</td><td>课题</td><td>7-5计算机网络方案设计</td></tr>
<tr><td>教师</td><td colspan="2">李占宣</td><td>年级</td><td>2017级计算机科学与技术</td></tr>
<tr><td rowspan="3">教学目标</td><td>认知目标</td><td colspan="3">1. 掌握网络设计流程。
2. 认识和理解网络设计流程的重要意义。
3. 会运用网络设计流程进行具体的网络设计。</td></tr>
<tr><td>能力目标</td><td colspan="3">训练学生严谨的逻辑思维、培养学生的创造力，提高学生分析解决问题的逻辑思维能力。</td></tr>
<tr><td>情感目标</td><td colspan="3">培养学生严谨细致、一丝不苟的科学态度和勇于探索的精神。
培养学生坚忍不拔的精神。</td></tr>
<tr><td>教学任务分析</td><td colspan="4">教学重点：对网络设计流程的认识和理解。
教学难点：网络设计流程在实际网络设计过程中的应用。
教学方法：案例教学法和研讨法。
教学手段：现代化多媒体教学。
教学模式：“三动”教学，即“全动”、“主动”和“互动”。</td></tr>
<tr><td colspan="5">教学过程</td></tr>
<tr><td colspan="2">目标达成</td><td colspan="2">教师活动</td><td>学生活动</td></tr>
<tr><td colspan="2">现实应用导入，激发学生的求知欲望。
引导学生从感性和理性两个方面认识事物客观规律，找出探究问题的关键，培养逻辑思维能力和分析问题的能力。</td><td colspan="2">7-5计算机网络方案设计
[新课导入]（5分钟）
演示（多媒体）：
1. 播放一段“2016年国际网络设计大赛的开幕式”录像。播放过程中讲解这个大赛的重要意义和对设计成功者的影响，从而激发学生的学习兴趣。
2. 承接上文引入网络设计的重要性，并提出设问。设疑：根据实际应用设计环境我们怎样来着手进行具体的网络设计呢？下面我们就共同来探讨网络设计的方法和设计过程。
[新课教学]（35分钟）
（1）基本知识讲解
[指点迷津]
结合实际讲解剖析网络设计的流程演示：网络设计流程图（略）。</td><td>针对教师提出的各种设问引导学生积极思考，配合教师在师生互动中完成教学。</td></tr>
</table>

续表

教学过程		
目标达成	教师活动	学生活动
剖析过程，引导学生对网络设计过程的理解。 教师设计问题，创造条件引导学生自主思考，变“要我学”为“我要学”，发挥学生的主观能动性。 通过多媒体设计要求，并进行解释启发，帮助学生思考问题。	板书：对网络设计流程各步骤进行剖析（结合我校校园网组建的实际过程）。 教学方法：在讲解过程中要不断结合实际来启发学生思维，调动学生积极参与到教学中来。 （2）设置问题，学生知识反馈（“全动”、“主动”教学模式） [思维锻炼、动脑动手] 目的：通过学生自己动脑动手来进行网络设计，锻炼学生的思维能力和创造力，给学生一个自我表现的空间。 问题：让学生根据给出的网络设计的要求和条件，结合前面的网络设计流程的讲解来进行网络设计练习（培养学生的创造力和逻辑思维能力）。 演示：你为一学校设计一个技术先进、灵活可用、性能优秀、可升级扩展的校园网络。考虑到学校的中长期发展规划，在网络结构、网络应用、网络管理、系统性能以及远程教学等各个方面能够适应未来的发展，最大限度地保护学校的投资。学校借助校园网的建设，可充分利用丰富的网上应用系统及教学资源，发挥网络资源共享、存储快捷、无地理限制等优势，真正把现代管理、教育技术融入学校的日常教育与办公管理当中。学校校园网具体功能和特点如下：①采用千兆以太网技术，具有高带宽1000MBPS速率的主干，100MBPS到桌面，运行目前的各种应用系统绰绰有余，还可轻松应付将来一段时间内的应用要求，切易于升级和扩展，最大限度地保护用户投资；②网络设备先进，为国内知名产品，性能稳定可靠、技术先进、产品齐全及服务保证完善；③采用支持网络管理的交换设备，足不出户即可管理配置整个网络；④提供国际互联网ISDN专线接入（或DDN），实现与各公用网的连接；⑤可扩容的远程拨号接入/拨出，共享资源、发布信息等。应用系统及教学资源丰富。	认真分析设计要求，针对需求进行分析，最后才能设计出符合要求的网络方案。

续表

教学过程		
目标达成	教师活动	学生活动
通过问题讨论，学生动手实践，培养学生自主学习的能力。使学生对网络设计过程的要点的理解更准确、牢固。教学总结，点拨学生思维问题的方法。帮助学生突破思维障碍。	学生活动方式：分成四组，每组选出一名组长来组织自己组内的同学进行设计。最后每组派代表来演示并简单解说设计的思想（教师下去巡视并进行指点）。 学生讨论：教师组织同学对四个设计方案进行讨论评价。找出每种设计方案的优点和问题。 教师总结（“互动”教学模式） [学法指要] 教师对四种设计方案进行评价，并对学生发言中各种反馈结果进行点拨，启发学生思考问题的方法，并给出自己的设计方案。 演示：教师给出自己的设计方案来指点学生的设计思路，培养学生科学严谨的工作精神。	学生自主学习，相互讲授各抒己见，积极思考、动手动脑，变被动学习为主动学习。 师生互动，讨论问题，解决问题。
课堂小结	结束语，课堂要点总结（2 分钟）	
作业	[学海导航] 布置下节课的预习内容（3 分钟） 当你设计出一个网络方案并根据方案实际组建网络完成后是否就立即投入使用呢？通过设问引出下节课的预习内容。问题：网络性能进行测试后才能投入使用，那么应该对网络的哪些性能进行测试呢？如何进行测试呢？同学们回去预习。	
教学效果预测	本节课的教学效果主要看学生在动手动脑的过程中是否能基本完成设计任务，学生的思维障碍是否得到突破。	如果在教学过程中启发式教学应用得体，能做到师生互动，充分发挥学生的主动性和积极性，那本节课会取得很好的教学效果。
教学后记		

三、《PHOTOSHOP CS 图形图像处理》主体参与教学案例

Photoshop 是 Adobe 公司推出的图像处理软件，是世界上第一流的图形设计与制作工具。Photoshop CS 的功能十分强大，主要用于图形的修改与设计，应用于制作广告、封面等，在许多领域都被广泛使用。

《PHOTOSHOP CS 图形图像处理》课程的教学目标是培养学生具有熟练使用 Photoshop CS 软件的能力；具有对平面图像进行熟练处理的能力以及使用图像输入、输出及打印的能力。通过实践环节的训练，树立理论联系实际的观点，为培养具有实践能力、创新意识和创新能力、高技能人才奠定必要的基础。详细的过程见表 7－4。

表 7－4　《PHOTOSHOP CS 图形图像处理》主体参与教学教案

<table>
<tr><td>课程名称</td><td>PHOTOSHOP CS</td><td>章节</td><td colspan="2">第 5 章 5.1—5.2</td><td>授课教师</td><td>郑秋菊</td></tr>
<tr><td>授课题目</td><td colspan="2">范围选取</td><td>课型</td><td>主体参与</td><td>学时</td><td>50 分钟</td></tr>
<tr><td>教学目标</td><td colspan="6">认知目标：
1. 熟悉选取规则形状的范围。
2. 熟悉不规则形状的选取范围。
3. 熟悉编辑选取范围。
能力目标：
训练学生通过本节学习，了解使用【套索工具】选取不规则形状的曲线区域的方法；使用【多边形套索工具】选择不规则形状的多边形的操作；使用磁性套索工具选取的方法及参数介绍；使用魔棒工具选取图形的方法；使用【色彩范围】命令选取图形的方法等。
情感目标：
通过本节课的学习，让学生掌握使用 PHOTOSHOP 进行范围选取的几种方法。</td></tr>
<tr><td>重点难点</td><td colspan="6">教学重点：选取规则形状的范围和不规则形状的选取范围。
教学难点：不规则形状的选取范围和编辑选取范围的几种方法。</td></tr>
</table>

续表

<table>
<tr><td>课程名称</td><td>PHOTOSHOP CS</td><td>章节</td><td>第 5 章 5.1—5.2</td><td>授课教师</td><td>郑秋菊</td></tr>
<tr><td>教学过程（2/3 的时间留给学生）</td><td colspan="5">课前准备：
按班级学习小组，将学生分成四组，分别为：A 组、B 组、C 组、D 组。布置新课、查找资料、小组备课、写出教案；每组推出授课代表。课前检查学生的准备情况是否符合要求。
教学步骤：
一、教师导入新课、展示目标（4 分钟）
1. 选取矩形范围
2. 选取圆形和椭圆形范围
3. 选取单行和单列
二、学习本节课的新知识（40 分钟）
教师导入：
（一）选取范围（6 分钟）
学生 1 讲授（3 分钟）
选取规则形状的范围
1. 选取矩形范围的方法及【矩形选框工具】工具栏中的各项参数作用介绍
2. 使用【椭圆选框工具】选取的操作
3. 选取单行和单列的方法
学生讨论与实例演示（3 分钟）
学生甲提出问题：案例中的老鹰外面的笼子的效果是怎么做到的呢?
学生 2 回答：在图像中选取单行选取的工具，然后把背景色设置成为白色，用白色去填充选区，以此方法重新选择，再纵向选择，填充背景白色，做好后即可。
教师点评并承上启下导入：
（二）不规则规则的选取范围（10 分钟）
学生 3 讲授（5 分钟）
1. 使用【套索工具】选取不规则形状的曲线区域的方法
2. 使用【多边形套索工具】选择不规则形状的多边形的操作
3. 使用磁性套索工具选取的方法及参数介绍
4. 使用魔棒工具选取图形的方法
5. 使用【色彩范围】命令选取图形的方法
学生讨论与实例演示（5 分钟）
学生乙提出问题：在使用磁性套索工具选取时，如果有的地方的边界颜色区分不太明显怎么办?</td></tr>
</table>

续表

课程名称	PHOTOSHOP CS	章节	第5章5.1—5.2	授课教师	郑秋菊
	学生4回答：可以在必要的时候进行手动定位，选择合适的选区即可。 教师点评并承上启下导入： （三）编辑选取范围（6分钟） 编辑选取范围 1. 移动选取范围 2. 增减选取范围 3. 修改选取范围 4. 选取范围的旋转、翻转和自由变换 5. 羽化选取范围 6. 安装和保存选取范围 移动选取范围 1. 使用鼠标移动 2. 使用键盘移动 学生讨论与实例演示（3分钟） 学生丙提出问题：案例中美女图像外面的朦胧效果是怎么做到的啊？ 学生6回答：选择椭圆工具或是矩形工具均可，选择一个选区，然后反选，做到选择背景，然后使用羽化命令，进行合适的羽化值大小设置，直到出现合适的朦胧效果为止。 教师点评并承上启下导入： （四）修改选取范围（18分钟） 学生7讲授（10分钟） 增减选取范围 1. 增加选取范围 2. 删减选取范围 3. 与选区交叉 修改选取范围 1. 放大选取范围 2. 缩小选取范围 3. 扩边 4. 平滑选取范围 选取范围的旋转、翻转和自由变换 1. 选取范围的自由变换 2. 选取范围的旋转和翻转 3. 利用工具栏控制选取范围的变换				

续表

<table>
<tr><td>课程
名称</td><td>PHOTOSHOP CS</td><td>章节</td><td>第 5 章 5.1—5.2</td><td>授课教师</td><td>郑秋菊</td></tr>
<tr><td></td><td colspan="5">学生讨论与实例演示（8 分钟）
三、本节课总结（5 分钟）
学生丁进行总结：
1. 本节课知识重点。
2. 在备课时哪些模糊的知识点通过课上学习而澄清了。
3. 本节课除学到知识外还有什么收获？
教师回示教学目标，以明确目标达成情况。
四、留作业及预习的内容（1 分钟）
出示案例，以案例为载体以小组备课的方式预习。
预习中思考这样几个问题：
1. 设置文本的旋转和变形的方法。
2. 介绍更改文本排列方式的操作方法。
3. 将文本转换为选取范围的具体方法。
4. 将文本转换为路径和形状的具体方法。
5. 设置文本拼写检查的方法。
6. 使用文本查找与替换的操作方法。</td></tr>
<tr><td>教学后记</td><td colspan="5">1. 本节课通过主体参与教学来进行，完成了认知教学目标，基本上达到对能力目标和情感目标的培养。
2. 教学设计思路：本节课的重点是用选择工具进行案例教学，难点为不规则工具的选取和使用。为了使学生弄懂难点，抓住重点，在课前预习的基础上，课堂上分别采取学生扮演教师授课；学生讨论；教师点评、总结、演示等方式，取得了很好的效果。</td></tr>
</table>

四、《电子商务基础》主体参与教学案例

网络技术发展迅速，电子商务技术已经成为推动信息技术发展的重要组成部分，电子商务基础是一项新技术，更是一种新的商务模式，发展速度非常快，突破了传统商务的时空界限，具有极高的效能。《电子商务基础》课程能使学生利用现有的网络资源，快速掌握电子商务原理与实践的精髓。教学目标是使学生在了解网络技术、Internet 技术的基础上，更进一步了解网络技术的应用领域——电子商务的概念、理论、实践、应用等；使学生具备电子商务的基础知

识和实践应用的基本能力，培养出既懂技术又懂电子商务的专业人才，为学生从事企业的电子商务工作打下良好的基础。详细的教学过程见表7－5。

表7－5 《电子商务基础》主体参与教学教案

<table>
<tr><td>课程名称</td><td>电子商务基础</td><td>章节</td><td colspan="2">第2章第2节</td><td>授课教师</td><td>郑秋菊</td></tr>
<tr><td>授课题目</td><td colspan="2">因特网和内联网技术</td><td>课型</td><td>主体参与</td><td>学时</td><td>50分钟</td></tr>
<tr><td>教学目标</td><td colspan="6">认知目标：
1. 了解Internet提供了哪几方面的基本服务。
2. 了解Internet的接入方法有哪几种。
3. 掌握www客户机的任务有哪些。
4. 掌握www服务器的任务有哪些。
能力目标：
训练学生通过本节学习，了解Internet提供了哪几方面的基本服务，了解Internet的接入方法有哪几种；重点掌握www客户机的任务及www服务器的任务。在分组备课与讲授过程中锻炼学生的资料收集与整理、语言表达、不同系统整合、综合运用等能力。
情感目标：
通过本节课的学习，让学生掌握了使用Internet进行电子商务的几种方法。</td></tr>
<tr><td>重点难点</td><td colspan="6">教学重点：Internet提供了哪几方面的基本服务、www客户机的任务是什么、www服务器的任务是什么？
教学难点：使用Internet进行电子商务的几种方法。</td></tr>
<tr><td>教学过程（2/3的时间留给学生）</td><td colspan="6">课前准备：
按班级学习小组，将学生分成四组，分别为：A组、B组、C组、D组。布置新课、查找资料、小组备课、写出教案；每组推出授课代表。课前检查学生的准备情况是否符合要求。
教学步骤：
一、教师导入新课、展示目标（4分钟）
为了顺利完成电子商务交易，需要建立电子商务服务系统、电子支付方法和机制，还要确保参与各方能够安全可靠地进行全部商务活动。因此，电子商务涉及的技术非常广泛，比较复杂。电子商务是以Internet为平台而从事的商务活动，也就是说，以Internet为核心的计算机网络技术是电子商务的技术支撑。</td></tr>
</table>

续表

课程名称	电子商务基础	章节	第2章第2节	授课教师	郑秋菊
	二、学习本节课的新知识（40分钟） 教师导入： （一）Internet（6分钟） 学生1讲授（3分钟） 1. Internet的体系结构 2. Internet提供的基本服务 （1）WWW （2）远程登录（Telnet） （3）文件传输（FTP） （4）电子邮件（E-mail） （5）Gopher服务 （6）网络新闻 3. IP地址和域名 4. 接入Internet的方法 （1）局域网连接 （2）专线连接 （3）拨号连接 学生讨论与实例演示（3分钟） 学生甲提出问题：我们家里经常使用的是哪种Internet的接入方法呢？ 学生2来回答：拨号连接。 教师点评并承上启下导入： （二）WWW（10分钟） 学生3讲授（5分钟） WWW（World Wide Web），简称Web，即“万维网”。 （1）Web是Internet提供的一种服务。 （2）Web是存储在世界范围的Internet服务器中数量巨大的文档的集合。 （3）Web上最大量信息是由彼此关联的文档组成的，这些文档为主页或页面，它是一种超文本信息，通过超链接连接在一起。 （4）Web的内容保存在Web站点，即Web服务器中，用户可浏览Web站点的内容。 1. WWW的功能 2. WWW与HTML的发展 3. WWW的工作原理				

续表

课程名称	电子商务基础	章节	第2章第2节	授课教师	郑秋菊
	从本质上讲，Web 是一种基于客户机/服务器的体系结构。Web 使用超文本传输协议 HTTP 在 Web 服务器和浏览器之间传输 Web 文档。 一个完整 HTTP 事务由以下 4 个阶段组成： （1）客户与服务器建立 TCP 连接。 （2）客户向服务器发送请求。 （3）如果请求被接受，则服务器响应请求，发送应答，在应答中包含状态码和请求的 HTML 文档。 （4）客户与服务器关闭连接。 4. 浏览器 WWW 的功能 浏览器：Web 浏览器是一种访问 Web 服务器的客户端应用软件。 1. 检索查询功能 2. 文件服务功能 3. 页面制作 4. 其他 Internet 服务 学生讨论与实例演示（5 分钟） 学生乙提出问题：Internet 的其他信息服务还有哪些？ 学生 4 回答：有网上交流，文件下载，网络音乐和网络视频以及电子商务服务等。 教师点评并承上启下导入： （三）HTTP 协议（6 分钟） WWW 客户机的任务如下： 1. 为客户制作一个请求 2. 将客户的请求发送给服务器 3. 通过对直接图像适当解码，呈交 HTML 文档和传递各种相应的浏览器，把请求报告给客户 WWW 服务器的任务如下： 1. 接收请求 2. 检查请求的合法性 3. 针对请求获取并制作数据，包括使用 CGI 脚本和程序、为文件设置适当的类型来对数据进行前期处理和后期处理 4. 把信息发送给提出请求的客户机 学生讨论与实例演示（3 分钟） 学生丙提出问题：在 WWW 的使用中，TCP/IP 协议的作用是什么？ 学生 6 回答：TCP 协议，传输控制协议，主要用来保证数据包在传送中准确无误；IP 协议，网际协议，负责将消息从一个主机传送到另一个主机。				

续表

<table>
<tr><td>课程名称</td><td>电子商务基础</td><td>章节</td><td>第 2 章第 2 节</td><td>授课教师</td><td>郑秋菊</td></tr>
<tr><td></td><td colspan="5">教师点评并承上启下导入：
（四）Intranet（18 分钟）
学生 7 讲授（10 分钟）
1. Intranet 的定义
2. Intranet 的组成
Intranet 的特点
1. Intranet 是根据企业/部门的需求来建立的，建设规模和功能都是由企业/部门的经营状况和发展需要来确定的。Web 服务器的建立容易，系统建立成本低。
2. Intranet 不是一个孤立的内部网，它可以很方便地与外界连接，特别是与 Internet 的连接。
3. Intranet 采用 TCP/IP 协议及与 Internet 相应的技术和工具，它是一个开放的系统，容易实现异种网的连接和各信息系统的集成。
4. Intranet 是根据企业/部门的安全要求，建立相应的防火墙、安全代理等，以保护企业/部门内部信息及防止外界侵入。
5. Intranet 普遍采用 WWW 工具来提供信息服务和企业/部门内部通信服务，使得员工和用户能方便地浏览和采掘企业内部的信息以及 Internet 上丰富的信息资源。这些工具包括 HTML、ASP、JavaScript 等。
（二）Intranet 的组成
不同企业的 Intranet 组成结构也各不相同，通常 Intranet 的构成有：硬件方面的网络；软件方面的电子邮件（E - mail）；企业内部网的 Web；邮件地址清单（mail list）；新闻组（newsgroup）；BBS；Gopher；Chat；FTP；Telnet 等。
3. Intranet 的应用
4. Intranet 的构建
学生讨论与实例演示（8 分钟）
三、本节课总结（5 分钟）
学生丁进行总结：
1. 本节课知识重点。
2. 在备课时哪些模糊的知识点通过课上学习而澄清了。
3. 本节课除学到知识外还有什么收获？
教师回示教学目标，以明确目标达成情况。
四、留作业及预习的内容（1 分钟）
出示案例，以案例为载体以小组备课的方式预习使用搜索引擎的方法。</td></tr>
</table>

续表

课程名称	电子商务基础	章节	第2章第2节	授课教师	郑秋菊
教学后记	1. 本节课通过主体参与教学来进行，完成了认知教学目标，基本上达到对能力目标和情感目标的培养。 2. 教学设计思路：本节课的重点是Internet提供了哪几方面的基本服务、www客户机的任务是什么、www服务器的任务是什么。为了使学生弄懂难点，抓住重点，在课前预习的基础上，课堂上分别采取学生扮演教师授课；学生讨论；教师点评、总结、演示等方式，取得了很好的效果。				

五、《办公自动化》主体参与教学案例

《办公自动化》是一门多学科交叉、内容新颖、实践性和实用性很强的课程，目前办公自动化技术正在得到普及和推广。通过学习，学生应充分理解办公自动化的含义、办公自动化系统的模式与功能，初步掌握现代办公设备的使用，学会利用微型计算机进行文字处理和数据信息处理的方法，了解办公自动化系统维护的基本方法，为将来从事现代文秘、行政管理、人事管理及新闻等工作打下良好基础。在具体的教学过程中，应尽量结合教学实际，引导学生开展一些可能的教学实践活动，要创造条件让学生多动手，多实践，多操作。详细的教学过程见表7－6。

表7－6　《办公自动化》主体参与教学教案

课程名称	办公自动化	章节	第5章5.4		授课教师	王晓
授课题目	Word文档综合应用		课型	主体参与	学时	50分钟
教学目标	认知目标： 1. 了解字符格式的设置。 2. 掌握段落格式的设置。 3. 掌握制作表格的方法。 4. 掌握图文混排的排版方式。					

续表

<table>
<tr><td>课程名称</td><td>办公自动化</td><td>章节</td><td>第5章5.4</td><td>授课教师</td><td>王晓</td></tr>
<tr><td></td><td colspan="5">能力目标：
训练学生对文本进行各种设置，从而制作出不同样式的文档，以满足不同工作的需要，培养学生的综合运用能力。
情感目标：
通过对Word文档综合应用的学习，让学生掌握字符、段落的格式设置，图文混排的排版方法。</td></tr>
<tr><td>重点难点</td><td colspan="5">教学重点：表格制作与图文混排在Word排版中的应用。
教学难点：Word文档中图文混排的熟练应用。</td></tr>
<tr><td>教学过程（2/3的时间留给学生）</td><td colspan="5">课前准备：
按班级学习小组，将学生分成四组，分别为：A组、B组、C组、D组。布置新课、查找资料、小组备课、写出教案；每组推出授课代表。课前检查学生的准备情况是否符合要求。
教学步骤：
一、教师导入新课、展示目标（4分钟）
在现代办公应用中，仅仅在Word文档中输入文本是远远不够的，通常还需要对文本进行各种格式与版面的设计，利用表格可以让文档中的数据直观、清楚，图文混排可以使整个文档看起来美观大方。
二、学习本节课的新知识（40分钟）
教师导入：
（一）设置字符格式（10分钟）
学生1讲授（5分钟）
1. 通过格式工具栏设置
2. 通过“字体”对话框设置
学生讨论与实例演示（5分钟）
教师点评并承上启下导入：
（二）在Word文档中插入表格（12分钟）
学生2讲授（6分钟）
1. 使用“插入表格”按钮快速插入表格
2. 通过“表格/插入表格”命令得到表格
3. 手工绘制表格
4. 调整表格格式
学生讨论与实例演示（6分钟）
学生甲提出问题：使用三种方法都可以插入表格，哪一种更好呢？</td></tr>
</table>

续表

课程名称	办公自动化	章节	第5章5.4	授课教师	王晓
	学生3回答：使用“插入表格”按钮可以快速得到表格，使用“插入表格”命令可以得到行列较多的大型表格，使用手工绘制表格可以直接得到一些复杂的表格。 教师点评并承上启下导入： （三）图文混排（18分钟） 学生4讲授（8分钟） 1. 绘制图形 2. 插入图片文件 3. 设置图片属性 4. 插入艺术字 5. 编辑艺术字 6. 插入文本框 7. 编辑文本框 学生讨论与实例演示（10分钟） 学生乙提出问题：能否修改艺术字的阴影颜色？ 学生5回答：可以利用绘图工具栏中的“阴影样式”按钮，“阴影设置”命令修改艺术字的阴影颜色效果。 三、本节课总结（5分钟） 学生丙进行总结： 1. 本节课知识重点。 2. 在备课时哪些模糊的知识点通过课上学习而澄清了。 3. 本节课除学到知识外还有什么收获？ 教师回示教学目标，以明确目标达成情况。 四、留作业及预习的内容（1分钟） 出示案例，以案例为载体以小组备课的方式预习Word排版中的高级设置方法。				
教学后记	1. 本节课通过主体参与教学来进行，完成了认知教学目标，基本上达到对能力目标和情感目标的培养。 2. 教学设计思路：本节课的重点是表格制作与图文混排在Word排版中的应用。难点为Word文档中图文混排的熟练应用。为了使学生弄懂难点，抓住重点，在课前预习的基础上，课堂上分别采取学生扮演教师授课；学生讨论；教师点评、总结、演示等方式，取得了很好的效果。				

六、《VFP 程序设计》主体参与教学案例

Visual Foxfro6.0 是新一代数据库管理系统的杰出代表，以强大的性能、完整而又丰富的工具、超高速的速度、极其友好的界面以及完备的兼容性等特点，备受广大用户的欢迎。通过《VFP 程序设计》的学习，掌握数据库的基本知识、VFP 的基本语法、编程方法和常用算法，熟悉 Visual Foxfro 开发工具的基本使用方法，掌握较简单的问题编程能力，并力求能够设计出较简单而实用的数据库管理系统。具体的教学过程见表 7－7。

表 7－7　《VFP 程序设计》主体参与教学教案

<table>
<tr><td>课程名称</td><td colspan="2">VFP 程序设计</td><td>章节</td><td colspan="2">第 9 章 9.2</td><td>授课教师</td><td>王晓</td></tr>
<tr><td>授课题目</td><td colspan="3">表单控件应用举例</td><td>课型</td><td>主体参与</td><td>学时</td><td>50 分钟</td></tr>
<tr><td>教学目标</td><td colspan="7">认知目标：
1. 掌握标签的使用方法。
2. 掌握线条的设置方法。
3. 掌握形状的设置方法。
4. 掌握图像的设置方式。
能力目标：
训练学生使用标签、线条、形状和图像显示信息，有助于将表单界面分组。图像控件允许在表单中添加图片，从而制作出不同样式的表单，以满足不同工作的需要，培养学生的综合运用能力。
情感目标：
通过对标签、线条、形状和图像综合应用的学习，让学生掌握表单界面的设置方法。</td></tr>
<tr><td>重点难点</td><td colspan="7">教学重点：标签、线条、形状和图像的应用方法。
教学难点：标签、线条、形状和图像的熟练应用。</td></tr>
<tr><td>教学过程（2/3 的时间留给学生）</td><td colspan="7">课前准备：
按班级学习小组，将学生分成四组，分别为：A 组、B 组、C 组、D 组。布置新课、查找资料、小组备课、写出教案；每组推出授课代表。课前检查学生的准备情况是否符合要求。
教学步骤：
一、教师导入新课、展示目标（4 分钟）
在上一章中，我们对表单的设计进行了介绍，使大家对其有了一个基本的</td></tr>
</table>

续表

<table>
<tr><td>课程名称</td><td>VFP 程序设计</td><td>章节</td><td>第 9 章 9.2</td><td>授课教师</td><td>王晓</td></tr>
<tr><td></td><td colspan="5">了解。本节将进一步对 Visual FoxPro 中各种控件进行介绍，掌握标签、线条、形状和图像的设置方法。
二、学习本节课的新知识（40 分钟）
教师导入：
（一）设置标签格式（10 分钟）
学生 1 讲授（5 分钟）
1. 添加标签控件
2. 通过标签常用属性进行设置
学生讨论与实例演示（5 分钟）
教师点评并承上启下导入：
（二）设置线条和形状格式（12 分钟）
学生 2 讲授（6 分钟）
1. 使用线条控件为表单界面加入分隔线
2. 通过形状控件为表单界面加入矩形、圆形或椭圆形
3. 调整线条和形状常用的属性 BorderStyle、BorderWidth、Curvature 等
学生讨论与实例演示（6 分钟）
学生甲提出问题：是不是使用什么方法都可以插入圆形呢？
学生 3 来回答：使用“形状按钮”可以在表单界面添加一个矩形，使用属性窗口中的 Curvature 属性并调整形状的曲率为 99 可以得到一个正圆形。曲率的取值范围是 0—99。
教师点评并承上启下导入：
（三）设置图像控件（18 分钟）
学生 4 讲授（8 分钟）
1. 使用“图像控件”按钮添加
2. 利用 Stretch 属性设置图片的填充模式
3. 使用 Picture 属性添加需要的图片
学生讨论与实例演示（10 分钟）
学生乙提出问题：能不能先使用 Picture 属性然后再设置 Stretch 属性？
学生 5 回答：不可以，要先设置 Stretch 属性，等其生效之后才能修改 Picture 属性，得到需要的图片效果。
三、本节课总结（5 分钟）
学生丙进行总结：
1. 本节课知识重点。
2. 在备课时哪些模糊的知识点通过课上学习而澄清了。
3. 本节课除学到知识外还有什么收获？</td></tr>
</table>

续表

课程名称	VFP 程序设计	章节	第 9 章 9.2	授课教师	王晓
	教师回示教学目标，以明确目标达成情况。 四、留作业及预习的内容（1 分钟） 出示案例，以案例为载体以小组备课的方式预习表单控件的使用方法。				
教学后记	1. 本节课通过主体参与教学来进行，完成了认知教学目标，基本上达到对能力目标和情感目标的培养。 2. 教学设计思路：本节课的重点和难点是标签、线条、形状和图像的应用方法。为了使学生弄懂难点，抓住重点，在课前预习的基础上，课堂上分别采取学生扮演教师授课；学生讨论；教师点评、总结、演示等方式，取得了很好的效果。				

主体参与教学的研究实践证明，通过促使学生参与教学全过程，充分调动学生学习的积极性，改变了以往课堂上的沉闷气氛，激活了整个课堂教学，有效地促进了学生的自主学习和主动探索，大大提高了课堂教学的效率。学生的语言表达能力有了明显提高，逻辑思维也得到了发展，主要表现在以下几个方面：

（1）体现出学生是主体，促进学生自主学习，主动探索。

（2）建立新型师生关系，促进学生人格发展。

（3）使学生的多种思维能力得到发展，分析和解决问题的综合能力也得到提高。

（4）有利于教师及时调控教学，锻炼教师的教学能力，提高教学业务水平。

应用主体参与教学应该注意以下几个方面的问题：

（1）加强对主体参与教学特点的理解和运用，并在参与学习中掌握基本知识和思考方法。通过主体参与教学的启发引导，提高学生的自学能力。

（2）注重实践性与针对性。在教师的课前准备中，组织教学，组织讨论等都是教学实践的重要组成部分，这些活动内容的质量都需要进一步提高。内容的选择与设计要结合学生的文化水平，接受能力，基本素质等诸多方面的实际，才能达到良好的教学效果。

（3）在教学目标的设计上，教学内容的把握、教学方法的选择、教学组织上都需要不断创新。要妥善解决主体参与教学所存在的局限性、应该选择具有代表性、典型性的内容作为主体参与教学内容，而且不能仅采用单一课型。

第八章　主体参与 EDA 技术的实践教学

在主体参与型先进的教育理念的指导下，应用先进的 EDA 技术开展计算机类硬件课程的实践教学活动，不但可以改变传统的实践教学内容与方式，而且可以充分利用互联网资源培养学习的自主性，着重培养学生的设计能力与实践应用能力。

第一节　EDA 技术实践教学设计

现代电子设计技术的核心已日趋转向基于计算机的电子设计自动化技术，即 EDA 技术。在实验教学中应用 EDA 技术，是通过硬件设计的描述语言、软件时序和功能仿真分析入手，直至完成对于特定目标芯片的适配编译、逻辑映射、编程下载等工作，最终形成集成电子系统或专用集成芯片①，可以深入地理解所学的基本概念与理论知识，深入地掌握硬件的功能和结构。通过仿真波形的分析，还可以观察到延迟和竞争冒险等电路工作现象，这在传统实验中是无法做到的。教师借助 EDA 技术不仅可以跟踪先进的电路设计技术，而且能够开发自主的综合性创新实验。学生可以利用 EDA 技术实现硬件线路的设计与测试，从而更有利于创新能力的培养。我们以《计算机组成原理》课程为例阐述设计过程。

---

① 李占宣，齐景嘉，刘明刚．“互联网 +”背景下计算机组成原理课程教学改革的研究［J］．教育现代化，2016（4）39 – 40.

《计算机组成原理》是讲授冯·诺依曼计算机构成及工作原理的课程，是一门理论性很强的课程，是在计算机科学与技术等专业的教学中占有重要地位和作用的课程。该课程不仅是专业核心课程中的骨干课程，还是核心专业基础课程及核心硬件课程。其主要介绍计算机各部件的组成原理及逻辑实现技术，并建立计算机系统的整体概念，对培养学生设计开发计算机系统的能力起着重要作用。

一、按照计算机组成部件的结构和功能描述改革教学内容

1. 课程与其他课程的关系

由于计算机组成原理是软硬件结合并侧重硬件的专业基础课程，所以在学习该课程前需要掌握一定的计算机软、硬件基础知识。先修课程，如程序设计语言、数字电路设计等，通过对计算机系统软硬件的分析与设计，不但对计算机系统的基本概念及层次结构、计算机部件的基本概念及组成原理、计算机整机的基本概念及构成原理有所理解，而且为后续课程《微型计算机原理》《操作系统》《计算机网络》《计算机体系结构》《单片机原理及应用》《嵌入式系统结构》等提供必备的软硬件知识。

2. 课程教学内容及确定原则

由于该课程是讲解单台计算机完整硬件系统的基本组成原理与内部运行机制，因此以现代计算机组成三大部件的基本概念及组成原理为主线来确定教学内容。首先，由于计算机系统是由软件和硬件（固件）组成的十分复杂的系统，所以从计算机语言的角度把计算机系统按功能划分成多级层次结构，并确立软件与硬件的逻辑等价性。其次，确定计算机硬件系统是由中央处理器、存储器、输入输出系统以及连接他们的系统总线组成，并对存储器、输入输出系统进行分析与设计。再次，剖析中央处理器的内部结构及实现的功能，包括计算机的运算、指令系统、指令流水、时序系统、中断系统及控制单元等。最后，阐述控制单元的功能及其设计思想，应用组合逻辑和微程序设计方法设计控制器。通过课程的学习，掌握计算机内部的各种信息编码、基本运算的操作原理、基本部件的构造和组织方式、部件和单元电路的设计方法，建立一个完整的整机概念，并深刻理解计算机各部件之间的相互联系以及各自在计算机整机中的地位和作用。

二、充分利用互联网资源培养学生学习的自主性

传统的教学方式主要是讲授与演示的形式，在教学过程中学生处于被动听讲状态，学习积极性不高。在“互联网+”的背景下，应充分利用互联网资源及先进的教学手段让学生主动参与到教学活动中，改革课堂的授课模式，提高学生学习的积极性。

1. 应用大规模在线开放课程——“慕课”进行教学

在当今的数字化时代，人们赖以生存的社会已经发生了巨大的变化，无论是社会各行各业的经营状态，还是人们的生活方式都大大不同于以往的时代。教育也不例外，要适应数字化时代的发展要求，就要改革教育教学模式。慕课不仅在推动教育公平方面效果明显，而且在提升教育质量上也有良好表现。

（1）慕课的含义。慕课是指那些由参与者发布的课程，这些课程的材料也散布于互联网上。只有当课程是开放的，才可以称之为慕课。只有这些课程是大型的或者大规模的，才是典型的慕课。

（2）慕课的特征。随着慕课的日渐成熟与社会影响的逐步增大，它的特征也表现得日益明显。首先是具有大规模特性。大规模意味着学习者数量不做限制，与传统课程只有几十个或几百个学习者不同，一门慕课动辄有上万人参加。其次是具有开放性。慕课的学习者可能来自全球各地，信息来源、评价过程、学习者使用的学习环境都是开放的。在美国，慕课是以兴趣为导向的，凡是想学习的，都可以进来学，不分国籍，只要注册一个账号，就可参与学习。再次是具有非结构性。慕课大多数时候提供的只是碎片化的知识点，是一组可扩充、形式多种多样的内容集合，而内容是由一些相关领域专家、教育家、学科教师提供，汇集成一个中央知识库。最后是具有自主性。慕课没有明确的学习预期，学习者可以自设学习目标。虽然有特定的学习主题供参考，但是在什么时间、地点学习，阅读多少资料，投入多少精力，进行何种形式和程度的交互等都是由学习者自己决定的。

2. 应用翻转课堂教学模式培养学习的自主性

传统的课堂教学模式已经不能适应数字化时代的教学要求，翻转课堂的教学是一种先学后教的模式，是自主性、互动性、个性化的教学模式，有利于提升教学质量和学习质量。

（1）翻转课堂教学模式。在翻转的模式下，课前学生先自学基于教学目标和内容制作的教学微视频，完成进阶作业；课堂上师生共同完成作业，解决疑难，创造探究的学习形式。

（2）翻转课堂的特征。首先是具有先学后教的特征。其次是具有进阶方式的特征。为确保学生学会了微视频中讲解的知识点，在数字化技术的支持下，让学生在学习了一段微视频后完成通关式的作业：只有在作业做对的情况下，才可以进入下一阶段的视频学习，否则要重新学习或者在线请求帮助，直到掌握了相关的知识点。再次是具有以微课呈现的方式讲授的特征。微视频的讲解形象生动，界面友好，讲解清楚，一个微视频讲解一个知识点，目标及知识点清晰，便于学生集中注意力，使学生在感觉疲倦之前就完成了知识的听讲。最后是具有积极学习的特征。学生在教师设计的学习任务单的引导下，课前自己学习视频，课堂上单独或以小组的形式交流学习成果，参与问题讨论。教师不断巡视学生学习情况，提出疑问并解答难题。

三、通过实验教学培养学生的动手和设计能力

该课程的实验包括基本模块、综合性、设计性实验三部分，主要解决对理论知识及基本概念的深入理解，逐步培养学生的动手和设计能力。

通过对电路的调试与测试培养动手和设计能力。在实验教学中，不同的实验模块对培养学生能力具有不同特点。首先是在基本模块实验中进行基础能力的培养，该模块以验证性实验为主，包括算数逻辑单元、移位运算器、双端口存储器、数据通路等实验，主要是理解单元模块的工作原理。其次是在综合性实验中进行提升能力的培养，该模块以综合性实验为主，包括微程序控制器、CPU组成与机器指令的执行、中断原理等实验，主要是建立计算机组成整机思想，是能力培养的关键模块。最后是在设计性实验中进行应用能力的培养，包括模型机硬连线控制器设计（含流水）、模型机流水微程序控制器设计等实验，并能对实际应用问题提出解决方案。要求学生在弄懂原理的基础上，自主设计实验所用的电路单元模块以及实验步骤，并进行功能实现。通过自主的实验设计与测试，不断提高动手和设计能力。

四、硬件描述语言VHDL

硬件描述语言（HDL）是EDA技术的重要组成部分，目前常用的HDL语

言主要有 VHDL、Verilog HDL、SystemVerilog 和 System C。其中 Verilog HDL 和 VHDL 在现在的 EDA 设计中使用最多，几乎得到所有的主流 EDA 工具的支持。而 SystemVerilog 和 System C 这两种 HDL 语言还处于不断完善的过程中，主要加强了系统验证方面的功能。

自从出现 VHDL 和 Verilog HDL 语言以来，对于选择何种语言进行系统设计效果最好的争论就从未停止过。多数偏好 Verilog HDL 的用户能拿出的最有“说服力”的论据是 Verilog HDL 编程与 C 最接近。这似乎意味着对 C 熟练的人，更容易学好和掌握 Verilog HDL。其实恰恰相反。事实证明，如果缺少硬件概念，越是熟悉 C/C + +等软件描述语言的，越不容易学好、用好硬件描述语言。这是因为 C 和 HDL 本质上是截然不同的计算机语言，这个结论并不会因为 C 的某些语句类同于 Verilog HDL 就会有所改变。因为 HDL 语言的编程风格、编程思路、编程目标、编程优劣标准、程序验证方法、对程序员知识结构的要求等都与 C 的有巨大差别。如果以这些标准来判别计算机语言的相似度，那么 Verilog HDL 与 VHDL 的相似度至少达 90%，而与 C 或 C + +的相似度则远低于 5%。由此可见，绝对不能把 C 等语言的编程经验和编程风格带到 HDL 的程序设计中，而是应该紧密结合硬件电路基础知识从一个全新的角度去了解、学习和掌握 HDL，摆脱 C 等软件描述语言编程习惯和风格的不良影响!

VHDL 的英文全名是 Very - High - Speed Integrated Circuit Hardware Description Language，诞生于 1982 年。1987 年底，VHDL 被电气和电子工程师协会（Institude of Electrical and Electron - ice Engineers，简称为 IEEE）和美国国防部确认为标准硬件描述语言。

VHDL 主要用于描述数字系统的结构、行为、功能和接口。除了含有许多具有硬件特征的语句外，VHDL 的语言形式和描述风格与句法十分类似于一般的计算机高级语言。VHDL 的程序结构特点是将一项工程设计，或称设计实体（可以是一个元件，一个电路模块或一个系统）分成外部（或称可视部分或端口）和内部（或称不可视部分）两部分，涉及实体的内部功能和算法完成部分。在对一个设计实体定义了其外部界面后，一旦其内部开发完成后，其他的设计就可以直接调用这个实体。这种将设计实体分成内外部分的概念是 VHDL 系统设计的基本点。

五、EDA 技术的优势

在传统的数字电子系统或 IC 设计中，手工设计占了很大的比例。设计流程中，一般先按电子系统的具体功能要求进行功能划分，然后对每个子模块画出真值表，用卡诺图进行手工逻辑简化，写出布尔表达式，画出相应的逻辑线路图，再据此选择元器件，设计电路板，最后进行实测与调试。相比之下，EDA 技术有很大的不同。

1. 用 HDL 对数字系统进行从抽象的行为与功能描述到具体的内部线路结构描述，从而可以在电子设计的各个阶段、层次进行计算机模拟验证，保证设计过程的正确性，大大降低设计成本，缩短设计周期。

2. EDA 工具之所以能够完成各种自动设计过程，关键是有各类库的支持，如逻辑仿真时的模拟库、逻辑综合时的综合库、版图综合时的版图库、测试综合时的测试库等。这些库都是 EDA 公司与半导体生产厂商紧密合作、共同开发的。

3. 某些 HDL 本身也是文档型的语言（如 Verilog），极大地简化了设计文档的管理。

4. EDA 技术中最为瞩目的功能，即最具现代电子设计技术特征的功能是日益强大的逻辑设计仿真测试技术。EDA 仿真测试技术只需通过计算机就能对所设计的电子系统从各种不同层次的系统性能特点完成一系列准确的测试与仿真操作。在完成实际系统的安装后，还能对系统上的目标器件进行所谓的"边界扫描测试"，及嵌入式逻辑分析仪的应用。这一切都极大地提高了大规模系统电子设计的自动化程度。

5. 无论传统的应用电子系统设计得如何完美、使用了多么先进的功能器件，都掩盖不了一个无情的事实，即设计者对该系统没有任何自主知识产权，因为系统中的关键性的器件往往并非出自设计者之手，这将导致该系统在许多情况下的应用直接受到限制。基于 EDA 技术的设计则不同，由于用 HDL 表达的成功的专用功能设计在实现目标方面有很大的可选性，它既可以用不同来源的通用 FPGA/CPLD 实现，也可以直接以 ASIC 来实现，设计者拥有完全的自主权，再无受制于人之虞。

6. 传统的电子设计方法至今没有任何标准规范加以约束，因此设计效率低、系统性能差、规模小、开发成本高、市场竞争能力小。相比之下，EDA 技术的设计语言是标准化的，不会由于设计对象的不同而改变；它的开发工具是规范化的，EDA 软件平台支持任何标准化的设计语言；它的设计成果是通用性的，IP 核具有规范的接口协议；它具有良好的可移植与可测试性，为系统开发提供了可靠的保证。

7. 从电子设计方法学来看，EDA 技术最大的优势就是能将所有设计环节纳入统一的自顶向下的设计方案中。

8. EDA 不但在整个设计流程上充分利用计算机的自动设计能力、在各个设计层次上利用计算机完成不同内容的仿真模拟，而且在系统板设计结束后仍可利用计算机对硬件系统进行完整的测试。

总之，EDA 技术是以大规模可编程逻辑器件为设计载体，以硬件描述语言为系统逻辑描述的主要表达方式，以计算机、大规模可编程逻辑器件的开发软件及实验开发系统为设计工具自动完成用软件的方式设计的电子系统到硬件系统的逻辑编译、逻辑化简、逻辑分割、逻辑综合及优化、逻辑布局布线、逻辑仿真，直至完成对于特定目标芯片的适配编译、逻辑映射、编程下载等工作，最终形成集成电子系统或专用集成芯片的一门新技术。

第二节　基于 EDA 技术的银行智能排号系统的实践

随着金融信息化的发展，目前窗口服务业务存在许多安全隐患，操作方式等存在的问题也很多。多窗口类别的服务可以满足大多数客户的需求，但是许多客户需要“一对一”的服务，就要进行建立新的排队原则与策略。使用机器代替人排队，可以彻底改变站立式等候。自动排号系统是一种综合运用计算机技术、计算机网络技术、计算机多媒体技术、计算机通信控制技术等技术，有效地替代客户进行排队，适用于各类窗口服务行业的系统。传统自动排号系统服务模式已经逐渐不能满足银行客户、营业厅运营及营业厅管理需求，取而代之的将是智能排号系统①。

---

① 李占宣，徐宏伟，左雷．基于 EDA 技术的银行智能排号系统研究［J］．科学技术创新，2021（1）77－78.

一、银行业务自动排号与叫号

银行业务按业务复杂程度可分为传统业务和复杂业务，按照其资产负债表的构成，银行业务主要分为三类：负债业务、资产业务、中间业务。整体可以根据客户类型进行分类与排队，一类业务一个队列。例如，某银行财富业务、理财金业务、外币业务和个人业务等，按照办理的业务种类分成 N 个队列。

智能排号系统可以根据客户的需求自动生成排队序列，而且提供排序名次及需要办理的时间等信息到客户端。客户可以根据等待的时间来合理安排自己的排队进程，得到及时的服务，减少不必要的等待时间。客户的需求来自网络、营业厅等。

二、系统总体设计

智能排号系统设计的关键因素是智能性，通过数据挖掘及预测的方式实现信息的处理。首先通过数据采集获得原始及实时的数据，其次对采集来的数据进行数据分析，分析方法采用聚类分析，也可以采用其他分析方法，结果类同。如果不同可以采用其他的分析方法，以反映需求为准。最后对数据归类整理运用到系统中。

银行智能排号系统由排号叫号逻辑功能控制模块、数字显示控制模块、存储汉字模块、多选一模块、时钟分频模块及相关的应用软件构成。

1. 系统核心模块设计

排号叫号逻辑控制模块可以根据客户的业务类型选择信号和选择信号产生相应 FIFO 模块的写信号，显示客户当前选择的号码，以及排队等候人数（业务种类相同）；当可以服务信号到来时，若 FIFO 非空，产生相应 FIFO 模块的读信号，调用 FIFO 模块，创建 N 个 FIFO，分别对应 N 种业务，将读出的 FIFO 数据送给相应窗口显示输出。数字显示控制模块将从排号叫号逻辑控制模块接收到的排队号码、排队等候人数、各个窗口叫号信号等二进制数据转换为 BCD 码，产生数字显示的行同步信号、场同步信号和像素位置信息，根据要显示的信息确定不同的寻址 ROM 地址。文本信息与数字信息分块存储。从排号叫号逻辑控制模块获取到的二进制数据转换成 BCD 码，以便于输出显示，通过寻找 ROM 地址实现。多路选择器从存储汉字和数字的两个 ROM 中选择一个 ROM 的颜色数据输出，驱动显示器显示相应的信息。

2. LPM_ ROM 设计

利用 LPM 参数可设置模块库选择库中的适当模块并设定适当的参数，来实现设计目标要求。

存储器的初始化文件可以配置于 RAM 或 ROM 中的数据或程序文件代码，代码可以是常规数据或程序或微程序。LPM_ RAM 可以像 ROM 一样在系统启动后为 RAM 加载数据文件，这些文件就是初始化文件，即 LPM_ RAM 可以同时兼任 RAM 和 ROM 的功能。设计生成 . mif 或 . hex 格式文件，形成调用模块。

用 LPM 元件库设计 LPM_ ROM，地址总线宽度 address [ ] 和数据总线宽度 q [ ] 分别为 6 位和 24 位。建立相应的工程文件，设置 lpm_ rom 数据参数，lpm_ ROM 配置文件的路径（ROM_ A. mif），并设置在系统 ROM/RAM 读写允许，以便能对 FPGA 中的 ROM 在系统读写，ROM 初始化文件 ROM_ A. mif 的内容如图 8 –1 所示。锁定输入输出引脚及全程编译，LPM_ ROM 的仿真波形如图 8 –2 所示。

Addr	+0	+1	+2	+3	+4	+5	+6	+7
00	018108	00ED82	00C050	00E004	00B005	01A206	959A01	00E00F
08	00ED8A	00ED8C	00A008	008001	062009	062009	070A08	038201
10	001001	00ED83	00ED87	00ED99	00ED9C	31821D	31821F	318221
18	318223	00E01A	00A01B	070A01	00D181	21881E	019801	298820
20	019801	118822	019801	198824	019801	018110	000002	000003
28	000004	000005	000006	000007	000008	000009	00000A	00000B
30	00000C	00000D	00000E	00000F	000010	000011	000012	000013
38	000014	000015	000016	000017	000018	000019	00001A	00001C

图 8 –1 ROM 初始化文件 ROM_ A. mif 的内容

图 8 –2 LPM_ ROM 的仿真波形

2. LPM_ RAM 设计

LPM_ RAM 设计如图 8 –3 所示，地址总线、数据总线、控制总线及引脚引用都排列其中，信号的传递也展现其中。可以按照不同的方式进行数据的随机存取，并保持存储状态。下载 SOF 文件至 FPGA（EP3C40Q240C8N），改变

lpm_ ROM 的地址 a [5.0]，外加读脉冲，通过实验台上的数码管显示读出的数据是否符合测试要求，根据检测结果调整存储参数。

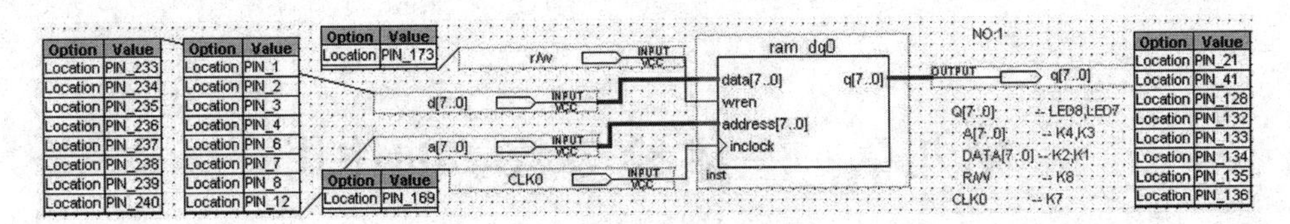

图 8-3 LPM_ RAM 的结构

3. LPM_ FIFO 设计

LPM_ FIFO 的结构如图 8-4 所示。

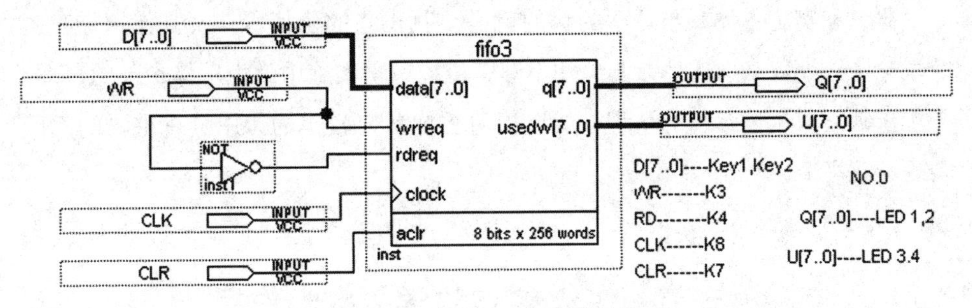

图 8-4 LPM_ FIFO 的结构

将 EDA 技术应用于银行智能排号系统很好地解决了业务分类排号及智能化处理的问题。银行业务主要分为负债业务、资产业务、中间业务三类，将每类业务进行细化，在分类细化的基础上进行排队服务，以提高服务质量。

建立一个排队规则特殊的排队模型，利用概率函数来计算出相应的概率。从理论上分析排队机在银行柜面服务中，服务窗口与业务种类的关系，实现客户与银行服务机构之间的协调统一。将银行的排队功能选择性地延伸到移动智能终端上，通过智能手机查看银行营业网点的业务办理时间段、办理业务人员排队的实时情况，可以通过移动智能终端选择性地办理取号、换号、弃号，并可以对该营业网点进行收藏等。

第九章　主体参与教学的作用

研究和实施主体参与教学的目的就是要找出它的价值所在及其作用。我国教学论中长期以来对主体参与关注不够，传统教学实施中学生主体参与的薄弱，都源于缺乏对主体参与的认识，所以搞清主体参与教学的作用具有重要的实践与理论意义。

第一节　主体参与教学的教学作用

一、改变教学理念

在教学模式中有一种发现性教学，是布鲁纳提出的，长期以来，人们在实施，在探索，虽然这种教学模式有利于学生自主性、创造性的培养，但时间上不够经济，教育者在教学实施中遇到了很大的困难。而传统的讲授法教学有在知识的掌握上能够节省时间等优点，所以，也就成为我们教学的主要模式。在我们的教学观念当中，学生无论在哪个阶段（尤其是中、小学阶段），就是到了大学也是给人生打基础的阶段，打基础本身并没有错，可是打什么样的基础？我们只把基础理解为文化知识的掌握，并没有重视学生的整体素质发展的基础，这样教育者就为了节省时间在有效的时间内让孩子接受大量的基础知识，教育者扮演着保姆的角色。作为成年人，我们都希望孩子在人生的路上，少走弯路，少犯错误，由正确走向正确。在这样的思想的支配下，教师用自己的种种努力来避免学生在教学中“犯错误”，为了不让学生在尝试性学习中出现错误，教师就在教学中使用传授性教学模式，而学生就没有机会在“从错误的判断走向正确的判断”中成长。长期以来传统的讲授法教学模式带给学生的是间接经验，学生的接受过程就是一个识记的过程，根本就没有对知识形成过程中的情绪和情感体验。缺少情感体验的认知，不论是知识的记忆还是知识的运用，都不牢固，不深刻，不灵活。只有使学生主动参与教学的全过程，增强他们的感受性，才能增强他们原有的知识的现实性基础。对正在发展着的学生而言，教育者应努力为他们创造自主的“探究活动”的机会。而主体参与教学正能够给学生提供这样的探究的机会，提供体验的机会，让学生自主发展。主体参与教学采用的接受—探究式的学习模式。当然自主学习、主动探究并不排除接受，事实证明在教学中不能没有知识的传授，同样不能没有知识的接受，知识的传授过程是学生倾听、思考、接纳、内化知识信息的过程，而主体参与教学的过程是一种主动参与式的接受，不是被动的接受；探究是学生分析、创意、得出结论的过程，是一种主动参与式的探究。主动参与的接受可以变“知识被嵌入学生”为“知识被学生积极内化”；主动参与的探究可以是学生生成知识。主体参与教学提倡学生在教学中积极参与，它主要表现在学生对教师讲授的内容的掌握和自己独立探究两个方面，这就使教学中的接受具有一定的主体性。传统的教学理念只注重培养学生的知识的掌握的程度，而忽略了学生整体素质的培养。教育的基本目标就是培养学生成为有用的人才，而有用的人才是指既具有知识和技能又具有成功素质的人才。而传统的教育理念培养的学生可能具有丰富的知识和技能，而没有成功素质，这样的学生在人生的舞台上能跳几曲舞呢？当离开学校、老师，等到哪一天过去曾学过的知识用尽或过了时的时候，他就不会学习了，在职业竞争中没有一点竞争能力，在工作中没有创造力，从而业绩平平。

二、有助于激发学生的学习兴趣和学习动机

兴趣是人们探究某种事物或从事某种活动的心理倾向。它表现为人们对某种事物的选择性态度和肯定的情绪体验。如果一个学生对某件事情有兴趣，他就会去钻研，并感到乐在其中。动机是引起和维持个体活动朝向某一目标的内部动力。人的各种各样的活动都是在一定动机的支配下进行的。兴趣和动机是非智力因素的动力成分。非智力因素是教学活动得以顺利进行的动力保障，是

教学取得成果的基本保证①。传统的教学的最大弊端就是忽视了对非智力因素的培养和充分调动，有学者认为，只有学生以负责任的态度参与学习时，学习才能获得较大的成功。学生应对专业、课程具有一定的选择性，自我选择将调动学生的学习的自觉性和积极性。他们会因此不断进行自我调控，不断反思学习方法，从而获得良好的学习效果。现在很多院校都采取学分制教学，学生可以在学科教学中选择符合自己兴趣的科目之后，学生选择了此科目的学习内容，就会对自己的选择负责任，进行学习活动。而在学习中的成功的体验有助于学习兴趣的产生。研究表明，只有当学生具有良好的学习动机，当他们的认知和情感都卷入教学从而实现自觉、自主的学习时，才能达到最优化的教学效果。教学动力论认为，教学活动的双边性决定了教学动力是由教和学两方参与者的动机共同构成的。单方面的动机不可能形成强大的教学动力。学生主体参与可以使教师与学生融为一体，教学活动渗透着老师和学生共同的辛劳和智慧，这是教学省时高效的关键。传统的教学中许多做法往往只是教师的一厢情愿，学生的学习动机没有真正被调动起来。主体参与对于强化学生的学习动机，提高每一个学生的学习自主性具有重要的意义。笔者在科研工作中，设计了学习兴趣、动机自测量表，进行了调查，并进行了统计分析。

表9－1 大学生学习兴趣、动机自测量表

时间： 班级： 代号：

这个量表主要是帮助你了解自己的学习兴趣、动机的。共15个题目，请你认真阅读实事求是地进行选择。

1. 如果别人不督促你，你不知道该学习什么。 （是 否）
2. 你一学习就觉得疲劳与厌烦，只想睡觉。 （是 否）
3. 当你学习时，需要很长时间才能提起精神。 （是 否）
4. 除了老师指定的作业外，你不想再多读书。 （是 否）
5. 如有不懂的地方，你根本不想设法弄懂它。 （是 否）
6. 你觉得读书没意思，想去找个工作。 （是 否）
7. 你认为课本上的基础知识没啥好学的。 （是 否）
8. 你花在课外通俗读物上的时间比花在教学参考书上的时间要多得多。 （是 否）
9. 你觉得你不愿意学习的主要原因是课堂气氛不活跃。 （是 否）

① 何克抗，林君芬，张文兰．教学系统设计［M］．北京：高等教育出版社，2006：90－93.

续表

10. 你认为现在的学习方式根本用不着积极思考。（是　否）
11. 你觉得课堂学习就是单纯的听、背，很枯燥。（是　否）
12. 你认为现在的课堂教学方式能使你产生很强的学习愿望。（是　否）
13. 你认为现在的教学方法虽然使你很累，但觉得学习很有意思。（是　否）
14. 你现在很愿意学习，对学习很感兴趣。（是　否）
15. 你愿意学习的原因之一是你在课堂上下参与了很多，不但学到了很多知识，而且还体验到了成就感。（是　否）
记分方法：1～11 项是正向题目，答“是”得（-5）分，答“否”得（+5 分）；12～15 项是反向题目，答“是”得（+5 分），答“否”得（-5 分）。

表 9-2　主体参与教学前后大学生学习兴趣、动机调查对比分析表

	调查时间	调查班级	授课教师	调查人数	兴趣、动机强度
参与前	2018. 3. 31	16 软件	李占宣	44 人	13. 75 分
参与后	2018. 11. 18	16 软件	李占宣	44 人	38. 12 分

说明：

1. 表 9-1 是调查学生兴趣、动机的强度的，表示兴趣、动机强度最佳的分值是 75 分。

2. 列表中的“兴趣、动机强度”是调查主体参与教学前后全班学生的兴趣、动机强度的总评，以具体分值来表示，分值高低与兴趣、动机强度成正比。

分析：

1. 主体参与教学前后兴趣、动机强度发生了明显的变化，说明主体参与教学真正能够体现学生的主体地位，调动学生的学习热情，培养学生的学习兴趣，激发学生的学习动机，变被动为主动。

2. 从调查结果来看，现阶段大学生的学习兴趣不浓、学习动机太弱，改变教学方式后学习兴趣、动机的强度虽有明显提高，但仍很不理想。这值得我们教育界的全体同仁深思，从多方面着手改变现状。

三、主体参与教学有助于提高教学质量

以知识、能力、智力为主要内容的学生的学力不是自然形成的，也不是由教师简单地传授给他们的。新建构主义学习理论认为个体的学习是知识意义的主动建构，而非被动的接受。个体要利用已有的认识结构，对外界信息进行主

动的选择、推断，主动地建构对外部信息的解释系统。即使最优秀的教师也不可能做到将知识直接“注入”到学生的认知结构中。社会心理学表明，在信息的接受中，可理解性的微妙变化会对那些中等卷入的学生产生很大的影响；完全未卷入的学生不会注意信息难度，因为他们心不在焉；而高卷入的学生不管信息难度如何，都会为了解而做出必要的努力，卷入也会增加态度改变的持久性。认知反应分析认为，认知作为态度改变的中介有一个必要的前提，即接受思考，一个不思考、不卷入的接受者可能产生很少的认知反应。学生通过独立思考、认真听讲、动手操作、积极发言等主动参与的外显行为不断地内化教学内容，离开了他们的主动参与，教学效果是可想而知的。学生的能力同样是在解决实际问题的实践过程中形成的，不亲自动手解决一定难度的学习问题，是无法形成任何能力的。思维的参与是学生主动参与教学的关键，在主体参与教学中，教师会营造一个良好的使学生大脑积极思考的气氛。学生在发现问题、提出问题、解决问题的思维中，智力会得到较好的发展。正是在学生的归纳、分析、总结、判断当中，教学才促进了他们自身的发展。而非主体参与教学，省去了许多学生独立运作的过程，减少了学生主动参与的机会，学生就像学习记忆的机器，不会解决实际问题，不会学习、创造，在学习中体验不到满足和快乐，学习中也体验不到知识的滋味，学久了就腻烦了，对学习没了兴趣、动力缺乏。那么教学活动得以顺利进行就缺乏保障，教学活动取得成果就没了基本保证，教学质量又怎能得到提高？

学生的学习活动并非学生被动地接受，这里面包含着主体的客体化和客体的主体化两个统一的过程。倘若学生不能依靠自己的努力实现主体的客体化，他就不能将这种客体化转化为自己的现实性能力，主体参与能够使外在的能力内化。客体的主体化是学生能动的力量对象的具体化，即学生运用所学知识解决问题的行为，这个过程更离不开学生的主体参与。只有当学习活动作为克服学习矛盾的自我活动加以组织时，这种自我活动才能成为发展的有效机制。教师的指导作用就表现在设置适切适时的教学矛盾，使之成为学生发展的原动力，指导学生制订解决矛盾的自我方案。在矛盾的自我解决中使原有的知识结构得到调整、充实、更新，从而实现学生的发展。主体参与教学也要求教师设置适切适时的教学矛盾，在教学的具体活动中从根本上提高教学质量。笔者在实验班的主体参与实施前后分别进行了随机课堂知识内容的测试，结果如下：

表9－3　主体参与和传统讲授法课堂吸收率成绩对照分析表

	时间	班级	学科	教师	人数	平均成绩
传统讲授法	2018. 3. 20	16 软件	网络数据库	李占宣	44	67 分
主体参与	2018. 6. 3	16 软件	网络数据库	李占宣	44	76. 3 分

说明：

1. 表中所示的成绩均是在运用传统讲授法和主体参与进行课堂教学时当堂的知识的吸收情况。

2. 在出测试题目时，在题型、分值、难易度、时间等方面尽量相同，尽量减少各种主客观因素对成绩的影响。

分析：

1. 主体参与课堂教学的当堂吸收率比传统讲授法提高了 9. 3%，说明主体参与教学确实提高教学质量。

2. 实施主体参与教学保证提高教学质量的前提是教师应有较强的课堂调控能力，学生课下应有充分的准备。

笔者在授课中做过这样一个实验：在实验班的主体参与教学中，课前分别安排一组同学进行集体备课，并要求每一个同学在小组中试讲，另一组同学只要求做到事先预习，学会了就可以了（这两组同学学习成绩相当）。在授课的课堂上，老师要求集体备课组的一名同学扮演教师的角色讲解其中的一个知识点，然后擦掉黑板上的内容，对这两组同学就这一知识点进行测试，结果每人试讲的一组学生的成绩平均为 87. 9 分，而只要求学会就行的一组学生的成绩平均为 64. 89 分。差距竟如此之大。此实验结果和美国心理专家罗杰斯在 1986 年研究的结果是相吻合的。罗杰斯说：单纯听过的内容能记住 5%，见到的能记住 30%，讨论过的内容能记住 50%，亲自做的事情能记住 75%，教给别人做的事情能记住 90%。这就是主动参与过程中学生的积极性、主动性被调动的过程，学习过程中有积极的情绪情感的参与，而且出现的是积极的情感。心理学家研究表明，积极的情绪和情感能促进认知活动的进行，在愉快的认知活动中，学生能够将知识进行加工及整合，把现在学习的知识信息纳入自己原有的知识结构，与原有的知识进行融合，形成一个新的知识，这才是主动学习的过程。而讨论、亲自做及讲给别人听、教给别人做的过程恰恰是学生将知识整合，加工的过程，在这个过程中学生体验的不是痛苦而是快乐，因为这个过程并不像传统的讲授法教学那样，只是把知识整个吞进去，而是把知识切开、碾碎、榨成汁、再与其他的东西融合成本质还是这个东西的更好吃的东西，在这个制作过程中学生们亲身品尝自己制作的产品的甘甜，不仅能体验同学们合作的快乐和集体的智慧，而且还会觉得到自己是一个很了不起的加工匠，在这里学生们体验到参与的快乐，感受到学习的乐趣，增强着自信，体现着人生的价值。就像实验班的一位同学所说："以前的学习就是老师喂、学生咽，没滋没味，好没意思，现在虽然学习占用的时间比以前长，但是我们觉得很有意思。真是感觉到了大学的学习的特点。"

教学的质量表现在培养出的人才的质量，高职高专院校要培养的人才应该是德、智、体、美全面发展，具有较丰富的理论知识和娴熟的实践技能，具有市场竞争能力、沟通能力、团结协作能力、终身学习能力、创造能力的实用型人才。传统的讲授法教学就是一个老师讲，其他同学听的过程，这种教学最多也就能使学生通过识记掌握一些理论知识，或通过示教掌握一些实践技能。很显然，这样的教学模式加工出来的产品是不合格的产品。再来看主体参与教学，在学生的自主学习中培养学生的学习能力、创造能力，在学生的讨论、集体备课中培养学生的竞争能力、沟通能力、团结协作精神。从此看出教学改革是必须、必要而且是紧迫的。

有资料记载，有这样一位学生，初三以前数学从来没及格过，家长一直很苦恼，以为这个孩子没有学习数学的能力，或者智力有问题。没有办法，他爸爸请老师辅导她。这个辅导只是让她每周到老师家讲一次课：把课堂上学的东西讲给老师听，直到老师满意为止。半年下来，她的数学成绩取得了突飞猛进的进步。高三毕业那年，她参加的两次模拟考试，一次得了 148 分，一次得了 149 分。后来她被保送进了北京大学。进了北京大学不到一年，她又考取了美国的一所大学，去美国读书了。她给老师发 E－mail 说：她的美国同学竟会说她是个"数学天才"。在这个事例中我们不难看出，这位同学后来的学习方法就是参与了教学的过程当中。这里不但有对知识的理解、知识的整合、知识的加工，在讲解的过程中还有知识的逻辑性，语言表达的清晰性等因素，同时有积极的情感因素的作用，所以认知过程的速度和效率就会大大增加。

再从学习的过程看主体参与教学，笔者在传统讲授法教学中，尽管采取了各种吸引学生注意力的各种手段，增加授课的艺术性，如在语言表达上不但要做到清晰流畅，逻辑性强，还尽量做到节奏明快、抑扬顿挫，面部表情亲切和蔼、手势应用合理恰当、适时与学生保持目光接触等，但在课堂上仍避免不了有睡觉的、搞副业的、打手机的学生。而在同一班级在主体参与教学中的任何一节课上都没有发现有睡觉的及其他情况的发生。学生的注意力集中在他要解决的问题上，他在积极地思维和探索，主动性、积极性得到了激发和调动，而且有积极的情感参与，这时的大脑细胞都在兴奋状态，自然就没有睡觉等现象发生。就像有同学说："要想不让学生睡觉，不用老师的提醒和学生的自我控制，采用这种教学方式就可以完全制止了。学生本来就是学习的主体，教师一人霸着讲，学生会昏昏欲睡的。"实际上学生的参与本身就是教师教学的成功，就是提高教学质量的关键。

笔者在科研工作中曾就学生参与教学，教师课堂讲得少了，学生参与得多了，会不会影响教学质量问题设计了调查表并进行了调查。

以下是关于主体参与教学中教师课堂讲得少了，学生参与得多了是否影响教学质量的问题的调查表，请认真阅读然后进行选择和回答：

1. 你认为主体参与教学是否会影响教学质量

A. 不会影响

B. 有一点影响

C. 有很大的影响

理由：________________________________

2. 你认为主体参与教学会不会影响考试成绩

A. 不会影响

B. 有一点影响

C. 有很大的影响

理由：________________________________

调查结果：在几个实验班中，共调查 210 人，其中有 182 人认为不会有影响，占 86.6% 相关的具有代表性的理由有："这样的教学使我们有活力，有积极性，可提高我们的综合素质，提高我们的表达能力，书上的好多内容只要老师放手、给我们时间和机会，实际上我们自己是能够学会的，这样就只需要老师能给予总结就可以的了。"有 9 名同学认为对教学质量有很大的影响，理由是："我已习惯了听老师讲课，这样的学习我抓不住重点，学习不知从哪儿下手，也学不下去”，还有的同学说“会影响教学质量，因为老师讲得太少，老师还是有经验的，希望老师能多讲”，“这样的学习太浪费时间，会影响教学质量”。有190人认为不会影响考试成绩。理由是：“考试当然是考重点的内容，这部分内容老师在我们学完之后都要进行认真的总结，再说我们参与学习的内容要比单独的听效果要好得多，经我们自己思考，反复琢磨的问题一旦明确了，记忆就特别深刻而持久，不但不会影响考试成绩，还会使考试成绩提高。”有8名同学认为对考试成绩有很大的影响，理由是：“我们自己看书、查资料，内容太多，不知道老师会考哪部分内容，当然会影响考试成绩。”

四、主体参与教学可以使课堂充满活力

生命的冲动主要指内在于生命中不可遏制的“生命欲”，有了这种冲动，生命才会成为永恒变化发展的东西。生命的冲动乃是一切创造进化的动力。生命的活力就体现在以生命欲为心理基础，以生命的冲动为引子的生命的向上喷发上，人生的意义恰恰通过生命的活力得以体现，生命失去了活力，人生也就失去了意义；有意义的人生也会使生命更具活力。教学作为一种活动，首先是师生生命活力的一种体现，也是为了使生命更具活力、更具意义。那种没有使学生产生过任何生命冲动的教学不可能是成功的教学。中国的教学组织，是采用灌输的方式作为组织控制的手段，沿袭多年的方式是用评比、检查的方式检验灌输工作的成效。这就使我国传统的教学具有浓厚的工具色彩，严肃、沉闷的课堂气氛压抑了学生天真、活泼的天性，使他们的金色的年华较早地蒙上了一层灰色的阴影。他们在灰色的课堂体验着灰色的生命，生命冲动的种子被灰色笼罩住了，生命的活力必然会大大降低，叶澜教授强烈地呼吁：让课堂充满活力！学者们指出，不仅要使师生的生命活力在课堂上得到积极的发挥，而且要使教学过程具有生成新因素的能力，具有自身的，由师生共同创造出的活力。人无论长幼，无论从事什么职业，无论做什么事情都需要有一种激情，有了这种激情，就有了生命的活力。课堂有了生命的活力，学生就能在课堂中体验积极向上的人生，其社会学意义是不言而喻的：课堂充满生命的活力，学生会在愉快的气氛中不知不觉地受到教育，其教育学意义也是不可估量的；课堂充满生命的活力，会有利于学生的身心健康，其保健、审美的价值也是可以肯定的。而主体参与教学就是能让师生产生生命的冲动，充满生命的活力，让师生在课

堂中体验生命的力量，也能让师生在学习中体现生命的价值。主体参与教学为什么能使课堂教学充满活力，原因之一就是，它可以使教学活动由重教学结果变成重教学过程，这是使教学充满活力的关键。学生在参与教学过程中，在摸索和探讨中迸发出生命的活力，体验着生命的力量，没有了这个参与的过程，在传统的讲授法的教学的整个过程中学生的生命活力并不会被激发出来，肌体、思维也不是处于最佳的活跃状态。久而久之，人的活力将被扼杀，课堂哪里还能充满活力？

主体参与可以活跃课堂气氛。气氛是由当事人共同营造的活动场，是一种外在的行为与内生的情绪体验的统一，它直接影响着参与其中的每一个人的心理活动。营造好的教学气氛的前提条件是互动、民主。学生主动参与教学过程实现了教学中师生、生生之间的互动，这种互动少不了师生关系的民主。教师不民主，学生的主体参与就很难发生。没有学生的主体参与教师唱独角戏，课堂气氛注定是沉闷的。学生主动参与教学会形成多边的教学交流，这是课堂气氛活跃的前提。良好的课堂气氛是与课堂教学的丰富性连在一起的。所以体现教学的丰富性，又是活跃课堂气氛的关键内容。丰富性要求教师授课既要内容丰富，更要形式丰富，如学生小组内的讨论、组间的辩论、学生上讲台授课、动手实际操作等。这需要教师在课前认真设计各个教学环节，使之丰富多彩还不失目标和方向。

每个人都有表现欲和发展欲，主体参与教学有利于学生的表现欲、发展欲的满足，这样会极大地激发他们学习的激情，学生的主观能动性是教学中不可缺少的一方面。作为主体的人的表现是社会人实现发展的一种理想的途径。人们都有表现欲，学生就是在一系列的行为表现的基础上获得发展的。主体参与教学给学生提供了各种各样的表现机会，在表现不甚满意时得到的不是批评和指责，而是鼓励和信任，这样的教学环境当然是充满活力的。而传统的教学中，学生缺乏主动表现的机会，也没有主动表现的行为，被动的听讲造成了他们发展的片面性。课堂上还会出现教师热情高涨，而学生却无动于衷，没有回应的现象，教师们感到很委屈，觉得学生是一些没有头脑和情感反应的人。通过主体参与教学，学生可以获得主动表现的机会，他们的学习热情就会被调动起来。课堂充满了学生的学习的热情，而不光是教师的热情，教学具有丰富的人情味。

教学气氛活跃，学生的表现欲、发展欲都能得到充分的满足，师生双方会体验到教学和学习是一种人生的良好的享受，是一件令人非常愉快的事情，从而双方都会乐而不疲。在这种事业中，他们的生命会富有朝气和活力。

笔者在教学和科研中，对主体参与教学实验班实施主体参与教学前后“你对现在的课堂气氛是否满意，认为如何才能使课堂气氛活跃，充满活力”这个问题进行了问卷调查。并进行对比分析：

1. 你对现在的课堂气氛是否满意

A. 满意

B. 不满意

理由：________________________

2. 你认为如何才能使课堂气氛活跃，充满活力？

实施主体参与教学前的传统的讲授法的教学的调查结果为：对课堂气氛满意者只占14.8%，而不满意者占85.2%，理由是“气氛沉闷，想睡觉，学生兴奋不起来”；“课程内容太多，大脑难以承载”。使课堂气氛活跃的方法有“多让学生回答问题，多让学生看教学片子”，“教师讲课要幽默，多让学生讨论，教师少讲点，教师多笑点”。

实施主体参与教学后的主体参与教学的调查结果为：对课堂气氛满意者占89.8%，而不满意者占10.2%，理由是“教学中学生是主体，具有主动权，特别是学生的讨论最能活跃课堂气氛”；“教师与我们是平等的，我们在课堂上没有拘束感，我们敢说敢想，这里没有批评和指责，有的只有鼓励和信任”；“我们有学习的激情和热情，再也不会睡觉”。使课堂气氛活跃的方法有：“教师让每一个学生都参与，最好在某部分内容加上辩论，学生应多练多说；教师讲课语言要幽默，少讲书上能学懂的知识，讲些有意思的例子；教师再少讲点，让学生多点机会参与。”

五、主体参与教学可以使学生真正成为学习的主人

成为学习的主人是学生发展的基本前提。达尔文有一个疑问：许多人很聪明，比那些发明家要聪明得多，但却从未有过创新之举。为什么？实际上就是因为许多人缺乏参与的主体性，不是自己遇事遇物的主人，创新的火花在人云亦云中被泯灭了。心可以应事、应物，却不能盲目地随事、随物而转，否则就失去了主体性，失去了主体性，就失去了主人翁的地位，也就等于失去了自我。在教学中学生的主体性就表现为他们是教学的主人，而不只是教师的一个仆人。

要成为教学的主人，学生就必须具有一定的自主性，如果其行为只是为了简单地回应教师的意旨，他们就谈不上是教学的主人。从行为科学的角度看，“分权制”对于发挥人的积极性至关重要，“分权制”实际上就是给每个学生以行动的自主权，这样他们的热情、才智才能得到较好的发展。在教学中，学生权利的有无、大小直接影响他们的参与度和参与的效果。现代教学论认为，学生存在着主体性的巨大潜能，他们完全有能力在一定程度上做自己行为的主人。卷入的程度越深刻，使人比以前更加认真地对待自己。学生主体参与的程度决定着他们的学习态度，甚至人生的态度。一个积极参与教学的学生能够认真地设计自己的发展历程。认识的能动性、情感支配的自我性、师生之间知识的差异性等决定了学生应该成为自己学习的主人。传统的教学最大的弊端是不能发挥师生双方的主体性，教师的“满堂灌”不能说明其主体性的突出，在“你讲我听”、上行下效的教学模式中，学生怎能成为学习的主人！从教与学的关系来看，只有确立学生在教学中的主人翁地位，发挥他们的主体作用，才能保证教学过程中教师主导、学生主体的和谐发展；从教学的目的来看，教学的最终目的是把学生培养成未来社会的主人，如果在教学中他们总是处在仆人的地位，将来怎么可能成为社会的主人；从学生作为一个独立的人的角度来看，他们有权利在教学中提出自己正当的要求和合理的建议。

缺乏主体性参与，学生就不能成为现实的主体。作为学习的主人，应该主动掌握新知识，形成自己的智力活动，能够评价和修正自己的初步知识，能够按照事物的变化规律把理性知识具体化。有一些老师虽然承认学生在教学中的主人翁地位，但却把它局限在很小的范围，这会妨碍我们深入分析学生作为教学主人的多种表现和其所依存的主体结构。学生是教学的主体是指学生是教学活动的积极能动的参与者，积极主动地进行学习认识和学习实践的主体。教学中学生的主体性的发挥必须通过主客体的对象关系来体现，也就是说，学生应积极主动地参与教学活动，使自己的课堂行为具有一定的选择性和参与教学的主动性。学生缺乏主动参与，缺乏外显的对象性活动，他们就只能是教学中的“准主体”而不是现实的真正的主体，他们的主体性也就失去了表现的具体化。

主体参与可以使学生成为学习的主人，这主要表现在以下几方面：

1. 主体参与教学可以使学生对教学方法具有一定的设计权

学生有了主体参与的愿望、能力，他们自然会对教学方法的设计提出自己的想法。“学生甚至会对教师的教提出建议，他们的主体性已经从‘学”的领域逐渐扩展到“教”的参与。他不仅可以根据自己的实际采用符合自己特点的学法，而且可以与教师一道对教法做出设计。根据笔者在科研教学活动中对实验班的观察发现，主体性发展较好的学生是很愿意参与到教学方法的设计当中去的，教师可以根据学生提出的教学方法合理安排，选择其优秀的部分充实到教学中，这样学生的价值得到肯定，他的参与及创造热情会进一步提高。如笔者在16软件专业的《网络数据库开发与应用》课程中实施主体参与教学时，要求学生在备课时对教学方法进行设计，同学提出让学生以角色扮演的方法来学习网络数据库的连接方法。我及时地给予鼓励和赞扬，学生表现出更高的学习热情。

2. 主体参与教学可以使学生对教学过程有适当的调控权

传统的讲授法教学过程完全受教师控制，有时学生在兴致勃勃地讨论一个问题时，如果老师突然宣布停止讨论，许多同学会神色不悦；如果教师能够征求一下学生的意见和想法，或认真观察学生的学习状态就能适时地根据学生的情况调控教学进程。使学生对教学过程有适当的调控权并不是由学生任意来改变和支配时间，而是要求学生逐渐能够自主控制行为倾向，自觉达到预设的目标，从而实现自律的最高教育境界。当然这种境界不是短时间能够达到的，可我们不能因为它难就不去做，学生的各种能力是在具体的实践活动中获得的，我们教育者应给学生得到锻炼的机会，让他逐渐在体验中形成自律。形成了自律能力以后学生就能在任何活动中都表现出这种自律，那么他们在人生的道路上逐渐接近成功就不难了。

3. 主体参与教学使学生对教学效果具有评价权

传统的教学其教学效果是由教育管理人员和教师进行评价的。往往由一张考试卷、一节公开课、学生的一次实践操作、检查教师的教案等各种方法来进行评价。因此，学生的学习效果也由教师凭一两次的考试、几份作业、几次实验报告来进行评价。因此，学生也就特别在意老师的评价，完全忽略了自我。实际上，主体性、自主性较强的学生对自己的学习情况会有明确的“自我感受”，可以做出较好的自我评价，学生主体参与教学过程中包含着他们对学习效果的自我反省。经常反省自己的学习状态、学习效果、学习能力、学习得失是自我提高的必要途径，这个过程包含着学习、实践、总结、提高再学习等过程。

人们常说，人生要善于总结，这就是内省。缺乏主体参与精神的学生不会经常进行适时的反省，也就不会有对学习的自我评价。对教学的评价还包括对教师教的评价，主体性、自主性较强的学生能够对教师的教做出自己的评价。而教师往往根据学生的评价改进自己的教学。

在教学科研活动中，笔者曾做过这样的调查："你认为你应该对教学的方法、过程、效果有一定的设计权、适当的调控权和评价权吗？你曾经体验过自己做主人的滋味吗？"同学们这样回答："在实施主体参与教学前从来没有过各种权利，因为学生的权利是老师给的，在这种教学环境中，都是老师主宰着一切，老师高高在上，有时像警察，有时像皇帝，我们只能唯命是从、俯首称臣。课上我们就是听课、记笔记，老师不喜欢同学们打断他的讲课，用什么样的教材、学什么样的内容，学到什么程度，我们当然不用去想，因为老师都已经给安排好了，我们也没有什么必要去参与这样的事情，没想到什么权利问题。自从实施主体参与教学之后，当我们与老师一起来设计一节课的教学方法时，当我们向老师反馈教学效果，老师认真对待，对于合理的部分进行采纳时，我们体会到了我们参与进来了，我们具有了各种权利，并且在学习过程中发挥着作用。"

六、主体参与教学有利于形成和谐的教学人际关系

人际关系是在一定的社会条件下，人们在相互认知、情感互动和交往行为中形成和发展起来的人与人之间的心理关系。教学人际关系是在教学环境中形成的教师和学生之间，学生和学生之间的人际关系。这种关系的基本特点是具有强烈的情感性。教学活动既是师生间的双边交流，又是生生间的多边交流。

主体参与教学可以增强学生与教师之间、学生与学生之间的合作与交流。在主体参与教学中，学生通过与教师一起讨论问题，一起设计教学方法等活动会体会到教师的工作，体会到教师对教育工作的责任，同时也能体会到教师对他们无私的爱。从而增强学生对教师的崇敬和爱戴，增加对教师的理解和尊重。而且在一起学习和讨论学生还能和教师交流思想，经常得到老师的指导和帮助，经常性的思想沟通是加深师生感情的重要途径。良好的师生间的沟通需要学生和教师的双方的积极参与，要求沟通中有不断的反馈过程，双方均为主客体，任何一方拒绝参与都不能构成相互的关系，都不能实现沟通，当然也就不能实现理解。在课堂上学生的积极的参与会极大地促进教师教学的热情；相反，学

生的游离会严重地影响教师授课的情绪。在教学实践中我们也不止一次地听到老师们这样无奈地诉说:“课上讲课就像对牛弹琴,学生没有反应,就像在讲一个没人听的故事。”实际上这是师生间发生了沟通障碍,要做的是找出出现障碍的原因,让学生参与进来。教学中的沟通存在着相互的感染问题,教师积极的情绪,饱满的热情会感染着学生,相反,学生的学习激情同样会感染教师,人在激情状态下会有创造,会有潜能的发挥。师生间的这种沟通增加了师生间的合作与交流,学生的主体参与可以使师生间、生生间的这种交流和合作更加广泛,如小组合作学习,学生在小组讨论中会得到更多的交流。这种交流是一种多边交流,可以打破传统的讲授法教学纯知识的灌输的单调的交流模式,教师与学生之间、学生与学生之间广泛的思想交流能使彼此之间的认识更加深刻,师生关系、同学关系因此而得到升华。

传统的教学方式不提倡学生的主体参与,因而大多数学生在课堂上很少主动参与,偶有主动参与者则有可能受到其他同学的奚落,长此以往,主体参与就失去了良好的班级文化氛围的支持。在主体参与教学中,教师本人支持学生的主体参与,主体参与的氛围可以使学生逐渐对课堂的主动参与有一种认同和支持。课堂中的沉闷、封闭的文化氛围被消除以后,学生会以开放的姿态走进每一个人,每一个人都会成为他人学习的对象。在这种情况下,教学人际关系必然向良好方面发展。主体参与教学可以使学生对主体参与有一个正确的认识;经过主体参与的实践锻炼,他们的参与能力也会得到提高;在参与的过程中,他们会对主体参与产生一定的兴趣。学生从心理上接受了主体参与,他们就不仅自己乐于参与,而且也会鼓励同伴积极参与。主体参与也会使学生具有良好的人格特质,易形成开朗的性格,在共同的学习和讨论中学会交往,学会沟通。

在传统的讲授法教学中,人与知识的关系模式是人—知识—人,死的知识成了师生关系的隔膜,严重地影响了师生的关系,而主体参与教学,通过学生进行主体参与,人与知识的关系模式就变成了人—人—知识,知识成了师生共同研究的对象,可以说学生进行主体参与把师生关系的隔膜消除了。

七、主体参与教学有利于合作学习功能的发挥

学习的方式有很多种,合作学习是教学组织形式中的一种,它在教学中功能的发挥不是取决于它们自身,而是取决于学生的主体参与。没有主体参与就

没有合作学习。我们在学生的课前备课中进行了小组合作学习的安排，这是主体参与教学的主要形式，因为这种形式最能反映主体参与教学的全员性的原则。然而最容易流于形式的也是小组合作学习，在小组合作学习之前我们制定了合作学习的评价标准，及学习达到的水平，1. 合格水平，标准：每个学生都在小组合作中参与了，2. 良好水平，标准：小组成员互动合作，达到了目标。3. 优秀水平：通过合作达到对问题的创造性解决。在小组的合作学习中达到最基本的水平不难，但达到良好和优秀水平就需要教师的关注和指导。然而，在有些情况下，达到合格水平的每个学生都在小组合作中参与了，但参与的程度有很大的区别。我们在深入学生的课前准备的小组学习活动中发现学生的参与机会的不平等现象确实很严重，表现在个别学生表现欲和表达能力比较强而独占话坛，其他学生的角色互换不及时，习惯于听众的角色，这样的小组合作学习的功能的发挥受到极大的限制。我们在人际沟通中希望和谐，没有冲突，而在小组合作学习的活动的情境中如果没有合作，没有冲突，便会气氛沉闷、思想没有碰撞，合作的质量就不会提高。所以我们并不追求平静的、没有冲突的、非常和谐的小组合作学习的气氛。因为合作和冲突是辨证统一的，每个人在轻松愉快的气氛中思维不受阻碍，思想发生碰撞，合作的质量才能提高。行为科学研究表明，和谐、和平、平静并不一定带来好的行为效果，一些冲突的存在有利于鼓励学生不断创新进取，开辟解决问题的新的思路。主体参与的多极化格局才能使小组有一定的思维碰撞，思维也只有在相异观点的交锋中才能得到锻炼。

“责任意识”是主体性走向成熟的一个标志，这对未来的社会公民而言是非常重要的一种品质。我们在教学中应当有意识地培养学生这方面的素养，“责任意识”是“主人翁精神”的一种体现，它是在主体参与中发展起来的，一个人如果在活动中总是处于被动状态，他的思维就会受到一定的阻碍，不表现自己的观点，得不到别人的认可，就不会建立起自信，就没有价值感，对一个集体负责任具体表现在他对这个集体有贡献，他的存在对这个集体很重要，他是有价值的。笔者曾参加过团队拓展训练，在那里我们学会了学习，学会了合作，学会了竞争，培养了“责任意识”。在训练中每个人心里都装着集体，都希望自己能为集体多加一分。每个人都认真、尽力完成每一个任务，不因为自己给团队减一分。在训练中如果某个人给团队丢了分，他就会很内疚，并在其他的训练中争取多为团队争得荣誉，可以说在训练中每个人的团队意识，团体精神在内心培植着，对集体负责，为团队奉献，这种意识是一个人在未来的人生的路途中获得成功的重要的品质。一个人要学会向他人学习，进行要学会在群体中表现自己，还要学会寻求群体的帮助和支持。开展主体参与教学有利于学生合作学习功能的发挥，如前所述，在学生小组备课中进行合作学习，小组成员都会对本小组负责，在代表本小组上台授课、代表本小组发表本组的观点和看法时，都培养和体现出了“责任意识”。

八、主体参与教学有助于加强高等学校精品课的建设

（一）主体参与教学与高等学校精品课建设的关系

主体参与教学符合精品课建设的需要。精品课建设覆盖课程体系的各个方面，包括师资队伍、教学方法、教学手段、教材、教学管理等方面的协调建设和发展，它仅限于某一课程体系的相对封闭的系统之中。而主体参与教学是以授课组织方式的变革为基点，进而推进到师资素质提高，以推动教材、教学内容、教学管理等围绕教学中心，特别是围绕学生需要进行改革，它适合于高校的所有课程，并从课程出发迫使教师主动在素质提高、教学方法、教学手段、教材、教学管理等方面，整体协调建设和发展。

在教学方法方面，主体参与教学符合精品课建设的需要。在教学原则方面，主体参与教学要求遵循以学生为本的教学原则、面向全体学生的原则、培养学生能力的原则、教法和学法统一的原则、师生互动的原则。这样能够使学生学会学习、学会做事，学会共处，获得可持续发展的能力。这也是最新的教育理念，因此应该说主体参与教学符合精品课建设要求的“一流的教学方法”。从这个意义上来说，主体参与教学是高校精品课建设的重要组成部分，具有高度的一致性。但由于二者的研究的初衷不同，研究过程方面有很强的平行关系。因此，如何使二者有效整合，使主体参与教学成为高校精品课建设的有机组成部分，对精品课建设具有重要意义。但又必须强调的是：主体参与教学可以是精品课建设的重要组成部分，但它的适用范围不仅仅局限于精品课，即精品课的重要组成部分，非精品课同样适用。

（二）主体参与教学对高等学校精品课建设的作用

主体参与教学的实施是一项系统工程，涉及教学观念的转变、教学方式的变革、教学计划的调整、教学内容与教学计划的整合等方面，对于高校精品课

建设也发挥着重要作用。精品课的主要目标是一流的教师队伍、一流的教学方法、一流的教材、一流的教学管理。但必须说明的是，这里所说的一流是个相对的提法，从横向的角度来说就有不同层面，主要以在校内一流为主，或是地区以至于全国同类学科中为一流。从纵向角度来说也有不同层面，或是本学科在本校有史以来的最高水平，或是个人独到的创新。

1. 实施主体参与教学有利于造就一流师资队伍

一流的师资队伍的标志主要是有思想、道德素养、专业理论与技能素养、教育理论素养与教学技能过硬，学历、职称、年龄结构合理。主体参与教学对造就一流师资队伍的作用也主要体现在这些方面。与传统的讲授法教学相比，主体参与教学有全新的意义，必须在教学观念、教学指导思想、教学目标、教学理论水平与操作技能方面，通过教育研究和大量的教学实践来加以适应和不断提高。会备课和会上课是两个不同的层次，会讲课和会驾驭主体参与教学更是两个不同的境界。这是建设一流师资队伍的重要前提。

2. 主体参与教学使教师掌握一流的教学方法

教学方法是教师和学生为完成教学任务所采取的手段，它包括教师的教法和学生的学法，是教师引导学生掌握知识和技能，获取身心发展而共同活动的方法。对教学方法评价的重要指标之一就是考察它的实际效果能否对学生的发展产生较为深远的影响。主体参与教学引导和启发学生学会学习，毕生发展。这是目前教学方法中的最高层次之一，因此，主体参与教学的运用能使教师掌握一流的教学方法。

（三）主体参与教学有助于形成一流教材

一流的教材要体现出最新的科研成果，内容具有科学性和客观性的特点，要符合学生的学习特点和学习规律。主体参与教学注重方法的学习，培养学生的探索和创新精神。为适应这一需要，教材要发挥具有启发和鼓励学生进行研究和探索的作用，不仅作为知识的载体，更重要的是成为学生学习方法的指导用书，鼓励学生进行科学研究、指导学生解决实际问题的指导用书。因此，主体参与教学对一流教材的形成，提供了客观需要和素材。

（四）主体参与教学有利于加强一流的教学管理

教学管理是指对学校教学予以组织和管理有目的、有组织、有计划的活动。教学管理是维系学校教学机制正常运转的枢纽，教学管理工作的优劣成败从根本上决定了学校的教学质量和学生的身心发展水平。教学管理既服务于教学又指挥教学，其服务的功能表现在通过合理分配教师力量、合理安排教学活动时间、充分提供教学活动所需的物质条件等方面为教学的顺利进行奠定良好基础；其指挥教学的功能表现在对整个教学活动的组织、调度、督促、检查、评估等方面。

主体参与教学对高校建立一流教学管理的作用在于它具有引导性。主体参与教学目前正处于推广阶段，但因它代表先进的教育理念，具备相对完整的教学模式，顺应课改后的基础教育对高等教育的要求，结合世界著名大学的办学模式，在高校的广泛运用是大势所趋。所以，高校的教学管理必将由于主体参与教学的不断应用和推广，从宏观协调教与学的角度，围绕主体参与教学来进行管理改革。更主要的是主体参与教学已为高校的教学管理提供了非常清晰的原则和目标：以学生为本，面向全体学生、培养学生能力、师生互动、教法与学法的统一，三元教学目标，三个课堂协调使用，个性化评价为原则。主体参与教学是教育科研的产物，虽然具有一定的局限性，但它把教育科研、专业科研有机结合起来，因此，借助主体参与教学进行教学管理，就要做到其教学原则得以遵循、教学目标得以实现，实现高校为社会培养人才的功能。所以，实施主体参与教学有助于建立一流的教学管理。

九、主体参与教学对教学过程的作用

（一）知识掌握的愉快性

国外学者提出的人文主义教育、暗示教育、合作教育，我国的成功教育、愉快教育、情景教育、素质教育等都是从师生关系、教学方法、教学环境等方面对教育所做的探索，它们都没有忽视基础知识的传授。主体参与教学实验一开始就提出了两条原则：“严肃严格地进行基本训练，诚心诚意地把学生当主人”，把基本知识、技能的掌握放在了首要的地位。因此，任何教育模式都必须重视对知识的传授，主体参与教学概莫能外。主体参与是为了让学生更好地掌握知识并在此基础上获得全面的发展。

愉快教育的思想和方法由来已久。我国古代教育家孔子的教学“循循然善诱人”，使学生学习时“欲罢不能”陶醉在愉快的情绪之中。人民教育家陶行知认为，“学”与“乐”是不可分离的。我们常用来鼓励和要求学生苦读的古训是“头悬梁、锥刺股”，还有一句名言就是“书山有路勤为径、学海无涯苦作舟”。我们承认无论是学习还是做事要取得成绩一定要有良好的意志力的参与，但学生如果把学习当成一项苦差事去做，在学习当中体验不到快乐，没有兴趣和动力，这项活动又能坚持多久？其效果又是否理想？所以笔者认为将前句名言改为“书山有路勤为径、学海无涯乐做舟”更合适。古希腊“逍遥学派”代表人物苏格拉底认为，应重视旋律和韵律及其在教育上的运用。20世纪60年代初，保加利亚心理疗法专家卢扎诺夫创立了“暗示教育法”，引起了很多国家的关注。这种方法充分运用心理学、艺术的手段，使理智和情感、有意识和无意识达到和谐的统一，让学生在愉快中接收信息。苏联的“合作教育学”、我国的特级教师魏书生的“六步教学法”、李吉林的“情景教学法”等都在一定程度上体现了愉快教育的思想。

主体参与教学是在总结以往一切教育思想和教学方法的基础上提出来的教学思想。它有雄厚的理论基础，那就是马克思主义关于人的全面发展学说和现代教育理论，主体性的凸现使其有囊括一切教学流派精华的气度和全面、准确地反映时代主题的意蕴。如果说上述愉快教育思想、方法更多地从教师素质、教学环境等方面考虑如何使学生“乐学”的话，那么，主体参与教学则真正从学生作为人的需要、发展、社会化等方面考虑问题。主体参与可以使学生感受成为学习主人的真正的乐趣和与教师、同学共同探求知识的幸福，可以使他们体验学习后的成功以及由此所引起的喜悦。这种方法满足了学生心理的各种需求，它给学生带来的学习的愉快是长期、深刻、全面的。

笔者在教学实践中，对主体参与教学的实验班的学生就“主体参与和传统讲授法两种教学方式哪一种更令你愉快”这一问题进行了问卷调查，结果有87%的同学认为“主体参与教学使他们更愉快”。在谈感受时同学们谈道：“在主体参与教学中，同学们自己去探讨知识。当某一个问题被我们解决了的时候内心充满了喜悦，心情特别的愉快。同学在一起讨论问题时环境和气氛是轻松而自由的，虽然自主学习要比听老师讲花费的时间要多，有时为了弄懂一个问题，或小组之间讨论难以达成共识时会感到更累，但我们仍然感觉很愉快，在这样的教学环境中我们累着并快乐着。这种感受在传统的讲授法教学是体验不到的，老师喂、学生吃，一言堂，枯燥无味，在体验了主体参与教学之后，我们才知道原来学知识还能这么愉快，真的很神奇。”有8%的学生认为传统讲授法教学方式令人愉快，原因有“我已习惯了听老师讲课这种方式，改变原来的方式我不适应”；“我属于安静型的个体，气氛太活跃我不喜欢”；“主体参与同学们掌握知识容易跑题，知识掌握不系统等。”5%的学生认为应具体问题具体分析。分析主体参与教学使绝大多数学生产生愉快感的最根本的原因，莫过于主体参与教学最大限度地满足了学生的探求、发展的需要，因为人的需要被满足就会产生愉快感。

（二）知识掌握的灵活性

提到灵活性，人们就会想起伸缩、变通、机智、随机、适应、创造等词语，它的反义词是死板、教条、机械等。灵活性与流畅性、创造性同样是思维的良好品质。灵活地掌握知识是思维灵活性的一个特质，也是培养思维灵活性的手段。学生“灵活地掌握知识”的表现是：他们对所学的知识有一定的兴趣；可以选择适合自己的学习策略和方法；可以充分发挥自己的智慧，以自己的方式从不同的角度发现问题、解决问题；可以随时与教师、同学展开讨论；可以自己设计知识应用的方案等。

“灵活地掌握知识”可以使学生学得好、学得活；“学得活”是“用得活”的前提，“灵活地掌握知识”可以使他们较好地学以致用；创造是灵活的高级表现形态，没有“灵活地掌握知识”就不会有学生创造性品质的养成；“灵活地掌握知识”也有助于学生良好的个性品质的形成，如兴趣、适应等。

当一个老师只把答案灌输给他的学生以便让他们讨论时，他是在把学生推回到机械的和自然的水平，在这个水平上，学生将退化成自动机或条件反射式的动物。如果一个人没有为自己找到走出绝境的方法或改变不能使人满意的情景的方法，他的学习就不是真正的学习。为了使学生灵活地掌握知识，教师就不能简单地采用“灌输”的方法。教师教得灵活，学生才能学得灵活。所以，“灵活地掌握知识”的先决条件是“教师灵活地教”，死板、教条的教师培养不出灵活的学生。

主体参与教学是现代教育理念的最佳的体现方式。它可以使学生在自主的活动中对学习产生比较浓厚的兴趣；主体参与教学不限于教师的单一的讲授方法，结合学生的活动学习、发现学习、情景学习等各种形式灵活安排；学生的知识结构、思维的兴奋点不同，提出问题的角度也会有所不同，主体参与教学由于使学生从自我出发进行探究性学习，他们的“问题意识”就会大大增强；每个人都有一种偏爱的学习类型，按主要特点划分有视觉学习者、听觉学习者、触觉学习者、动觉学习者、群体相互影响者，在问题解决上，主体参与教学能使每个学生发挥自己的优长；问题讨论是主体参与教学用得最多的方法，有讨论就会有思辨、有碰撞，知识就能真正被激活。所以主体参与教学可以使学生灵活地掌握知识。

笔者在主体参与教学的实践中，与实验班的同学进行座谈时问道："你认为主体参与和传统讲授法两种教学方式哪一种能使你掌握知识更灵活。"同学们说："当然是主体参与教学。因为在那种学习的环境中没有标准答案，同学们在讨论中思想发生碰撞，而传统的讲授法教学老师把教学思想解题思路给了我们，一方面我们接受了老师的思维和想法，另一方面我们也没有机会和时间去发挥自己的见解和想法，时间一久我们就习惯于依赖老师，寻找一个标准答案，思维就根本谈不上灵活。"

（三）知识掌握的扎实性

我们常常要求学生"要扎实地掌握知识"，但我们却很少思考"怎么才算扎实"，"如何才能扎实"等问题。对"扎实"的指标和通向"扎实"的途径不做深入的思考，"扎实"在教学中将永远只是教师的口头禅。

学生所学知识被纳入他们已有的知识结构并引起了原结构的调整，短期内能从该结构中清晰地分离出来，长期内能够随时提取、运用的状态就是"扎实"。通过对优秀学生的调查分析得出，扎实的指标有：理解的深刻性、全面性，记忆的牢固性和运用的随意性。一般的理解、记忆、运用水平不能称之为"扎实"。因此，"扎实地掌握知识"，就是深刻、全面地理解知识，牢固地记忆知识和随意地运用知识。

理解得浮、记忆得死、运用得差是许多学生的学情，直接地看，教师难辞其咎。之所以如此，是因为许多教师对"扎实"的理解存在着片面性，如"只要记得牢就算掌握了知识"。由此便产生了主导中国人学习的历史和现实的"死记硬背"。

学生在主动参与的接受性教学时段中，能够做到理解与讲授同步，记忆渗透理解；在主动参与的探究式教学中可以做到理解在前，发现在后，记忆自然发生。主动参与性教学可以解决一般的问题，保证教学任务的完成；主动参与的探究性教学可着力解决教学的难点、重点，使之在探究、讨论中被高效率理解和记忆。因此，主体参与教学可以使学生扎实地掌握知识。

（四）主体参与的积极性、全面性、确实性

“积极”有态度积极和行为积极之分。态度积极是行为积极的必要条件，但并非是充分条件。在我国主流的教学中，许多教师在使学生发展方面，态度积极，但由于教育观念的陈旧、落后，其教的行为在使学生掌握知识的同时，压抑了他们的主体性。教师的行为从结果上看未必是积极的，这种行为与态度的相悖类似于人们常说的：“好心没有好报。”主体参与教学可以弥补以往教学的这种缺失，做到以上两个“积极”的统一。在教学的目的中，有一个内核，那就是促进学生主体性的发展。教师精讲、点拨、评价所占的时间一般应是一节课的三分之一左右，其余三分之二左右的时间是学生在教师创设的情景中主动参与，如独立思考、讨论问题等，学生的积极主动性、参与学习活动的机会是决定课上达成度的两个不可替代的变量。主体的主动积极作用在认识中起着重要的作用。这种教学能够满足学生表现、参与、交往、合作的欲望，他们的学习积极性比在“口耳相传”中的要高得多。在主体参与教学实验中，教师、学生普遍反映说，这种教学极大地提高了学生学习的自主性、主动性和创造性。

“全面”在这里有两层含义。一层含义是指主体性特质的所有方面，它包括四个维度十五个指标。四个维度是：自主性、主动性、创造性和社会性；十五个指标是：自尊自信、自我调控、独立判断、自觉自理、成就动机、竞争意识、兴趣和求知欲、主动参与、社会适应性、创新意识、创造性思维能力、动手实践能力、责任感、利他性以及社交技能。另外一层是指全体学生。

主体参与教学有先进的教育理论作指导，有明确的教学目标作主心骨——学生主体性的培养，与一般教学相比，它可以自觉地运用活动、交往、合作等途径培养学生主体性的方方面面。主体参与教学气氛的应然状态为民主、平等、和谐，在其中学生可以获得发展，教师的教学艺术更多地表现在对待个别差异所实施的策略上。

主体参与教学可以使学生的主体性得到确实的发展。有学者认为，自我和自我意识的发展可以简单地划分为三个阶段：自我发展的个人阶段、自我发展的个性阶段和自我发展的自主性阶段。自主性养成标志着自我进入成熟阶段。教育心理学的研究表明，权威性的家庭和班级气氛很容易造成儿童的依附性。而民主的家庭、班级气氛则可以使他们具有一定的独立性。因此，自主性并非是一种先天的本能，亲子关系、师生关系等人际关系在形成人的自主性上起着决定性作用。他尊、自尊承赖于良好的人际关系。学生在人格发展的过程中，他尊是他们产生自尊自信的前提。在主体参与教学中，教师爱生、尊生可以使学生形成自尊、自信的心理品质。在主体参与式教学中，教师给学生一定的自我表现、自我发展的余地，他们能够根据活动和自身的特点随时对自己的学习行为做出适切的调整。主体参与教学以“启发诱导”为基本原则，以“问题设计”为主线，学生对问题的回答具有开放性，即教师不急于公布答案，解决问题的思路和答案不是唯一的。每个学生在解决问题中有独立分析、判断的机会，长此以往，学习当中的自觉自理就会自然生成。

建立在自主学习基础上的课堂教学还有其特有的运行动力和前提，它的动力来自学生对课堂的期待，学生通过课前自主学习带着各种各样的问题，也带着对课本、教师的挑战来到课堂，使课堂充满求知欲（问题意识）和表现欲（参与意识）。求知的欢乐和自我实现的愿望是推进课堂教学发展的永恒的内在动力。因此，自主参与教学可以增强学生的成就动机，这是发挥学生课堂学习主动性的心理保证。

（五）主体参与教学给学生的全面发展提供了轻松性、自然性、有效性

人的全面发展可以从三个层次来理解：人的心智的全面发展；人的身心的全面发展；个体和社会协调统一的全面发展。第一层次指以真、善、美为内容，促使学生知、情、意等心理素质的全面发展；第二层次指把智、德、美三育同体育结合起来，使学生的心理素质和身体素质这两个相互依存的方面同步发展；第三层次指社会背景中个体的全面发展，使个体对社会的适应与创造达到一致。应当说，对全面发展的这种理解在目前是属于比较深刻的。以培养学生主体性为核心的主体参与教学具有全面教育的功能，这是由主体性的内涵所决定的。在我国古代教育家孔子的思想中，人的主体性的发展依赖于人的认识、道德与审美水平的共同提高；在被称为“德国教师的教师”的教育家第斯多惠看来，自动性在达到真善美的教育目的过程中是一个很重要的动因。主体参与教学发展到今天，更加坚定地以主体性为其教育哲学理念，同时又以培养学生的主体性为实施全人教育的突破口。

“轻松”在这里主要指学生学习的心理状态。任务的性质与轻松有一定的相关。任务小不一定轻松，任务大不一定就是压力。所以任务的呈现方式，完成任务的环境，主体对任务的兴趣等直接影响着完成任务的心理场。在教学中，

趣味性强的任务比枯燥的任务具有更强的轻松性，一般而言，在活动中学习比静态地学习会使学生感到轻松；自主性的学习比被动性的学习轻松；能体验到成功的学习比平庸的学习轻松；良好的师生关系、生生关系可以使学习轻松；学生间的讨论比师生对话轻松。多向沟通中，信息发送者与接收者两种角色之间，不断进行交换，话语多方都有反馈意见的机会，这有利于增进话语主体之间的感情。话语的平等有利于促进学生的主体参与。我国教师在教学中往往使自己的行为处于“父母或权威自我状态”严肃地站在学生面前训话、布道。这就使学生感到明显的压力和紧张，他们在活动中不能完全轻松地参与教学活动，这势必影响他们的参与度。“父母或权威自我状态”容易引起学生的“幼儿自我状态”，他们感到被保护、被教导，其主体性在这种情况下会荡然无存。中国教师与国外教师相比，对自己的权威看得很重，在美国的课堂上常常可以看到教师与学生扮演相同的角色，学生趴在地上，教师也趴在地上。所谓“稚化”就是使自己的语言和行为适当学生化，学生在教学中干什么，自己也要积极地参与到他们当中去，而不是袖手旁观。这对他们融入学生中间，减轻学生的心理压力是有好处的。“稚化”只是要求教师把自己外在的权威隐藏起来，以与学生同样的好奇，同样的兴趣，同样的激情，同样的行为完成教学的和谐共创。教师的“稚化”是学生主体参与的教的方面的最佳条件。教学中教师的“稚化”有两个好处：一是可以避免教师在教学中以自我为中心。教师不以自己的兴趣、意志进行教学，而是多从学生的实际、兴趣出发，设计学生喜欢的教学。二是有利于对学生的理解。“稚化”就是教师以与学生同样的身份参与教学，这必然会使他们有更多的交流、接触的机会，可以说，“稚化”有利于教师真正走进学生，把自己变成他们中的一员。有了对学生更好的理解，教师才能把适应学生，促使他们发展变成自己的动力，而不是在教学中冷落他们。这种理解无疑对加深师生情感是有好处的。

在主体参与教学中，调动学生学习的兴趣是教师的第一要事；课堂主体的互动行为很频繁；“还学生主权”是它的主要精神；“体验成功”被专家认为是主体参与教学的主要特点和策略；平等的师生关系会使学生表现出一定的向师性；小组合作是生生间互助学习的重要途径；学生在这种教学中饶有兴趣地探究问题，思维水平会得到明显的提高。这说明，主体参与式教学具备了“轻松完成任务”的基本条件。轻松不等于放松，教师把“全人教育”思想渗透在主体参与教学的方方面面，学生的素质能够在这种充满了乐趣的智慧流程中得到轻松的发展。

笔者在教学的闲暇时间与学生沟通时问到这样一个问题："你们对中、高考前一段时间教室内挂的倒计时的牌子有何看法?"学生说："能时时提醒我们离高考时间越来越近了，让我们争分夺秒、利用好时间，但有一个问题使我们很头疼，甚至有时不希望教室内再挂有这样的牌子，就是它制造紧张气氛，特别是将要考试那段时间，一看见它就更紧张，使我们处于恐惧之中，不能在轻松的气氛中学习。实际上我们都知道时间的紧迫，本来就很紧张了，这样做对我们来说无疑是'雪上加霜'，感觉很累。"

"自然"指不知不觉地、潜移默化地、非刻意地。课题组的教师在参加实验之初，大家还有点顾虑，怕影响学生的考试成绩，但经过两年的实验之后，实验班的学生不但考试成绩在同年级中处于领先水平，而且各方面的素质都得到了较好的发展。有的老师赞叹说：主体参与教学真正做到了"润物细无声"，因为主体参与教学并不是教师刻意地给学生知识、能力，而是在学生的主动参与中自然地使他们在德、智、体、美、劳等各方面都得到发展。

"有效"是指知识掌握的全面性，能力提高的可见性，智力发展的显著性，非智力品质培养的充分性，社会交往能力进步的真实性等。主体参与式教学对学生全面发展产生高效性的主要原因在于学生学习的积极性上。社会运行机制的两大支柱——竞争、合作，人的价值体现的重要途径——参与，都在这种教学中得到了很好的运用。因此，不管从教学心理学还是社会心理学上分析，在参与性教学中学生始终处于亢奋之中，学习的态度和行为必然是积极的。轻松的心理状态、自然的教学方法、积极的学习态度和行为可以保证学生全面发展的高效性。

（六）主体参与教学是培养新型人才的有效途径

我国教育落后的集中表现是人才培养模式的落后。由于封建文化传统和过于集中的计划经济体制的影响，我国学校现行的人才培养模式是"应试教育"模式，即"教师讲，学生录"的模式。各国之间人才素质水平的差异的关键因素，就在于人才培养模式的不同。在美国由于受"以儿童为中心"等教育思想的影响，形成了主要由学生参与的教学模式，学校普遍存在着有利于学生主动性、能动性发展的活跃的课堂气氛。现在在亚洲各国也十分重视加大以学生为中心的教育模式推行的力度。我国的一些高等学校近几年成功的教改经验表明，学生的主体参与有利于学生各方面素质的发展。

（七）主体参与教学是发展学生主体性的重要原则与途径

建构学生主体，特别是发展学生的主体能力，必须建立主体与客体的对象性关系，也就是说学生必须有积极参与学习活动的机会。没有学生的参与，没有主体操作外部对象的活动，学生也只能是潜在的主体，而不能成为现实的主体。主体参与不是“学生中心”，更非让学生放任自流，而是最大限度地调动学生的积极性、主动性与创造性，落实学生的主体地位，引导学生从认知、情感与行为各方面都积极地投入到学习的全部过程中来。主体参与教学课堂教学模式真正摆正了学生在课堂教学中的位置。它在建构学生主体方面的作用，首先表现在增强学生学习的自觉性上；其次，主体参与教学课堂教学模式还给学生提供了根据自己的情况自主选择学习方式，确定学习时间的可能性。建构主体参与教学课堂教学模式。对于强化每个学生的学习动机，提高每个学生的学习能力，发展自主性，控制学习成绩与思想行为表现的分化方面具有重要的意义。

（八）主体参与教学有助于使素质教育在教学中落到实处

课堂实施素质教育的途径就是要打破以教师、课堂、书本为中心，以讲授为主线的教学套路，建构主体参与教学课堂教学模式。学生应积极参与全部教学环节，这有利于他们掌握知识，形成独立的人格和良好的精神风貌。

第二节　主体参与教学对人的发展的作用

教学活动的目的应该是培养有知识、有文化、有发展的人，而不是使某个人有知识、有文化、有发展，所以，教学活动的目的应该是指向学生的发展。但由于人们认识的片面或存在误区，在现实的教学中，学生本身的发展这一内在的目的时常被扭曲甚至被抛弃，从而使教学目的所造成的教学效果与学生发展的真正目的产生严重的偏差。我国的教育目的过分强调培养“劳动者”，这就容易把人的教育变成人力教育，人力教育是现代社会教育的一种普遍现象，它不符合马克思主义的人的全面发展的观点。联合国教科文组织国际教育发展委员会在 1992 年发表的报告《学会生存——教育世界的今天和明天》中提出：人类发展的目的在于使人日臻完善，使他的个性丰富多彩，表达方式多种多样；使他作为一个人，作为一个家庭和社会的成员，作为一个公民和生产者、技术发明者和创造性的理想家，来承担各种不同的责任。强调教育在促进人的发展方面的价值，强调教育服务于人的发展，这是世界范围内的教育革命和发展的需要。现在对教学结果的要求越来越全面，从原来只注重知识的掌握走向重视对学生在个性化素质基础上的全面素质的培养①。

学生主体性的培养正是基于他们可持续性发展的考虑，主体参与的良好品质是学生可持续性发展所需要的重要素质。如果学生当下的发展不能为他们的可持续性发展奠定基础的话，那么，当下的发展就不是合理的、真正的发展。时代需要的不仅是已经掌握了知识的人，更需要的是既掌握一定知识，又能在实际工作中不断提高自我、不断发展的人，只有这种人才能做到适应性创新和创新性适应。

一、主体参与教学可以培养学生的良好的个性

个性，又称人格，是一个人整个的精神面貌，是个体稳定的倾向性和心理特征的体现。人的个性的形成受教育、社会影响以及个体能动性三方面因素的影响，个体能动性在这三个因素中起非常重要的作用，教育与社会因素又在一定程度上决定着人的自觉能动性水平，不同的教育模式、社会文化影响可以形成不同的自觉能动水平。我们的社会文化长期以来重集体轻个体，强调个体对集体的服从，致使传统的教育重视对学生的划一性培养，教师在教学中处于绝对权威的地位，学生的自觉能动性因此一直处于不能较好地发展与发挥的状态，传统文化与传统教育所影响的个体必然缺乏鲜明的个性。

自觉能动性是主体性的一个重要的表现，从这个意义上讲，主体性是个性形成的重要因素。良好的个性是在人的主体性活动中实现的，因此，主体性是个性发展的重要因素，主体参与有助于形成合理的个性结构，主体性是人的个性结构中的核心内容。个性结构中包括个性倾向性、个性心理特征和自我意识，这几个要素都离不开主体性。倾向性在具体行为上表现为选择不选择、参与不

① 陈玉琨，田爱丽．慕课与翻转课堂导论［M］．上海：华东师范大学出版社，2014：41－43．

参与，这是人的自主性的表现。兴趣、需要、动机都要通过主体性表现出来，否则，需要就要受到抑制，兴趣就会变得麻木，动机就会减退。应该说在正常发展的过程中不断增强了他们的主体性，是主体性满足与表现了他们。同样，没有主体性，人的能力的发挥就会失去依托，人的态度与行为方式也就不能得以表达；没有主体性，人的活动就会失去动力特征，也就是说，没有主体性，人的性格和气质就难以体现。人的自我意识的强弱也是人的主体性的反映。

自我意识是个性中最具特征性的成分，自我意识中包括自我认知、自我体验、自我调控。个体的自我意识是在外部环境的影响作用下，通过自我的主观努力形成的。自我发展的历程是一个主观与客观、内在与外在双向互动的过程，自我意识的发展水平就是个体主观力量共同作用的结果。学生正处于心理迅速成熟的关键时期，自我意识还在不断地发展中，形成良好的自我意识正发生于这个时期，而主体参与教学有助于学生形成良好的自我意识。在主动的参与中学生能体验到成功，得到老师的鼓励，感受到自身的价值，形成良好的自我认知，在良好的自我认知中经历积极的情感体验，从而形成自信。参与知识的探索、集体的互动能培养学生的自我内省、自我调控、自我监督的能力。培养和发展学生的良好的自我意识可使学生受用终生。总之，人的主体性是人的个性结构的精神实质，没有主体性的人，其个性也不可能很强。主体性是个性的核心内容，个性最终必然表现为主体性，没有主体性的人，也不会有鲜明的个性。主体性包含自主性、能动性和创造性。

二、主体参与教学有利于挖掘学生的各种潜能

笔者在2016级软件工程专业的《SQL Server数据库应用与开发》的课堂上让学生亲手做了一个这样的实验：准备一个杯子，邀请两位学生到讲台前，让其中一名学生亲手往杯子里倒满水，直到另外一名学生认为已经满到极限为止，然后让所有的学生猜猜看，直到水溢出这个杯子，最多能加多少个曲别针？同学们各抒己见，有的说1个也不能加；有的说能加20个；有的说能加100个，我不给学生答案，而是让学生亲手做做看，这时有一名学生上讲台来亲手向装满水的杯子里加曲别针，最后加到了128个的时候水才从杯子里溢出，这个现象说明了什么问题？这就是我给学生的问题，同学们思索着、讨论着，然后发表自己的见解，一位学生说："这个现象说明了潜能的问题，我们人类每个人也

都有很大的潜能，只要给他合适的条件和环境就能发挥出来。”接下来，我引导同学说：“这是一个杯子，如果是个水桶是否比这个杯子装得还要多？如果是一个水缸呢？大海呢？”同学们回答：“当然更多。”“那么比大海还宽阔的是什么呢？”同学们异口同声：“当然是人的胸怀。”“好！同学们，再总结一下。”学生马上回答：“说明人的胸怀可以包容一切。”就像上述的实验一样，学生的潜能在具体的参与中得到发挥，因为学生得到了挖掘潜能的条件和环境。主体参与教学也一样挖掘着学生的各种潜能。罗杰斯认为，“人有理解自己、不断走向成熟并产生建设性变化的潜能”①。马克思指出，“只有在集体中，个人才能获得全面发展其才能的手段，也就是说，只有在集体中才可能有个人的自由”②。集体必然建立在共同活动的基础之上，个体在集体中如果消极被动，集体也就不可能成为该个体“全面发展的手段”。应该说马克思在这里还有一句潜台词，那就是，只有在集体活动中主动参与、亲自实践，个人才能得到充分、自由的发展。

三、主体参与教学有利于培养学生的创造性品质

创造性品质包括创造意识、创造精神以及创造能力。而学生在教学中的创造性品质指他们在教学中能够发现问题，能够用一定的方法解决问题，敢于标新立异，能够向教师质疑问题；在讨论问题中能够有独到的见解。在大力提倡创新教育的今天，培养学生的创新性品质显得尤为重要。目前，在世界上存在着这样一个不争的事实，中国学生的智商都比较高，中国学生在国际的奥林匹克竞赛中多次摘金夺银，可到目前为止，获得诺贝尔奖的中国人却很少。为什么我们赢在了起点，却输在了终点？当然，我国学者未能获得诺贝尔奖有政治、经济、文化及教育等多方面的原因，但中国的教育模式的落后是其中一个重要的原因，看看我国的基础教育，课堂上要求学生绝对服从教师，传授知识时也是教师举一个例题讲解完后，学生按照教师的思路进行模仿训练，把学生的思维框在教师的框子里，学生不能标新立异，不会有自己的想法，特别重视知识传授的系统性。再看看个别教师和家长对学生孩子提出的问题大加指责甚至是训斥，而国外的课堂却截然不同，教师更多地组织学生进行专题研究、讨论，

---

① 史根生．主体教育论［M］．北京：科学出版社，1999：13.
② 史根生．主体教育论［M］．北京：科学出版社，1999：16.

学生能在课堂上积极参与。传统的教学中学生成了知识的奴隶，单纯的知识的记忆使他们失去了发展的美好时光，单调的知识传授模式使教学失去了自身的丰富性，使学生个体失去了能动性、创造性。这样的环境学生怎能会有创造性？

人有很强的创造性和个人发展的需要，要满足这种需要必须减少人的依赖性、从属性和顺从性，使他们个人的潜能充分地发挥出来，如果一个人总是根据别人的意志行动，而缺乏自己的主观的分析、判断，这个人就注定与创造无关，这是因为创造性是人的独特个性的对象的具体化。所以，无论如何必须在教学中激发学生具有主观性的东西。教师的垄断性行为使学生的主观性体验，主体逻辑在这种教学中没有很好地发挥作用。这种非自主活动使学生的智力在很大程度上处于严重抑制的状态，教学中产生的兴奋、激情实在是太少了，好多东西都是教师一厢情愿的情况下进行的，学生的聪明才智浪费或搁置了。而参与性教学却能激发和调动学生的主观性，减少人的依赖性、从属性和顺从性，就能得以培养学生的创造性品质。

德国的传播学者伊丽莎白·诺尔·诺伊曼于1980年提出了著名的“沉默的螺旋”理论。该理论认为，人为了适应环境，总是力求与环境保持和谐，避免孤立。个人发表意见总要了解周围的“意见气候”，如果自己的意见与处于优势、多数的人一致时，就敢于发表，否则就会保持沉默。原来处于优势、多数人的意见则越来越处于优势地位，从而形成上大下小的螺旋。正因为如此，一些学生在教学中缺乏质疑，不善于反驳。“沉默的螺旋”产生的背景是“随声附和”，“随波逐流”这些心理。这种情况出现在教学中将产生诸多弊端。课堂上应该形成质疑问难的学风，形成一种学生发表的看法会得到支持和认可，并得到鼓励的环境，使学生感受到他的这种做法和班级文化、环境相适应，相和谐，你做了，别人也做了，而且这种做法得到大家的一致认同。这样学生在这里有了心理安全感和心理自由，他们的创造性才能的发展有了心理保证，那么他们的这种做法就会在这个环境中越来越多地表现出来，这也符合心理学中的行为理论中的强化理论，别人对他善于发表不同看法的这种行为给予认可和鼓励，就是一种奖励，这种正强化使他的这种行为稳定下来，形成一种习惯，长久就形成性格。也就是说，人的创造性才能总是在他的具有创造性的性格中表现出来的。依前述的“沉默的螺旋”理论，要使学生形成具有创造性的性格，我们就要给他们提供这样的环境，这个环境就是让学生参与到教学活动中来，而且，应采取这样的策略：在教学中对学生提出的问题，或给出的答案暂缓做出判断和评价，鼓励学生对同一问题提供许多解答。要做到这一点就要遵循一定的规则，那就是：禁止批评；鼓励畅所欲言；鼓励各种想法，多多益善；欢迎进行综合和提出改进意见。笔者在教学中发现这样一种情况，在信息管理专业的主体参与教学的非实验班中有一名学生非常善于提出问题，无论哪一学科的老师都很喜欢他，都表扬他是一个善于思考的学生，可两个学期过后，老师们不约而同地发现这个曾经跟着你的，问题不断的学生怎么沉默了？我找到他问起原因，他的回答是这样的："我总是问问题，同学们总是笑话我，我总是和同学们不一样，为了和同学们保持一致，久而久之就不问了，不问了也就没有问题了。"这个回答直接戳穿了传统的教学模式的弊端，值得教学工作者深思。学生的创造性的发挥没有应有的心理环境，没有发展的氛围，从教育结果来看，这是一件很可怕的事情。那么试想想，那些不善于提出问题的学生是不是从来就没有提出过问题，是不是从来就没有问题？再想想，为什么儿童时期的孩子会每天都有问不完的问题？是随着年龄的增长，知识的增多，不再会有问题了，还是人的创造性在压抑的环境中被不知不觉地扼杀了？所以我们提倡主体参与教学就是因为它能给学生提供一个主体性和创造性得以发展和发挥的相对安全的、自由的心理环境。

四、主体参与教学有助于培养学生的各种能力

能力是直接影响活动效率，使某种活动顺利完成的一种心理特征。很显然能力是和活动相联系的，人的各种能力是在具体的活动中得以培养和表现的，而各种能力水平的高低又直接制约着某种活动的效率。教育的终极的目标之一应是培养学生的各种能力，无论是基础教育还是高等教育。能力分为一般能力和特殊能力，一般能力是指完成任何活动必须具备的基本能力，如感知力、记忆力、观察力、注意力、想象力、思维力等，我们简单地把它们称为学习能力；而特殊能力是完成特殊活动必备的能力，如教师的言语表达能力、杂技演员的平衡能力、音乐家的音色分析能力、技师的动手操作能力等。那么在一个人成功素质和能力要求中除了这些能力以外，还要有良好的自我认知能力、自我调控能力、确立人生各阶段的目标及调节动机的能力、沟通能力、交往能力、言语表达能力、创造能力、协同合作能力、可持续发展能力、市场竞争能力等。

在传统的讲授法教学中学生处于被动的状态，没有主体的参与，身在其中却没有活动的参与，各种能力不能得到培养，学生学到的只是知识和技能，并没有获得各种能力；也不能在活动中了解自己，对自己的能力倾向不了解，就连最基本的学习能力可能也处于最初级阶段。主体参与教学强调学生的主体参与，教学方式具体实施中的任何一个环节无不培养着学生的各种能力。

1. 培养了学生的言语表达能力

第一课堂中的师生间、生生间的讨论，代表小组发言，学生扮演“小教师”讲课；第二课堂中的课前准备中的小组集体备课小组讨论；第三课堂中的实践、实训、社会实践中都培养了学生的言语表达能力。

实验教师分别在主体参与教学之初、一个学期之后及两个学期之后分别对实验班的学生进行了言语表达能力的测试，结果是每一次都比上一次有所提高。

笔者在2016级软件工程专业的《SQL Server数据库应用与开发》课上进行演讲活动时曾遇到这样一种情况：一位学生面对老师和同学一句话也说不出来，只是站在讲台上怔怔地看着老师和同学，半晌还是不说话。同学们说：“老师，她从来不在多人面前说话，就别让她讲了。”但我就说一句话：“老师相信你能行。”接下来，我就一直用眼神、微笑和点头与她沟通，每当与她的目光相遇时就给她信任和鼓励的眼神，同时点头鼓励她，微笑地看着她。许久，她终于开口讲话了，而就在那时教室里出现了热烈的掌声，这是同学们从心灵深处发出的声音。这位同学流下了激动的泪水，同学们被感动了、老师被感动了。整个教室充满了理解、信任、尊重及心灵的相融。同学们说这是他们有生以来上过的最成功的一节课，这节课对这位同学来说是她永生难忘的一节课，对老师来说也是难以忘怀的一节课。从此，她经常参与小组讨论，代表小组在课堂上发言，她的表达能力得到了很快的提高，频频在课堂上、小组活动中、社团活动中发表各种“演讲”，参加了记者站，在一次学院组织的演讲比赛中竟然还获得了二等奖。同学们说她和以前简直判若两人。她在感受中说：“是老师让我有了自信，是主体参与教学让我得到了锻炼。感谢老师，感谢同学们!”

2. 培养了学生的自我调控能力

自我调控是主体对自身心理行为的主动掌握，是自我意识当中的意志成分的内容，是对自己的行为和活动的调节，从而了解自己在达到目的的过程中，如何克服外部障碍与内部困难。具体包含了自我调节、自我控制、自我监督、自我内省、自我命令等成分。一个具有坚强意志的人，在控制方面就会表现出自立、自主、自制、自强、自信、自律，发挥独立性、坚定性、增强责任感；遇到挫折时，沉着冷静；做事果断而有韧性，执行计划绝不半途而废；不说空话、不炫耀自己、不哗众取宠。而一个意志薄弱的人则缺乏主见，容易受暗示，随波逐流，不能自制，情绪不稳定，不努力思考；面对困难，畏缩不前，缺乏竞争意识；怯懦，爱冲动，轻易地或随便地违背自己应遵守的原则，不负责，不尽义务。自我调节，自我监督的实际意义在于根据个人的能力水平确定任务和目标，实现计划时不受其他事件的引诱与干扰，防止改变决定。自我命令不但指自我强制和自我压抑，它的实际作用还取决于个人的信念，使自己的决定符合于生活的主要目标和信念。自我命令有时由于迁就自己的惰性而不能执行，在这种情况下，首先要求养成有意识的严于律己的习惯，不随便姑息自己、轻易地改变决定；其次提高责任感水平，进行自我说服。

在主体参与教学中的课前的预习备课中学生明确了学习目标，掌握了知识的内涵，从了解知识的表面形式转向掌握知识、学科的内在逻辑体系，并学会了监督自己。当自己的惰性影响自己朝既定的目标行进的时候，学会了自我命令和自我调控。笔者就“主体参与教学是否能培养你的自我调控能力”这一问题对实验班的学生进行了调查，78%的学生认为可以培养学生的自我调控能力，有代表性的理由是：“在主体参与教学中我们学会了学习，如在学习《网络数据库开发与应用》内容时学会了从开始的只注重操作界面的开发与设计，没有注重前后台的连接及数据传输等技术问题。在开始自主学习时还很难做到转化得很好，但随着自主学习的进展，我们在自我命令和自我监督的作用下这种转化进程加快。”“现在我们已学会了确立目标，自我调控了。”

在小组合作学习中，在讨论过程中有个别善于表达、性格外向的学生会出现独占讨论席的现象，这其中的一个原因就是这些学生缺乏自我的调控能力。笔者在实验班的授课中遇到这样一位学生，该学生性格外向，具有良好的语言表达能力，思维活跃，愿意成为大家瞩目的中心人物，易炫耀自己，哗众取宠。在每次课的课上讨论及小组代表发言中她都会独占讨论席，如果教师不进行干预，别人几乎没有任何机会发表见解。当笔者走进第二课堂的课前小组集体备课中有针对性地对她进行观察时，发现这位同学她对所学内容感兴趣时会“独霸”学坛，而当她对所学内容不感兴趣时，她就心不在焉，整个思维游离于教学活动之外。针对此情况，笔者先走进学生中间，与他们建立平等的友好的师生关系，在充分信任的基础上，同学们向我敞开了心扉，谈了对这位同学的看法："华而不实、哗众取宠，学知识、做事情三分钟热血，情绪不稳定，在同学中经常立志甚至志向很远大，但很少付诸行动，遇到困难就轻易放弃目标。在小组学习讨论中不喜欢和她在一组。"从学生的反映和在课上的表现中可以明确该生的自我调控能力极弱。在这种情况下，笔者主动与该生拉近距离，建立良好的关系，把她带到办公室先肯定她的优点和特长之后与她谈感想、谈学习、谈目标并一起制定一些具体的措施：让她扮演小组召集人及汇报人的角色，先听别人发言然后再进行总结；总结的时间不可过长（在规定时间内）；对所有的要学习的内容无论是否感兴趣都要认真对待，否则就要取消小组召集人及汇报人的资格；只要确立目标就不要轻易放弃，遇到问题要及时与同学和老师磋商解决。在一个学期的主体参与教学实践中，该学生的自我调控能力有了极大的改变。同学们喜欢她了，说她踏实了、有韧性了、不那么爱炫耀自己了、情绪也较以前稳定了许多。在学期末她自己总结道："这半年来我所做到的、体会到的是前所未有的，我学会了倾听，学会了说话，学会了表达，学会了确立目标，学会了克服困难，学会了调节控制自己。如今我觉着成熟了很多。这半年我不但学到了知识还学会了做人。"

3. 培养了学生的学习能力和创造力

学习能力简言之就是学会学习。学习能力是终生获得知识和技能的基础条件，也是毕生发展的必要条件。在传统的讲授法教学中学生只是被动地接受知识，学生的头脑就像一个承载知识的大容器，在不断地接受装载老师灌进去的知识，没有学生自己对知识的加工过程，没有学生积极的思考过程，不但知识学得死，应用难以灵活，而且不会具有学习的能力。主体参与教学中学生自主学习，自主建构，在自主学习中掌握了学习方法，自己去发现知识的内在逻辑关系，学会了应用已有的知识去解决实际问题。

在主体参与教学中教师没有现成的答案，任学生的思维驰骋，培养了学生的发散思维及创造能力。

主体参与教学的各个环节尤其是在第二课堂的课前预习准备阶段，特别能培养学生的学习能力和创造力，在小组合作学习中培养了学生的沟通能力和协作合作能力。

4. 培养了学生的自我认知能力

根据多元智能理论，每个人都有 9 种不同的智力而且每个人都有不同的智力倾向，毛泽东曾言“人贵有自知之明”，那就是说，每个人都应该了解自己，而每个人能够很客观地了解自己、评价自己又是不容易的。每个人不但要了解自己的优势、特长，劣势、缺点，知道应发扬什么，改掉什么；还要比较客观地评价自己，自己适合做什么、能做什么、能做好什么，自己所具有的人格特征与你将从事或你所希望从事的职业所要求的人格特征是否相吻合。这在大学生的职业生涯规划中具有十分重要的作用。从此看出形成良好的自我意识，正确认识自我，是非常重要的，而在自我认知中还会有各种各样的自我体验，形成自信、自卑、自傲、自弃等心理品质，而这些品质在人一生的学习、工作乃至生活的成败中起着至关重要的作用。那么如何了解、评价自己？最直接、最佳的途径就是把自己放在具体的活动中和同学集体中。只有在具体的参与教学活动中学生才可以通过活动了解自己的能力倾向，通过和同学的共同学习发现自己的优势和不足，增强对自己的认知。在对已走上专业实习，在校时是主体参与教学实验班的同学进行追踪调查的反馈材料中发现，一位学生这样写道：“现在实习了，学校、老师、课堂，才感觉到在校学习是那么的美好。特别是老师采用主体参与教学的一年半时间，对我的影响真是太大了，我学会了了解自己，知道了自己的能力倾向和优势，知道了我应该往哪个方面发展，知道了自己最适合从事的职业，也锻炼了我自己，这为我走好人生之路奠定了基础。在学校的主体参与教学的小组讨论、课堂发言及第三课堂的实践实训中，在小组合作学习中表现出了良好的沟通能力和社会交往能力，表现出了良好的语言表达能力和很强的组织管理能力以及对社会关系有很敏锐的观察能力。当然这些能力也是在这些具体的参与活动中得以锻炼和培养的，通过具体的活动，通过活动的效率和结果，通过和周围同学比较，我了解了自己。当一走上工作岗位，我就特别注意发挥我的能力优势，现在我从事经理助理工作，感觉很好。我认为我做管理工作比做具体的技术工作会更有优势，业绩会更好。在校的学习使我看准了前进的方向。”

五、主体参与教学有利于培养学生的良好的社会性品质

一个人的社会品质一般表现在责任感、合群性、社交技能等方面。主体参

与有利于形成学生的责任感。进步主义教育非常重视培养完整的人，大教育家杜威认为有责任感是完整的人的重要的品质。人们要树立责任感，就必须承担某种社会角色，要有担待事物的体验。一个总是游离于活动之外的人，是不可能形成责任感的。传统的教学中，教师担负起了教学的一切责任，不向学生放权，学生只是教师教的客体，在一定程度上成了教学的“局外人”。这种教学模式所培养的学生对教学没有责任感；作为社会的人，他们对他人、家人、社会同样也会没有责任感。主体参与教学在教学中始终把学生作为主人，学生扮演主人的角色就会按主人的行为模式要求自己，就会把教学、学习看作是“自己”的事情，而不光是教师的事情。主体参与教学使每一个学生把自己与教师、学生融为一体，认识到自己不仅要对学负责，而且还要对教负责，不仅要对自己负责，而且要对他人负责。在分工、协作学习中，学生能够确立起敢于负责的意识和精神。

主体参与教学有利于形成学生的合群性。马克思认为，人的本质在其现实性上是一切社会关系的总和；他还指出，只有在集体中个人才能得到良好的发展。大教育家杜威认为，人应当不断突破个体的局限，逐渐与人的社会本性相符合。这说明人具有鲜明的属群性，人的生存和发展不能没有群体。合群性是人的社会性的重要体现，也是个体社会化程度高低的重要标志。主体参与可以使学生在与教师、学生频繁的交往中学会与人相处的技巧和艺术，他们会在语言、行为等方面加强修养，使自己具有一定的亲他性。在主体参与的过程中，人的各种本性、需要、智慧和主体能力，将愈来愈全面、愈来愈丰富起来，不断获得新的本性、新的需要和新的力量，从而不断地塑造出新的自我。合群性是以利他性为前提的，自私自利者的结果是众叛亲离。学生在主体参与教学中要做到既能恰当地表现自己，又要使别人有表现的机会。为此，在小组讨论中学生应学会倾听、理解、分享；在动手操作中要善于分工、协作、互助；自己有问题时要主动向别人请教。主体参与是多个主体对共同活动的投入，不管是竞争性活动还是合作性活动，都必须遵守一定的游戏规则，否则自己度过的参与就会使他人失去参与的机会。

主体参与有利于形成学生的社交技能。社会交往能力是一个人成熟的重要标志，在现代社会，社交技能显得尤为重要。社交技能就是在人与人的交往过程中形成的。共同的活动是人们交往的前提，实现交往就要学会沟通，美国普林斯顿大学曾对1万份人事档案进行分析，结果发现，“智慧”、“专业技术”和“经验”只占成功的25%，其余的75%决定于良好的人际沟通能力；美国哈佛大学就业指导小组1995年调查结果显示，在500名被解职的男女中，因人际沟通不良工作不称职者占82%。我国社会学家的研究也有类似的结果。交往和沟通能力是学生在以后的工作、事业乃至家庭生活中取得成功的重要条件，许多人由于交往能力差极大地影响了他们能力的发挥，也使他们的发展空间变得十分狭小。有人将沟通交往能力作为成功素质来培养。因此，教学的任务之一应当是培养学生的社会交往能力，以促进他们早日实现社会化。主体参与是建立在人与人之间的沟通和交往的基础上的，也就是学生在学习中存在着信息的交流，学生在他们的共同活动中将学会如何与人沟通、与人相处、与人合作。在主体参与的频繁交往中，学生的交往技能会得到一定的提高。如学生在小组的合作学习中、集体的讨论中、课前的小组集体的备课中，学会具体的听、说、读、写和非语言的沟通的技巧，学会如何传递信息和如何接受信息。比如，在小组讨论中如何进行表达、如何倾听、如何记录等，在扮演教师在讲台上授课的过程又是很好的锻炼学生的语言表达能力的途径，同时还能使学生获得良好的非语言的沟通技巧。笔者在主体参与教学实验班的授课中遇到这样一种情况，一位平时学习特别好、理论成绩特别优秀的学生，在第一次走上讲台的时候，在课下已经备好的课一个字也说不出来，不敢与同学们有目光接触，面无表情，双手一会儿支撑在讲台上，一会儿又去扶弄头发，显得极不自然和拘谨。这样的学生即使理论成绩再好也不能满足社会的要求，在竞争日益激烈的今天，他所缺少的正是成功所必需的。我们培养的学生不能被市场所选择，我们的教育工作就是无意义的，失败的。在这种情况下，教师们怎能无动于衷？鉴于此，笔者在实验班的各个学习小组中开展了“我当老师学讲课”活动。要求是：每个学生必须在小组内轮流讲课，小组的召集人要掌握小组中每个人的沟通能力，包括语言和非语言的能力两方面，然后针对能力较弱的学生在小组内进行集体训练。在以后的课堂上每个人都有可能被抽查代表本组上讲台来讲课，然后每小组积分，期末评出“我当老师学讲课活动”的优胜小组。在活动之初，笔者对同学们进行了语言和非语言沟通的技巧的培训，并制定了制度：第一，小组成员在课下的备课活动中，当每个成员讲课之前其他成员都要与他拥抱，并告之：“你是最棒的，相信自己。”第二，小组内的每一个成员在讲完之后无论效果如何同学们都必须给予热烈的掌声及积极的评价。第三，小组内的每一个成员必须学会在有困难时向小组中的其他成员寻求帮助。经过半学期的训练，再加上上讲台面对全体学生讲课的锻炼，期末时这位同学的沟通能力达到了一定的水平。她特别感慨，也特别感谢老师。在她的总结中这样写道："我从来就没有上过讲台，从来就没有面对这么多人去说话，更别说要讲课，从此次训练中我学到了在书本上学不到的东西，使我终身受益。现在我的感觉特别好，很自信。真的非常感谢老师，如果老师不这样要求我们，不给我们提供这样的锻炼的机会，我是不会获得这个能力的，希望还能得到老师的指导和帮助。"

主体参与教学使同学们了解自己，锻炼了各方面的能力，这给大学生就业及职业生涯设计提供能力倾向和发展方向。

主体参与教学对教学的作用和对人的发展的作用已在教学活动中突出地表现出来。学生对主体参与教学与传统的讲授法教学又是怎样认识的呢？笔者就学生对这两种教学方式的认识设计了调查表，进行调查，并进行了统计分析。

表 9－4　授课方式调查表

时间：　　　　　　班级：　　　　　　代号：

以下是 20 个问题，请认真阅读，在最符合的一项画"√"。

1. 你喜欢哪种授课方法？

A. 讲授法　　　　B. 主体参与

2. 你认为哪种方法获得知识最多？

A. 讲授法　　　　B. 主体参与

3. 你认为哪种方法能调动你的学习积极性？

A. 讲授法　　　　B. 主体参与

4. 你认为哪种方法能培养你的创造性？

A. 讲授法　　　　B. 主体参与

5. 你认为哪种方法能培养你的团队精神？

A. 讲授法　　　　B. 主体参与

6. 你认为哪种方法能锻炼你的表达能力？

A. 讲授法　　　　B. 主体参与

7. 你认为哪种方法最适合你？

A. 讲授法　　　　B. 主体参与

8. 你认为哪种方法你学习起来最轻松？

A. 讲授法　　　　B. 主体参与

续表

9. 你认为哪种方法学习起来最省时间？
A. 讲授法　　　　　　B. 主体参与
10. 你认为哪种方法最适合这门学科的讲授？
A. 讲授法　　　　　　B. 主体参与
11. 你认为哪种方法能培养你的独立思维能力？
A. 讲授法　　　　　　B. 主体参与
12. 你认为哪种方法能培养你的记忆力？
A. 讲授法　　　　　　B. 主体参与
13. 你认为哪种方法最能培养你的发散思维？
A. 讲授法　　　　　　B. 主体参与
14. 你认为哪种方法最能培养你的查阅资料的能力？
A. 讲授法　　　　　　B. 主体参与
15. 你认为哪种方法最能使你做到融会贯通？
A. 讲授法　　　　　　B. 主体参与
16. 你认为哪种方法最能培养你的实践能力？
A. 讲授法　　　　　　B. 主体参与
17. 你认为哪种方法最能培养你的综合素质？
A. 讲授法　　　　　　B. 主体参与
18. 你认为哪种方法在一定的时间内掌握的知识最多？
A. 讲授法　　　　　　B. 主体参与
19. 你希望老师一直用哪种方法授课？
A. 讲授法　　　　　　B. 主体参与
20. 你认为哪种方法最能提高学习效率？
A. 讲授法　　　　　　B. 主体参与

表 9－5　授课方式调查统计分析

学科：SQL Server 数据库应用与开发　教师：李占宣　班级：2016 级软件　人数：44 人

时间：2018 年 6 月 18 日　结果如下：

内容	传统讲授法		主体参与	
	人数	百分比（%）	人数	百分比（%）
1. 你喜欢哪种授课方法？	14	32	30	68
2. 你认为哪种方法获得知识最多？	10	23	34	77
3. 你认为哪种方法能调动你的学习积极性？	4	9	40	91

续表

内容	传统讲授法		主体参与	
	人数	百分比（%）	人数	百分比（%）
4. 你认为哪种方法能培养你的创造性？	0	0	44	100
5. 你认为哪种方法能培养你的团队精神？	1	2	43	98
6. 你认为哪种方法能锻炼你的表达能力？	2	5	42	95
7. 你认为哪种方法最适合你？	18	41	26	59
8. 你认为哪种方法你学习起来最轻松？	30	68	14	32
9. 你认为哪种方法学习起来最省时间？	35	76	9	24
10. 你认为哪种方法最适合这门学科的讲授？	12	27	32	73
11. 你认为哪种方法能培养你的独立思维能力？	0	0	44	100
12. 你认为哪种方法能培养你的记忆力？	3	7	41	93
13. 你认为哪种方法最能培养你的发散思维？	2	5	42	95
14. 你认为哪种方法最能培养你的查阅资料的能力？	2	5	42	95
15. 你认为哪种方法最能使你做到融会贯通？	10	23	34	77
16. 你认为哪种方法最能培养你的实践能力？	1	2	43	98
17. 你认为哪种方法最能培养你的综合素质？	0	0	44	100
18. 你认为哪种方法在一定的时间内掌握的知识最多？	10	23	34	77
19. 你希望老师一直用哪种方法授课？	19	43	25	57
20. 你认为哪种方法最能提高学习效率？	12	27	32	73

分析：

1. 从此调查统计表可以看出同学们普遍认同主体参与教学的各种优点。但有68%和76%的学生认为传统的讲授法学习起来最轻松和最省时间。有41%的学生认为传统的讲授法最适合他（她）学习。43%的学生希望老师一直采用传统的讲授法进行授课；有32%的学生喜欢传统的讲授法。这说明这些学生对传统的讲授法授课有严重的依赖及懒惰心理，长期的传统的讲授法教学束缚了他们的积极性。这也正说明教改的必要性和紧迫性。

2. 从调查表来看，在个别的学生身上存在对调查的态度不正确、不认真的现象。这警示我们在传授知识的同时一定要注重良好人格的培养，尤其是计算机专业的学生，严肃认真、一丝不苟、实事求是的工作态度是最重要的职业要求。

第十章　主体参与教学的教学评价

第一节　教学评价的含义和意义

评价，就是指依据明确的目标，按照一定的标准，采用科学的方法，测量对象的功能、品质和属性，并对评价对象做出价值性的判断。在我们的日常生活中，如面试时考察面试者的能力，测试学生对知识的掌握程度，评选教师的优秀课件等，所有这些都属于评价的范围。

课堂教学是学校教育的主要渠道，是教学工作的中心，学生知识的学习、能力的形成、思想修养的完善主要是在课堂教学中完成的。课堂教学的质量的优劣直接关系到学生的素质和学校教育的水平。

课堂教学评价是以教师的课堂教学行为为研究对象，依据一定的方法和标准对教学的过程和效果做出客观的衡量和价值判断的过程。它对加强教学管理、检查教学质量、总结教学经验起着重要的作用。评价体系如同一个指挥棒，决定着教师的“教”和学生的“学”，决定着教育改革的方向，决定着实验的指导思想。因此，评价的体系设计是至关重要的，教育的根本目的是促进每一位学生的发展，“以学论教、教为了促进学”是新的教育观念下的主体参与教学提出的响亮的口号。所以我们的视角应该既关注教师的“教”更关注学生的“学”，关注学生在课堂中的参与和发展。那么在新的教育理念支撑下我们应有更合理的评价体系①。

① 许文静．教师教学质量评价对教师身份认同的影响探究［J］．高教学刊，2021（5）：64－67.

教学评价一直备受关注，成为教学研究领域的重要课题。同时，由于评价涉及的因素十分复杂，课堂教学评价也成为人们公认的难题。虽经过长期探索，评价中随意性大、针对性和科学性较差的问题依然存在。况且，评价的标准不是恒久不变的，课堂教学评价只有与时俱进，适应教学改革发展的实际需要，才能发挥其应有的价值和作用。因此，制定一个可以量化的、定性评价与定量评价相互结合的较为规范的课堂教学评价标准，成为一项迫切而艰巨的任务。

第二节 教学评价的类型和标准

一、评价的类型

（一）按评价基准分类

按评价基准分类，教学评价可分为相对评价、绝对评价。

1. 相对评价

相对评价是在被评价对象的集合中选取一个或若干个个体为基准，然后把各个评价对象与基准进行比较，确定每个评价对象在集合中所处的相对位置。

为相对评价而进行的测验一般称为常模参照测验。它的试题取样范围广泛，测验成绩表明了学生学习的相对等级。由于所谓的常模实际上近似学生群体的平均水平，所以这种测验的成绩分布符合正态分布规律。

利用相对评价来了解学生的总体表现和学生之间的差异或比较不同群体间学习成绩的优劣是相当不错的。它的缺点是基准会随着群体的不同而发生变化，因而易使评价标准偏离教学目标，不能充分反映教学上的优缺点，为改进教学提供依据。

2. 绝对评价

绝对评价是在被评价对象的集合之外确定一个标准，这个标准被称为客观标准。评价时把评价对象与客观标准进行比较，从而判断其优劣。评价标准一般是教学大纲以及由此确定的评判细则。

为绝对评价而进行的测验一般称为标准参照测验。它的试题取样就是预先规定的教学目标，测验成绩主要表明教学目标的达到程度，所以这种测验的成绩分布通常是偏态的。低分多高分少，为正偏态；低分少高分多，为负偏态。

绝对评价的标准比较客观。如果评价是准确的，那么评价之后每个被评价者都可以明确自己与客观标准的差距，从而可以激励被评价者积极上进。但是绝对评价也有缺点，最主要的缺点是客观标准很难做到客观，容易受评价者的原有经验和主观意愿的影响。

（二）按功能和目的分类

教学评价按功能和目的可分为诊断性评价、形成性评价和终结性评价。

1. 诊断性评价

进行诊断性评价是为了摸清教学的基础，使教学适合学习者的需要。教师在教学前对学生所进行的诊断性评价是使教学更有针对性，而不是给学生贴标签，根据诊断结果设计出一种可排除学习障碍的教学方案。另外，通过诊断可以辨认出哪些学生已经掌握了过去所学的全部教材内容，哪些还没掌握，已达到了什么程度，设计出适合不同学生学习的教学计划。

在一门课程或一个新单元开始的时候，传统的做法是使所有的学生都从一个假设的“零点”一齐起步。也就是假定没有哪一个学生已经掌握了计划好的任何一项目标，但所有的学生都具有开始学习该教程或该单元的认知、情感和运动技能方面的先决条件。这种对教学背景相同性的假定是不可靠的。而诊断评价的一个重要功能，是辨别哪些是高出或低于零点的学生，这样就可以把他们分置在对他们最有益的教学程序中去。

在教学过程中所做的诊断性评价，其主要作用是确定学生对教学目标所掌握的程序，找出学习困难的原因。学习困难的出现，可能与教学目标制定的不适当、教学方法或教材的难度有关。如果这些都不是困难出现的原因，那么，教师就需要考虑学习上的困难是否可能涉及身体、情感、文化或环境影响等方面的原因。针对具体情况加以指导，使教学得以顺利进行。

2. 形成性评价

除书面测试之外，还有其他一些方法可以对学生的进步做出论断，其主要目的是测定对某一具体学习任务掌握的程度，并指出还没掌握的那部分任务。也许，从反方面来描述会说得更加清楚一些，形成性评价的主要目的不是给学习者评定成绩或做证明，而是既帮助学习者也帮助教师把注意力集中在达到掌握程度所必须具备的特定的内容上，试图观察潜在的先决行为。

形成性评价概念的提出者斯克列文指出，一旦一门课程最终制订完毕，与之有关的各方均会拒绝接受会导致重大变更的证据。他的观点是形成性评价涉及在编制和试验一门新课程的期间，收集适当的证据，作为今后该课程修改的基础。一般认为，形成性评价不仅对课程编制有用，而且对教学与学生的学习也是有用的。因此，形成性评价是在课程编制、教学和学习的过程中使用系统性评价，以便对这三个过程中的任何一个过程加以改进。

在进行形成性评价时不评定等级，只找出不足的原因和所犯错误的类型，要尽量缩减那些判断性见解。只有对评价不带有任何要评成绩的联想，被评者才不致害怕，而看作是一种帮助。为达到形成性评价的目的，往往要频繁地进行，每当一种新技能或新概念的教学初步完成时，就应进行形成性评价。在教学技能训练中所进行的评价就是形成性评价。只指出优点和不足，不评定成绩。

3. 终结性评价

一个学期、一个教程或一个学程结束的时候，都要进行评价，以便进行分等级、鉴定、评价进步，或对课程、学程以及教学计划的有效性进行研究，我们把这类评价称为终结性评价。在大学阶段终结性评价一般是在学期结束后进行一次，中学阶段最常见的终结性评价在一门课程中要进行两三次，对学习或教学的效率，对学生、教师或教材做出判断。在小学阶段，每隔四到六周就要进行以评定成绩为目的的教学评价。

终结性评价的目的，则是对整个教程或其中某个重要部分进行较为全面的评定，以评价学生对几种新技能或新概念掌握的情况。然后把给学生评定的成绩报告家长或学校的管理人员。

终结性评价的绝对必要的特点是注意测试题目的效度和信度。

在课堂教学中，常用的评价类型是诊断性评价和形成性评价，即在教学过程中对教和学的情况进行诊断和评价，以便随时获取反馈信息，调节教学方法和进度，使教学逐步完成教学目标所规定的各项教学任务。大多数评价的目的不是评定成绩和等级，而是提高课堂教学的质量和效率，使所有学生都能掌握学习内容。

（三）按评价表达分类

按评价表达分类，教学评价可分为定性评价和定量评价。

1. 定性评价

定性评价是对评价资料作“质”的分析，是运用分析和综合、比较与分类、归纳和演绎等逻辑分析的方法，对评价所获得的数据、资料进行思维加工。分析的结果有两种：一种是描述性材料，数量化水平较低甚至毫无数量概念；另一种是与定量分析相结合而产生的，包含数量化但以描述性为主的材料。一般情况下定性评价不仅用于对成果或产品的检验分析，更重视对过程和要素相互关系的动态分析。

2. 定量评价

定量评价则是从“量”的角度，运用统计分析、多元分析等数学方法，在复杂纷乱的评价数据中总结出规律性的结论。由于教学涉及人的因素，各种变量及其相互作用关系是比较复杂的，因此为了提示数据的特征和规律性，定量评价的方向、范围必须由定性评价来规定。

可以说，定性评价和定量评价是密不可分的，两者互为补充，相得益彰，不可片面强调一方面而匆视了另一方面。

二、评价的标准

对于教学质量的评价，既是对学生学习能力和学习成绩上的变化做出评价的过程，也是对教师的教学能力和效果做出评价的过程。因此，既要重视教学工作的终结性评价，更要重视形成性评价，以改进教学。在评价中标准的确定是一个根本问题，标准是目标的体现，从不同的方面反映目标，是对构成教学系统的各要素进行评价。评价标准的设计过程如下：

1. 要素的分解

从系统的思想、整体的观念出发，课堂教学的质量结构是由多个要素所构成的，在制定评价的标准时，首先要对构成系统的要素进行层层分解，直到分解成可见可测的要素。这些可见可测的要素便是我们需要评价的指标。为了保证评价指标的完整性，在因素分解时，除了要注意那些表面上的可见因素外，也要注意那些看不见的潜在因素，并把那些潜在因素用可见因素来表述，以便于观察和评价。

2. 要素的筛选

在分解出的众多要素中，有的能反映教学质量的本质，有的不能反映；有的有因果关系，不能单独评价；有的相互矛盾；有的内涵一样，但表述形式不同等。因此，要对分解的指标要素进行分析处理，把内涵相同的合并，把次要的、矛盾的、不能单独使用的删除。经过处理后，指标的条目精简、明确、集中，便于实施。要提高指标的质量，以保证评价的有效性。

筛选指标的方法目前有经验法、聚类分析法、因素分析法、层次分析法和调查统计法等。因为调查法是经验法、模糊评判法和统计法的综合运用，所以指标的筛选一般选用调查统计法。其优点是可以广泛吸收有经验的教育工作者、专家、教师的意见，有可靠的实践基础，又能采用数理统计方法，有科学的理论依据。具体的做法是把初步拟定的指标制成问卷，发给有经验的教育工作者，请他们按要求对每项指标做出判断。根据收回的问卷统计每项指标的得分和评定重要程度的人数比例，按每项指标的得分高低、或重要程度比例高低顺序排列，把低于某数值的指标删除，就得到经过筛选的指标。

3. 指标的检验

筛选后的指标是否符合质量要求，要进行信度和效度检验。

信度是评价结果的稳定性和可靠性的标志，是检验评价指标质量的重要标志之一。采用半信度法、库里信度公式等均可检验指标的信度。

效度是检验指标评价结果的有效程度，检验是否评价到了要评价的东西。可以用内容效度和效标关联效度进行检验。内容效度实际是“逻辑效度”，可用广泛征求意见的办法测定。效标关联效度分预测效度、同期效度。预测效度是先用评价指标评价一些课程，整理出评价结果，待一定时期后再用其他指标评价这些课程，计算两次评价结果的相关性，相关程度高说明第一次评价指标的效度高。

4. 指标的权重

评价指标的权重是每项指标相对重要程度的标志。只有赋予不同指标以应有的权重，才能使评价结果反映教学质量的真实情况。确定指标的权重可用调查统计法，也可用层次分析法等。

调查统计法是经验法与统计法的结合，是定量与定性统一的一种方法，简便易行，信度高。具体做法是把确定下来的评价指标按级制成问卷，请有经验的教育工作者按重要程度对每项指标做出判断，统计每项指标的平均分。再按指标的隶属关系归一化处理，得出每项指标的权重。

层次分析法是一种多目标、多准则决策方法，最近也用来确定评价指标的权重。用层次分析法确定权重的方法，把评价指标两两比较。首先甲与乙比，同等重要记1分，稍微重要记3分，重要记5分，很重要记7分，非常重要记9分；然后乙与甲比，取倒数的法则记分，依次比较出所有指标的权重。

第三节　传统的教学评价存在的主要问题

长期以来，我国课堂教学评价一直按照一堂好课的标准，往往以教师“教”作为评价对象，对课堂教学进行评价。这样的课堂教学评价最大的弊端就是忽略了以人为本的教育教学思想和忽视了学生发展这一教育教学的最终目的，是“以知识为本”的，重心是评价教师“教”的设计、“教”的过程和“教”的效果，是对教师知识传授的一种评估，而学生在课堂教学过程中的学习方式、学习的能力和学习的情感、态度、价值观，即对学生终身学习和发展必须具备的基本素质的发展，却很少（几乎没有）进入“评价”的视野。因此，课堂教学“高投入低产出”，呈现“少、慢、差、费”情形，形成了“以课堂为中心”，“以教师为中心”，“以书本为中心”的评价理念。所以概括起来主要问题表现为以下几方面。

评价内容方面：仍然过重倚重学科知识，特别是课本上的知识，而忽视了实践能力、创新精神、心理素质以及情绪、态度和习惯等综合素质的考查。

评价标准方面：仍然过多强调共性和一般的趋势，忽略了个体差异和个性化发展的价值。

评价方法方面：仍以传统的纸笔考试为主，仍过多地倚重量化的结果，而很少采用体现新的评价思想的、质性的评价手段与方法。

评价主体方面：被评价者仍处于消极的被评价地位，基本上没有形成教师、家长、学生、管理者等多主体共同参与、交互作用的评价模式。

评价中心方面：仍过于关注结果，忽视被评价者在各个时期的进步状况和努力程度，没有形成真正意义上的形成性评价，不能很好地发挥评价促进发展的功能。

评价目的方面：仍过于单一，做结论、分等级，为奖惩教师提供依据。

这些特点明显与主体参与教学的理念不相适应，改革是必须而且是必要的。

第四节 主体参与教学评价的特点

一、评价功能的转化：重视发展，淡化甄别与选拔

信息技术的发展和网络时代的形成，更加构成了知识的无限丰富与急遽增长，原有的以传授知识为主的讲授法课堂教学方式受到了极大的挑战，主体参与教学与时代相照应，注重培养学生包括积极的学习态度、主体性、创新意识和实践能力以及健康的身心品质等多方面的综合发展，为学生的终身发展奠定基础。这种评价方式，不只是检查学生知识、技能的掌握情况，更为关注学生掌握知识，技能的过程与方法，以及与之相伴随的情感态度与价值观的形成。评价不再是为了选拔和甄别，而是如何发挥评价的激励作用，关注学生成长与进步的状况，并通过分析指导，提出改进计划来促进学生的发展。评价是为学生发展服务，而不是学生的发展为评价服务。教师是教育的实施者，承担着促进学生发展的任务，教师的素质及其发展是极其重要的。以往的教师评价主要是关注教师已有的工作业绩是否达标，同样体现出重检查、甄别、选拔、评优的功能，而在如何促进教师发展方面的作用是有限的。主体参与教学的评价关注的发展既包括学生的发展又包括教师的发展。

二、评价指标的多元化：重综合评价，关注个体差异

学业成就仍是现阶段考察学生发展、教师业绩和学校办学水平的重要指标。然而，仅仅掌握知识与技能已远远不能适应社会对人发展的要求。所以在关注学业成就的同时，应该关注个体发展的其他方面，如积极的学习态度、创新精神、分析与解决问题的能力以及正确的人生观、价值观等，从考察学生学到了什么，到对学生是否学会学习、学会生存、学会合作、学会沟通、学会做人等进行考察和综合评价。例如，美国许多著名中学、大学设立的奖项之多、范围之广让人目不暇接，几乎涉及学生发展的方方面面。英国则在 1999 年新

颁布的国家课程标准中强调四项发展指标和六项基本技能，传统的学业评价只是其中的一部分。与此同时，多元智力理论对“迈克尔·乔丹和比尔·盖茨同样成功”的论证，再一次使评价深刻地认识到尊重个体发展的差异性和独特性的价值。所以在综合评价的基础上评价指标应多元化，以适应社会的人才多样化的需求。

三、评价方法的多元化：强调质性评价，定性与定量相结合

人们习惯于把量化作为客观、科学、严谨的代名词，但在今天，随着评价内容的综合化，以量化的方式描述、评定一个人的发展状况时表现出僵化、简单化、表面化和形式化的特点。学生发展的生动活泼和丰富性、学生的个性特点、学生的努力和进步都被泯灭在一组组抽象的数据中。而且，对于教育而言，量化的评价把复杂的教育现象简单化了或只是评价了简单的教育现象，事实上往往丢失了教育中最有意义、最根本的内容。质性评价的方法则全面、深入、真实再现评价对象的特点和发展趋势的优点。例如，美国《国家科学课程标准》中提供的评价方法除了笔纸测试以外，还包括平时的课堂行为记录、项目调查、书面报告、作业等开放性的方法。英国则强调以激励性的评语促进学生的发展，并在教师评价中注意运用面谈、行为观察和行为记录的方法。在主体参与教学中我们主张将定量和定性相结合。

四、评价主体的多元化：强调参与与互动、自评与他评相结合

传统的教学评价的评价主体是以管理者为主的单一评价主体。主体参与教学的评价主张评价主体由管理者单一的主体变成管理者、教师、学生及教师自己等多元化的评价主体。在美国的马里兰州，对教师的评价是以学生多人组合的方式进行的。在英国等国家，学生和家长还可以参与评价体系或指标的建立，就教师对自己做出的评价结果发表不同的意见、进行申诉等。这样传统的被评价者成了评价主体中的一员，可以使得教学在评价主体扩展的同时，重视评价者与被评价者之间的互动，在平等、民主的互动中关注被评价者发展的需要，共同承担促进其发展的职责。在传统的教学评价中，评价者与被评价者扮演的基本上是管理者和被管理者的角色，被评价者对于评价结果大多处于不得不接受的被动状态，对于评价本身更是拒绝大于欢迎，或者处于“例行公事”的被

动状态。与此相比，成为评价主体中的一员，并加强评价者和被评价者之间的互动，既提高了被评价者的地位，将评价变成了主动参与、自我反思、自我教育、自我发展的过程；同时在相互沟通协商中，增进了双方的了解和理解，易于形成积极、友好、平等和民主的评价关系，这将有助于评价者在评价过程中有效地对被评价者的发展过程进行监控和指导，帮助被评价者接纳和认同评价结果，促进其不断改进，获得发展。

五、评价重心的转移：注重过程，终结性评价与形成性评价相结合

关注结果的终结性评价，是面向“过去”的评价；关注过程的形成性评价，则是面向“未来”、重在发展的评价。传统的评价往往只要求学生提供问题答案，而对于学生是如何获得这些答案的却漠不关心。这样学生获得答案的思考与推理、假设的形成以及如何应用证据等，都被摈弃在评价的视野之外。缺少对思维过程的评价，就会导致学生只重结论，忽视过程，就不可能促使学生注重科学探究的过程，养成科学探究的习惯和严谨的科学态度与精神，反而易于形成一些似是而非的认识和习惯，不利于其良好思维品质的形成，限制其解决问题的灵活性和创造性。因此，主体参与教学的教学评价更多地关注学生求知的过程、探究的过程和努力的过程，关注学生、教师在各个时期的进步状况。只有关注过程，评价才可能深入学生发展的进程，及时了解学生在发展中遇到的问题、所做出的努力以及获得的进步，这样才有可能对学生的持续发展和提高进行有效的指导，评价促进发展的功能才能真正发挥作用。与此同时，也只有在关注过程中，才能有效地帮助学生形成积极的学习态度、科学的探究精神，才能注重学生在学习过程中的情感体验、价值观的形成，实现“知识与技能”“过程与方法”以及“情感态度与价值观”的全面发展。质性评价方法的发展为这种过程的形成性评价提供了可能和条件。注重过程，将终结性评价与形成性评价相结合。

第五节　教学评价的基本原则

一、综合性原则

要求对学生的评价要从综合角度进行，从道德品质、学习结果、学习过程、学习能力、交流与合作、个性与情感几方面进行，避免一张考卷代替全部的片面性。要求教师把学校的培养目标进行分解，确定学校的培养目标的结构，联系自己的学科教学，明确经本学科的培养后，学生能达到或接近学校的哪些内容，或是本学科在实现学校的培养目标方面应起到什么作用。将这些要求作为制定教学评价的依据，再把本学科的教学目标细化一下，明确实现过程的程序。评价的内容要相对全面细致，如学生参与备课情况，学生的备课笔记、小组发言情况、组织讨论情况、提交论文情况，所提问题情况，学生相互批改作业情况，出考试题情况及学生的进步情况等一些细节的内容也都应进行评价①。

要求对教师的评价应从教学评价和教师素质评价两方面进行。

要求评价方法多样，将定性评价和定量评价相结合，形成性评价和终结性评价相结合。

二、导向性原则

这一原则要求对本学科要求的重点掌握的能力和内容在评价指标中要适当加大权重。学科不同，学生的要求自然不同，有的学科强调书面语言能力，有的专业强调口头语言能力和肢体语言能力，有的专业强调动作技能，对于学科中重点要求或体现出学科特色的内容，要加大权重，以保证学科的特色。

三、激励性原则

对于进步大或有探索性、创新性的学生，在评价时适当加大权重，以示鼓励。这主要看进步的幅度而不管最后的分值，特别是针对基础较差但进步较大

---

① 金陵．翻转课堂与微课程教学法［M］．北京：北京师范大学出版社，2015：228 - 230.

的学生及对论文、报告等确有新意应采取的办法。

第六节　教学评价的实施策略

一、找准评价的焦点

评课评什么，评价者目光的焦点应落在以下三个方面：

1. 学习状态

学习状态是指学生在学习过程中情感、态度的投入状态，具体体现为学生在学习过程中的兴趣。任何教学效果都必须通过调控学生的学习状态才能实现。学生在课堂上有好的学习状态就会有好的发展，并会通过成绩等各方面表现出来。学习状态包括参与状态、交往状态、思维状态、情绪状态和生成状态。

参与状态：学生是否全员参与学；学生是否还参与“教”，把教与学的角色集于一身。

交往状态：课堂上是否有多边、丰富多样的信息联系与信息反馈；看课堂上的人际交往是否有良好的合作氛围。

思维状态：学生是否敢于提出问题，发表见解；问题与见解是否有挑战性和独创性。

情绪状态：学生是否有适度的紧张感和愉悦感；学生能否自我控制与调节学习情绪。

生成状态：学生是否都各尽所能，感到踏实和满足；学生是否对后继的学习更有信心，感到轻松。

2. 学习效益

关注学生的发展，就必须十分重视学生的学习效益。学习效益是指对学生时间与精力的占用和学生的实际收获或教育教学目标的实现之间的关系，也是一种投入产出的关系。教学中，要讲究这种投入产出比较，争取以最小的投入获得最大的产出。我们假设课堂教学效益用 $X/Y=?$ 公式计算，“X”就是课堂教学学生的实际收获或教育教学目标的实现，即“效果”；“Y”是课堂教学中学生花的时间和精力。该公式表明，“效果”与“效益”成正比关系。因此，在课堂教学评价中只要关注课堂教学的效果，就能判断课堂教学的效益。

学习效果体现在认知目标、能力目标、情感目标的达成度上。我们一般可以采用问卷法、观察法与谈话法的形式来检测学习效果。问卷法，指评价者编制一张试卷，用于检测学生的课堂收获，如知识、技能、思想认识等。但学生在学习过程中的有些东西是很难用试题来检测的。这时，可以用观察与谈话的方式，观察课堂上师生的一言一行；课后，问一问学生的感受，听一听教师的自我评价。

3. 教师素质

关注教师的发展，必须关注教师素质。笼统地讲，教师的素质指教师从事教学实践活动所必须具备的知识和技能，在课堂教学中主要包括教学思想、教学态度等几个方面。

教学思想：从教学的宏观模式看，是素质教育模式，还是应试教育模式；是对社会需求和学生终生发展负责，还是对学生一己一时（升学）负责。从教学的微观过程看，教授与反馈是否注意到教育对象的全体性；教与学组织是否体现“主导”与“主体”的角色作用；知识传授、能力培养、德育渗透等是否出现有所偏废或顾此失彼的现象。

教学态度：教学态度是否严谨认真，主要从三方面来看，一是教师在教学设计时，对教材、课标及学情是否研究透彻、把握准确；二是课前准备是否充分；三是课堂表现是否能体现主体参与的思想，不夸夸其谈，浪费时间，不目中无人。

教学能力：教学模式的选择和应用是否符合主体性、启发性原则，体现目标性原则；教授行为能否引起有效的学习活动，使教学过程有张有弛、活泼生动；对课堂偶发事件，能否因势利导而又使教学活动不逾轨；教师能否运用各种教学工具，做到身心一体化的表达，使学生真切地受到教育、影响。

知识素养：包括两方面，一是理论素养，课堂教学设计是否科学、实用、体现学生的主体性，课后的教学反思及自我评价能否切合实际及促进发展；知识面，能否根据当时的教学需要，信手拈来相关知识充实教学。

精神状态：精神状态是否饱满，是否富有激情，仪表体态、举手投足是否得体。是否热爱，尊重学生。

二、做好三个转变

1. 转变课堂教学评价指导思想，落实多元的发展目标

评价不仅仅是为了甄别与选拔，最重要的是促进学生的发展，激励学生不断前行。分数并不能代表一个人全面的发展，除了学业成绩，学生的特质与潜能的发展，过程与方法、情感、态度、价值观的发展，搜集信息和处理信息的能力，获取新知的能力、批判性思考的能力以及学习兴趣、态度等方面都是我们关注和评价的重要方面。国家制定的学科课程标准对学生的发展有着明确的要求，这些要求不仅有学生对知识与技能的掌握程度，还包括了情感、态度、价值观的发展目的。要建立以促进学生发展为目标的评价体系，这一体系包括评价内容、标准、评价方法和改进计划。同时，对学生的发展目标提出要求。发展目标包括基础性发展目标和学科学习目标。基础性发展目标包括了道德品质、公民素养、学习能力、交流与合作能力、运动与健康、审美与表现；学科学习目标在各学科课程标准中已经体现。教育的根本目的是促进每一位学生的发展，课堂教学正是实现这一目标的主阵地。因此，关注学生在课堂教学中的发展，关注学生在课堂上的各种表现应成为课堂教学评价的主要内容，它不仅仅包括学生在课堂学习知识的表现，还包括师生互动、自主学习、同伴合作中的行为表现及在课堂上的学习的参与热情、情感体验和探究、思考的过程等。因此，我们要关注学生是怎么学的，关注学生的学习过程，通过了解学生在课堂上如何讨论、如何交流、如何合作、如何思考、如何获得结论等，来综合评价学生的学习，评价课堂教学的成败。根据建构主义理论，根据我们在教学实验中的探索，我们认为在新的教学理念指导下的主体参与教学的发展目标应该是多元的，好的课堂应包含以下六方面：（1）学生主动参与学习，（2）师生、生生之间保持有效互动，（3）学习材料、时间得到充分保障，（4）学生形成对知识真正的理解，（5）学生的自我监控和反思能力得到培养，（6）学生获得积极的情感体验。有了这样的课堂教学，我们的课堂才会充满灵性，才能具有新的生命力。

2. 转变课堂教学评价的重点，落实以学生为主体的价值观

（1）由过去评“教”转向评“学”。教学的根本目的是促进学生的发展，教学是教师组织和引导学生进行有效学习的过程，是师生之间、学生之间交往

互动、共同实现具体发展目标的过程。在教学活动中，主体是学生，教师的教是为了学生的学，是服务学生的学。无论是教师的教还是学生的学最终都要在学生那里得到体现，不考虑以学生为主体的教，不会是好的教学，也不会有好的教学效果。因此，在处理“评教”与“评学”的关系问题上，课程改革强调了以“评学”为课堂教学评价的重点，提出了“以学论教、教为了促学”的口号。在“评学”问题上，以关注学生在课堂中的表现为课堂教学评价的主要内容，把师生互动，学生自主学习、合作学习中的行为和表现、参与热情、情感体验和探究、思考过程等行为表现作为评价课堂教学的最主要的内容，摈弃以教师为中心的传统评价做法。在“评教”问题上，着力于促进教师与学生的共同发展，既关注教师在教学中的行为，也把评价重点放在教师的行为对学生的“学”所起的作用之上。

（2）由过去评“知识”“能力”，转向既评“知识”“能力”，更评学生情感态度。掌握基础知识、专业知识，基本技能、专业技能，发展学科能力无疑是教学的重要任务，但不是唯一任务。知识与技能、过程与方法、情感、态度与价值观是教学目标中有机联系的整体，对学生的发展具有十分重要的作用。从一定程度上讲，“过程与方法、情感、态度与价值观”等方面的发展比“知识与技能”更为重要，它们是每一个学生终身可持续发展的基础。因此，立足于学生发展的课堂教学评价，应改变过于注重“知识、能力”和“学科能力”目标的落实倾向，更加关注学生在学习过程中所表现出的方法和思考，关注学生应用意识和创新能力的培养，关注学生在学习过程中的情感体验和价值观的培养与形成。

（3）由过去评教师的讲授水平转向评教师的“助导”水平。把过去对于注重教师语言清晰流畅，教学思路清晰有序，板书工整合理的评价，改为重点评价课堂是否有效地组织学生发现、寻找、搜集和利用学习资源，是否恰当地设计学习活动并引导学生主动参与，是否落实学生的主体地位，是否建立良好的民主教育环境。语言流畅、思路清晰、板书工整合理，这些虽然也是教师的基本素质，但教师的教学能力应更多地表现在以下向方面：能否及时地帮助学生在课堂上开展有效的学习活动，创设理想的学习环境；能否有效地组织引导学生发现、寻找、搜集和利用学习资源；能否有效地为学生提供动手实践、自主探索与合作交流的机会和空间；能否创造性地使用教材而不是教教材。让课堂更民主一些，更宽松一些，更粗放一些，让学生在课堂上具有学习的生成空间。

(4) 由过去评“教法”转向评“学法”。过去我们往往去关注教师带领学生按照课前设计好的教学过程程序化地完成教学任务，忽视了了解学生是怎样学习的，学生基本上处于被动的地位。教师事先设计教学活动是为教师的“教”服务的，教学评价也更多地关注教师教法的选择和应用。主体参与教学倡导新的学习方式，以自主、合作和探究为主。因此，课堂教学评价首先应关注学生是怎么学的，看学生在课堂上是如何充分地自主、亲密地合作，深入地探究的；看学生在课堂上的学习热情、态度及有效学习的程度；看学生是如何在课堂上获得充分的发展的；看教师是怎样指导学生去学习，有效实施课堂教学策略，体现学生主体，尊重学生人格，鼓励学生发现、探究与质疑，高效实现教学目标的。

三、落实课堂评价的三大措施

1. 落实新的备课要求

教学设计是课堂教学的首要环节，传统的备课认为教学是课程传递和执行，是教学生学的过程。教学的目标以教师为主体，追求培养学生掌握知识技能的高效度，设计以教为中心的五环节的教案，强化传授知识技能训练，只见教材不见学生，追求课堂设计的完美、密度与深刻。主体参与教学的备课，我们要求教师做到六个改变：改变传统的备课理念，为学而教，一切为了学生的发展；改变教学组织形式，有探究学习、合作学习、自主学习等发展学生学习潜能的由学生参与的备课组织形式，这是最关键的一部分；改变备课内容，既备教法更备学法，指导学法过程具体扎实；改变教学手段，尽可能运用信息技术条件下的电教媒体；改变教学环境，坚持教学民主，充分激发学生的学习动机、学习兴趣，促进学生主动学习、自主学习、创造性地学习；改变备课精细严密程度，让学生在课堂上有学习生成的空间。

2. 落实课堂教学评价标准

主体参与教学的课堂不仅是知识建筑的空间，更是学生生命活动的场所。它不再是静止的跑道，而是提炼生活、展示风采、体验人生、追求成功、感受欢愉、发展生命的过程。主体参与教学的课堂以崭新的面貌出现在我们面前，如果我们仍以旧标准来衡量新课堂，势必将我们的老师引向歧途，阻挠教学改革的实施。因此，我们努力学习，勇于实践，重新修订了课堂评价标准，以新的课堂评价标准引导教师进行教学改革的探索与尝试。评价内容为七个方面：

（1）教学目标

具体要求：①全面具体，包括认知目标、能力目标、情感目标在内的三元教学目标；②合理，符合学生的认知水平；③情感、态度、价值观得到发展。

（2）教学内容

具体要求：①适合学生的发展水平，容量恰当；②注意前沿知识的拓展，这点在高等学校的专业知识的教学内容中非常重要；③理论联系实际，重视生活实践及专业知识的应用；④能够有效利用校内外的课程资源，如高等学校要努力开发企业、医院、学校等社会各领域与所学专业相联系的有效的课程资源。

（3）教学方式

具体要求：①突出学生的自主学习，时间充分，一节课要求要有 2/3 的时间留给学生；②组织有效的合作学习，这一点主要表现在课前的集体备课中的小组学习和课堂上的小组讨论中；③设计问题有价值，鼓励学生质疑、创新，对提出有创意的问题的学生要给予及时的肯定和表扬；④教学形式富于变化并为目标、内容服务；⑤对学生的错误的回答进行延迟评价，留给学生思维的空间、时间；⑥调整解决问题的思路，满足学生学习的需要；⑦课堂努力实现师生、生生互动，效果好；⑧提问技术具有启发性，意向明确，有助于实现教学目标；⑨激发、组织学生积极探索，提高课堂效率；⑩努力营造宽松、愉悦的学习氛围。

（4）教学指导

具体要求：①能突出重点，分解难点，抓住关键点；②指导针对性强；③语言富有启发性和感染力；④用恰当的方法引导学生相互评价，促进学生思维发展；⑤评价及时，体现教师的宽容和激励；⑥富有教学机智，及时、有效地调整、控制课堂的教学节奏；⑦点拨、启发合理、有效。

（5）教学态度

具体要求：①教态热情、大方、亲和力强；②以引导者、合作者的角色关爱每一个学生；③努力构建和谐、平等、尊重的师生关系，师生关系融洽；④热爱、了解、尊重学生；⑤热爱教育，富有激情，积极向上。

（6）教学手段

具体要求：①恰当地利用多种教学媒体；②多渠道提供信息。

(7) 教学效果

具体要求：①学生学习兴趣浓厚，活动面广；②教学目标达成度高；③作业适量，体现开放性。

3. 落实课堂质量的评价方法

传统的课堂质量评价以一张试卷定优劣，突出甄别和选拔，关注知识和能力的获得情况，忽视学生的学习过程、方法，以及情感态度、价值观等方面的发展。如何全面评价课堂教学的质量，笔者认为可以试行几个结合：

(1) 直接性评价与间接性评价结合。间接性评价指的是单元、期末的试卷考查。试卷编制要注重考查学生的动手、动脑的能力，跨学科的综合能力，创造能力、分析问题及解决实际问题的能力及学生的情感、态度和价值观。增加"友情提醒"，凸显人文性，让学生通过考试感受成功，感受进步。直接性评价即指课堂的及时性评价，这是最常进行的评价，这一评价不只是有诊断作用，它更有激励作用，通过及时性的评价能激发学生求知欲，保护学生的自尊心，更能促进学生的主动发展。

(2) 表现性评价与常态性评价结合。表现性评价是根据学生在实际操作中的表现进行的评价。让学生作文、演说、操作、实验、展示作品，在具体化、真实或模拟的情景中完成特定任务。教师运用这一评价可有效激发学生积极性，满足学生的成功感、自豪感。常态性评价则侧重于对学生平时学习态度、情感做观察性评价。

(3) 自我评价与协商评价结合。自我评价是指让学生参与课堂检测、评价。自己对自己的学习及学习表现做评判，在老师的指导下，自己出考题，自测自评。协商评价是指让学生和老师共同成为课堂评价的主导者。学生的学习成绩可以通过师生协商来确定等级，有时还可以通过协商缓评，让学生通过一段时间的努力达到要求，然后再给成绩。

(4) 目标导向评价与分层评价结合。目标导向评价即以实现教学目标为对象进行评价。评价教师为实现教学目标实施教学活动，评价学生为达到教学目标进行学习活动。通过目标导向评价引导师生实现教学目标。分层评价即对不同的学生采用不同的标准进行评价。学生的知识基础、个体能力、情感态度、价值观都是不一样的，无论从哪一方面我们用一把尺子衡量不同学生都会给学生造成伤害。因此，实行分层评价能有效促进学生理解掌握知识与技能，能有效帮助学生形成和发展情感、态度和价值观。

总之，要使主体参与教学改革能够顺利实施，就应有相应的评价体系相匹配，有相应的评价方法来进行相对科学的评价。新的课堂评价体系需要我们去面对，去探索，去实施，更需要我们在实施中不断反思，不断改进，从而促进教学改革的顺利进行。

第七节　教学评价的具体实施

一、关于好课标准的讨论

上好课是教师们努力追求的目标。“什么样的课才算好课?”这是教师们深思的问题，也是常深感困惑的问题。随着课题组科研工作的深入，课题组的实验教师就“什么样的课才算好课?”进行了两次专题研讨。研讨中，大家畅所欲言，各抒己见，尤其是对传统的教学评价对“好课”的标准进行了深刻的剖析，最后达成了如下几种观点：

1.“中评不中用”的课不是好课

有时一堂课听下来，我们往往会有这种感觉：如果按照常规的课堂教学评价标准去评这堂课，用一一对应的方式可以罗列出许多优点，诸如“教学目标明确”“教材内容安排合理”“提问精简恰当”“适时运用媒体”“渗透学法指导”“板书精练美观”“教态亲切自然”……整堂课的效果似乎很好。但我们如果换个角度审视这堂课，想想学生在这堂课中学到什么？我们也许会发现，这堂课的许多环节是为迎合评课口味而设计的，学生的学习效果并不理想。课堂教学并不是围绕学生进行的，其目的并不是使学生真正参与进来，使学生获得些什么。这种现象目前在一些评优课中尤为常见。甚至有这样一种倾向，似乎优秀的课都是放之四海而皆准的。因为优秀就成为教师们学习的榜样，可这样的榜样却要将我们的教育引向“歧途”，只关注教师没有关注学生，没有关注学生的发展，我们认为：这种做法本身违背教学规律，是不能提倡的。不考虑学生实际，不了解学生背景，只有教师和教案而没有学生的课不是好课。

2. “教师唱主角”的课不是好课

在教学活动中，往往是教师唱“主角”，学生是“配角”。在这样的教学设计中，学生的学仅仅是为了配合教师的教。有一种现象经常会出现：一节课上完，教师埋怨学生配合得不好。学生在课堂上实际扮演着配合教师完成教学任务的角色。教师期望的是学生按教案设想做出回答，教师努力引导学生得出预定答案。整个教学过程就像是电影剧本一样，什么时间讲授、什么时间提问、给学生多少时间回答问题等都设计得丝丝入扣。教育教学，究竟是“教”服务于“学”，还是“学”为“教”服务？素质教育的理念给予了明确的回答。“教师唱主角”的课，即使教师表演得再精彩，也称不上好课。

3. 只“达到认知目标”的课不一定是好课

我们常说教书育人，就是要求我们在教学中要注意学生认知、情感、意志、道德品质的发展和养成。但是，在现实教学中，有的教师把完成认知性任务当成课堂教学的中心或唯一目的。教学目标设定中最具体的是认知性目标，由此导致课堂教学关注知识的有效传递，课堂教学见书不见人，人围着书本转。正如苏霍姆林斯基所描述的那样：“教师使出教育学上所有的巧妙方法，使自己的教学变得尽可能地容易掌握。然后再要求学生记住所有的东西。这种忽视学生主体只重视知识移植的课堂教学是对学生智力资源的最大浪费。”体现素质教育理论的主体参与课堂教学需要的是对完整的人的教育。仅仅达到认知目标的课称不上好课。

4. 课“讲”得再好，没有学生的主体参与，或参与很少的课不是好课

学生是课堂教学的主体。课堂教学应该实现陶行知先生所提倡的那样，“充分解放学生的大脑、双手、嘴巴、眼睛”。让学生有足够的时间和空间，多种感官全方位地参与学习，才能调动学生的学习积极性，使课堂焕发出生命的活力。课堂教学的立足点是人而不是“物化”的知识，要让每一个学生都有参与的机会，使每个学生在参与的过程中体验学习的快乐，获得心智的发展。好课应体现学生的主体性，重视学生的主体参与。

5. 课堂学习气氛沉闷的课不是好课

任何一项活动能够顺利、高效地进行都必须有一个必要的条件，那就是活动的主体间要有友好、和谐的关系和气氛。这就要求教师放下主宰者、控制者、帮助者的身份，以一个友好的“协作者”的身份来到课堂，充分相信、理解、

尊重学生，用欣赏的眼光看学生。每个人都有他的智力倾向，不能用同一把尺子去衡量每一个学生，那样对学生是不公平的。尤其对学困生更要有耐心，充分的尊重和信任能够激起学困生的学习热情。教师应积极营造友好、民主、平等的教学氛围。只顾完成教学任务，用教师的角色威严多次进行批评、指责、嘲讽，甚至体罚来维持课堂秩序，当然不是好课。好课应有一种友好、民主、平等的教学氛围。

6. 不培养学生创新意识的课不是好课

一个民族的进步和发展决定于这个民族的每一个人的创新意识和创造能力。课堂教学中鼓励独创性和多样性。教师不是把自己的思维方式与问题的结论强加给学生，而应是启发学生自己思考、去得出结论，尊重学生的不同意见和观点，允许学生自己讨论和争鸣，有意识地表扬有独立见解的学生，形成有利于发展学生求异思维、多向思维的氛围。好课应重视学生创新意识和创新思维习惯的培养。

7. 只教学生知识，不发展学生学习能力的课不是好课

人应毕生学习，毕生发展。一个人要获得可持续发展的能力，就要获得最基本的学习能力。当他走出校门，离开老师时仍能够不断地丰富自己，充实自己，永远能被市场所选择，永远能够为社会做贡献。那么学习能力的获得就要靠平时的学习当中尤其是课堂教学中教师的有意识的培养。在课堂上教师不应只想着“教学生哪些知识，让学生学会哪些知识”，更应想着“让学生如何学会知识，怎样学会知识，他是怎样学知识的”；教学生如何发现问题，用什么方法解决问题等。一个好的教师应力争做到“授之以渔”，而不是“授之以鱼”。

8. 不进行世界观的教育的课不是好课

教学不等于智育，课堂教学应促进学生的全面发展而不仅仅是让学生取得一份知识行囊。无论是基础教育的语文、数学、物理、化学、历史、地理、外语等任何一门课程，还是高等教育的任何一门专业课都要渗透着对学生的世界观、人生观、价值观的教育。让学生在获取知识的同时，心灵受到启迪，最终积淀成为人的精神世界中最深层、最基本的东西——价值观和人生观。好的课不仅是让学生获得一种知识，还要让学生拥有一种精神、一种立场、一种态度、一种不懈的追求。好课留给人的精神是永恒的。因为人总要先学会做人，然后才能学会做事。

通过讨论和主体参与课堂教学的实践，课题组实验教师们在一起确定了衡

量一节课是否成功的五条标准：

一看学生自主学习的热情是否被点燃，学习氛围是否宽松民主；

二看学生自主学习的时间和空间是否充分，学习活动是否有效；

三看教学内容是否是学生自己学的，学法是否得到指点；

四看师生交往是否融洽，是否从学生的个性出发；

五看教师提供的学习材料与教学目标是否一致，教学目标是否达成。

课堂教学是为学生的发展服务的，课堂教学的价值是体现在学生身上的，学生是课堂教学的价值主体。学生发展的需要就是确定评价标准的根据。从这一认识出发，对评价标准的表述必须把学生放在核心地位。因此，将上面五条标准概括成一句话就是：看学生有无进步或发展，而不是看老师有没有教完内容或教课认真不认真。

二、要素分解，建立评价体系

新的形势下，课堂教学评价应该“建立促进学生全面发展的评价体系。评价不仅要关注学生的学业成绩，而且要发现和发展学生多方面的潜能，了解学生发展中的需求，帮助学生认识自我，建立自信。发挥评价的教育功能，促进学生在原有水平上的发展”①。要“建立促进教师不断提高，不断发展的评价体系。强调教师对自己教学行为的分析与反思，使教师从多渠道获得信息，不断提高教学水平”②。简言之，主体参与课堂教学评价应立足于学生的发展和教师的发展两个方面。

（一）对学生的评价

1. 课堂教学评价应注重学生个性的发展

课堂学习结果，包括认知系统和情意系统的开发状况，需要得到评价反馈。教学评价的根本目的是促进学生全面素质的和谐发展，培养学生的主动精神和创新精神，所以我们认为：课堂教学评价应注重学生个性的发展。

（1）评价的目光应面对个性

评价应充分注意学生显现出来的独特个性，即在评价学生参与活动（思维

① 朱慕菊．走进新课程［M］．北京：北京师范大学出版社，2002：141 - 151.

② 王允丽．翻转学习［M］．北京：中国青年出版社，2015：125 - 126.

模式、行为方式、结果形态等）时，一定要注重学生参与的意识（兴趣、情趣、成功欲等），质量（参与度、独立性、自主性、创造性等）和过程（合作、操作、整合、发散、协调、应变等）。

（2）评价的内容应指向个性

评价内容要与教学目标吻合，包括学习的动机、兴趣、态度、习惯、意志等个性发展因素；评价应贯穿教学全过程，使学习各环节的动态置于评价、反馈、调控的视野；要针对学习行为的不同方式和个性的不同表现来评价每一个学生。

（3）评价的方法应展示个性

采取教师评、学生自评、学生互评等多种方法来进行评价，使学生能充分表现独特的内心世界和个性特征，可采用成果展览、角色扮演、质疑争辩、竞赛评比等形式。

（4）评价的结果应激励个性

苏霍姆林斯基说过："学校精神生活的意义就在于唤起每一个学生人格的独特性。"① 每个人都有实现自身价值、获得较高评价的追求。课堂学习评价实质上是个性不断展示、发展、完善的过程。因此，评价结果在一方面要充分肯定学生在原有基础上的提高，揭示其个性发展的潜力，让不同层次学生都能体会到成功的愉悦。另一方面，要引导学生认识自身与更高水平还有差异，使认知结构不断变革和重组，以促成激发心理的矛盾运动，启动个性发展的新方向，激励"自我求成""自我需要"的新需要。

2. 明确评价内容和评价标准

主体参与教学关注的是学生的全面发展。不仅仅是关注学生的知识和技能的获得情况，更关注学生的学习过程、方法，以及相应的情感态度和价值观等方面的发展。只有这样，才能培养出适合时代发展的身心健康、有知识、有能力、有纪律的创新型人才。为此，评价内容应包括学科学习目标，学习过程和促进学生全面发展的评价体系的一般性发展目标，学科学习目标应根据具体的学科特点来设定。下面主要来谈学习过程和描述学生全面发展的基本素质的要素内容，具体有如下几方面：

① 王升．主体参与型教学探索［M］．北京：教育科学出版社，2003：224.

（1）道德品质。爱祖国、爱人民、爱劳动、爱科学、爱社会主义；遵纪守法、诚实守信、关心集体；能对个人的行为负责，表现出公民所应具有的社会责任感等。

（2）学习能力。有学习的愿望和兴趣，能承担起学习的责任；能运用各种学习策略来提高学习水平，能对自己的学习过程和学习结果进行反思；能把不同的学科知识联系起来，运用已有的知识和技能分析、解决问题；具有初步的探究与创新精神。

（3）交流与合作。能与他人一起确立目标并努力去实现目标；尊重并理解他人的处境和观点，能评价和约束自己的行为；能综合地运用各种交流和沟通的方法进行合作等。

（4）个性与情感。对生活、学习有着积极的情绪情感体验；自信、自尊、自强、自律；能积极乐观地对待挫折与困难，表现出独立、宽容、勤奋和自强不息等优秀的个性品质。

（5）学习过程。参与备课情况（备课笔记、小组发言记录等）；上讲台情况；提交论文情况；组织讨论情况；所提问题、出考题的质量及进步状况等。

需要注意的是，在实际的教育教学中，学科学习目标和一般发展目标是很难截然分开进行的，通常是一般发展目标蕴含在学科学习中，与学科学习目标同步发展，而且也常常融合在一起进行评价。

下面是课题组的实验教师制定的将学科学习目标，学习过程和一般发展目标有机融合在一起的学生具体的评价标准（见表 10－1）：

表 10－1“情境、互动、发展”课堂教学评价表（学生）

<table>
<tr><td>课题</td><td></td><td>班级</td><td></td><td>时间</td><td></td><td>执教者</td><td></td><td>评课者</td><td></td></tr>
<tr><td colspan="2">评价项目</td><td colspan="2">权重</td><td colspan="4">评价要点</td><td colspan="2">得分</td></tr>
<tr><td colspan="2" rowspan="2">兴趣动机</td><td rowspan="2">10</td><td>5</td><td colspan="4">1. 明确问题，萌发求知欲望，产生兴趣</td><td colspan="2"></td></tr>
<tr><td>5</td><td colspan="4">2. 感知问题，引发动机</td><td colspan="2"></td></tr>
<tr><td colspan="2" rowspan="4">分析问题</td><td rowspan="4">20</td><td>5</td><td colspan="4">1. 善于发现问题</td><td colspan="2"></td></tr>
<tr><td>5</td><td colspan="4">2. 敢于提出疑问</td><td colspan="2"></td></tr>
<tr><td>5</td><td colspan="4">3. 明确解决思路</td><td colspan="2"></td></tr>
<tr><td>5</td><td colspan="4">4. 敢于大胆想象、假设</td><td colspan="2"></td></tr>
</table>

续表

课题	班级	时间	执教者	评课者
评价项目	权重		评价要点	得分
合作互动	15	5	1. 能进行生生互动和师生互动	
		5	2. 学生小组合作、讨论，气氛热烈	
		5	3. 积极参与自主学习，会听能讲的达 80% 以上	
主动探索	20	5	1. 学生参与探索面达到 100%	
		5	2. 学生举手发言的人超过一半	
		5	3. 学生有主动探究，有积极思维的时空	
		5	4. 学生知识内化，掌握方法策略，解决了问题	
生动发展	15	5	1. 不同层次的学生都能体验成功的喜悦	
		5	2. 能展开联想想象，能出现有独创性的学生	
		5	3. 能独立运用方法解决实际问题，养成独立思考的习惯	
精神风貌	7	4	1. 学习热情高涨	
		3	2. 学习气氛活跃	
师生关系	8	4	1. 尊师爱师	
		4	2. 友好和谐	
学习效果	10	5	1. 问题解决质量高	
		5	2. 学习效度高	
		总分		

值得提出的是教师应在学期初就将评价表发给学生，让他们在平时的学习中有目标、有导向，知道从哪一方面来发展自己，来完善自己。此评价表与教师评价表同时使用，评价者在同一时间对学生和教师同时进行评价，综合获得信息。

3. 选择并设计评价工具与评价方法

工具、方法的选择与使用应配合内容的性质与需要。促进学生发展的评价体系、综合的评价内容和标准多元化，那么相对应的评价工具与方法就应注重多样化，尤其强调质性评价方法的应用。只有将质性的评价方法和量化的评价方法相结合，才可以有效地描述学生全面发展的状况，也才能评定复杂的教育现象。因此，促进学生全面发展的评价体系打破将考试作为唯一评价手段的垄断，要求重视采用开放性的质性评价方法。到目前为止考试仍是一种有效的评价方法，但应注意根据考试的目的、性质和对象，选择不同的考试方法，如辩论、答辩、表演、产品制作、论文撰写等灵活多样、开放动态的方式。此外，需要注意将形成性评价与终结性评价有机结合，将定性与定量的方法相结合，只有这样，关注过程的形成性评价方法和质性的评价方法才能落到实处，引起教师和学生的重视。如笔者在软件工程专业的《SQL Server 数据库应用与开发》课程的学业评价的考试中就采用了角色扮演、辩论、论文撰写等多种方式来评价学生对此学科内容的掌握情况，均取得了很好的评价效果。

（二）对教师的评价

1. 对教师的评价着眼于教师对学生发展的作用和自我发展上

前已述一堂好课的标准，所以对教师的评价不能只限于他教会了学生什么知识、用什么方法教的、语言是否流畅、板书是否完整等，更重要的是要评价教师在课堂上的一切行为是否有助于学生的发展和自我的提高两方面。评价的目的也不再是简单地判定谁是优秀教师、谁合格、谁达标，而是和教师一起分析他们工作中的成就、不足，提出改进计划，促进教师的成长和发展。

2. 明确评价内容和评价标准

主体参与教学对教师提出了新的、更高的要求，教师的角色发生了根本性的变化。教师不仅是知识的传授者，更是学生学习的促进者；教师不仅是传统的教育者，还是新型教学关系中的学习者和研究者；教师不仅是课程实施的组织者、执行者，也是课程的开发者和创造者。主体参与教学对教师提出了全方位的要求，教师的工作也因此变得更加富有创造性，教师的个性和个人价值、伦理价值和专业发展得到了高度的重视。所以不再以学生的学业成绩作为评价教师水平的唯一标准，而是多元促进教师不断提高的综合评价体系。具体来讲应包括对教师教学的评价和对教师素质的评价两个方面。对高校教师而言还应包括科学研究能力的评价。要素分解可以有如下几方面内容：

（1）职业道德。热爱教育事业，热爱学生；积极上进，具有奉献精神；公正，诚恳，具有健康的心态和团队的精神。

（2）了解学生，尊重学生。能全面了解、研究、评价学生；尊重学生、关注个体差异，鼓励全体学生充分参与学习；进行积极的师生互动，赢得学生的尊敬。

(3) 教学设计与实施。能确定教学目标，设计教学方案，使之适合于学生的经验、兴趣、知识水平、理解力和其他能力发展的现状与需求；与学生共同创设学习环境，为学生提供讨论、质疑、探究、合作、交流的机会；积极利用现代教育技术，选择利用校内外有利的学习资源。

(4) 交流与反思。积极与学生、家长、社会、同事交流与沟通，能对自己的教育观念、教育行为进行反思，并制订改进计划。

笔者与课题组成员在教学中不断摸索，大胆实践，制定了教师评价方案，并在每一学期末对课题组实验教师进行评价，取得了良好的效果（见表10－2）。

表10－2 “情境、互动、发展”课堂教学评价表（教师）

<table>
<tr><td>课题</td><td></td><td>班级</td><td></td><td>时间</td><td></td><td>执教者</td><td></td><td>评课者</td><td></td></tr>
<tr><td>评价项目</td><td colspan="2">权重</td><td colspan="6">评价要点</td><td>得分</td></tr>
<tr><td rowspan="3">教学目标</td><td rowspan="3">9</td><td>3</td><td colspan="6">1. 全面，包含知识、能力、情感</td><td></td></tr>
<tr><td>3</td><td colspan="6">2. 符合学生的认知水平</td><td></td></tr>
<tr><td>3</td><td colspan="6">3. 情感、态度、价值观得到发展</td><td></td></tr>
<tr><td rowspan="4">教学内容</td><td rowspan="4">12</td><td>3</td><td colspan="6">1. 适合学生的发展水平，容量恰当</td><td></td></tr>
<tr><td>3</td><td colspan="6">2. 注意前沿知识的拓展</td><td></td></tr>
<tr><td>3</td><td colspan="6">3. 理论联系实际</td><td></td></tr>
<tr><td>3</td><td colspan="6">4. 选择利用校内外资源</td><td></td></tr>
<tr><td rowspan="10">教学方式</td><td rowspan="10">30</td><td>3</td><td colspan="6">1. 突出学生的自主学习，时间充分</td><td></td></tr>
<tr><td>3</td><td colspan="6">2. 组织有效的合作学习</td><td></td></tr>
<tr><td>3</td><td colspan="6">3. 设计问题有价值，鼓励学生质疑、创新</td><td></td></tr>
<tr><td>3</td><td colspan="6">4. 教学形式富于变化并为目标、内容服务</td><td></td></tr>
<tr><td>3</td><td colspan="6">5. 进行延迟评价，留给学生思维的空间、时间</td><td></td></tr>
<tr><td>3</td><td colspan="6">6. 调整解决问题的思路，满足学生学习的需要</td><td></td></tr>
<tr><td>3</td><td colspan="6">7. 师生、生生互动</td><td></td></tr>
<tr><td>3</td><td colspan="6">8. 提问技术具有启发性，意向明确</td><td></td></tr>
<tr><td>3</td><td colspan="6">9. 组织学生积极探索，提高课堂效率</td><td></td></tr>
<tr><td>3</td><td colspan="6">10. 努力营造宽松、愉悦的学习氛围</td><td></td></tr>
</table>

续表

<table>
<tr><td>课题</td><td></td><td>班级</td><td></td><td>时间</td><td></td><td>执教者</td><td></td><td>评课者</td><td></td></tr>
<tr><td colspan="2">评价项目</td><td colspan="2">权重</td><td colspan="4">评价要点</td><td colspan="2">得分</td></tr>
<tr><td colspan="2" rowspan="7">教学指导</td><td rowspan="7">21</td><td>3</td><td colspan="4">1. 突出重点，分解难点</td><td colspan="2"></td></tr>
<tr><td>3</td><td colspan="4">2. 针对性强</td><td colspan="2"></td></tr>
<tr><td>3</td><td colspan="4">3. 语言富有启发性和感染力</td><td colspan="2"></td></tr>
<tr><td>3</td><td colspan="4">4. 使用恰当的方法引导学生相互评价</td><td colspan="2"></td></tr>
<tr><td>3</td><td colspan="4">5. 评价及时，体现教师的宽容和激励</td><td colspan="2"></td></tr>
<tr><td>3</td><td colspan="4">6. 富有教学机智</td><td colspan="2"></td></tr>
<tr><td>3</td><td colspan="4">7. 点拨、启发合理</td><td colspan="2"></td></tr>
<tr><td colspan="2" rowspan="5">教学态度</td><td rowspan="5">15</td><td>3</td><td colspan="4">1. 教态热情、大方、亲和力强</td><td colspan="2"></td></tr>
<tr><td>3</td><td colspan="4">2. 扮演引导者、合作者的角色关爱每一个学生</td><td colspan="2"></td></tr>
<tr><td>3</td><td colspan="4">3. 构建和谐、平等、尊重的师生关系，师生关系融洽</td><td colspan="2"></td></tr>
<tr><td>3</td><td colspan="4">4. 热爱、了解、尊重学生</td><td colspan="2"></td></tr>
<tr><td>3</td><td colspan="4">5. 热爱教育，富有激情，积极向上</td><td colspan="2"></td></tr>
<tr><td colspan="2" rowspan="2">教学手段</td><td rowspan="2">4</td><td>2</td><td colspan="4">1. 借助现代化教学手段或实验，有助于启迪思维</td><td colspan="2"></td></tr>
<tr><td>2</td><td colspan="4">2. 多渠道提供信息</td><td colspan="2"></td></tr>
<tr><td colspan="2" rowspan="3">教学效果</td><td rowspan="3">9</td><td>3</td><td colspan="4">1. 学生学习兴趣浓厚，活动面广</td><td colspan="2"></td></tr>
<tr><td>3</td><td colspan="4">2. 教学目标达成度高</td><td colspan="2"></td></tr>
<tr><td>3</td><td colspan="4">3. 学生学习效率高</td><td colspan="2"></td></tr>
<tr><td colspan="2"></td><td></td><td></td><td colspan="4">总分</td><td colspan="2"></td></tr>
</table>

3. 评价注意事项

因为评价就是指挥棒，评价内容就是导向，所以在使用此评价体系对课题组实验教师进行评价时我们注意到如下几点：

（1）在学期初就将评价表发给教师，让教师按此标准来发展自己、完善自己。

（2）在评价之后我们将评价结果反馈给教师本人。教师可通过评价反馈来了解自己的优点及不足，明确改进的方向。因评价的目的是促进教师成长和教学水平的提高，如果仍然像传统的评价一样为了甄别和选优，评价完后将评价表作为资料存档，再好的评价体系也将失去其真正的意义。

（3）此评价体系可供多个评价主体同时使用。我们在评价时采取学生评价、教师自评、教师互评、教学管理人员评价等多种形式，并将评价结果及时反馈给教师。这样教师不但可以了解自己的优点和不足，还可以将同一指标在不同评价主体间进行比较，以了解学生对某一指标的认识与教师之间的差别，调整自己，尽量缩短与学生之间认识上的距离，满足学生的需要，因为“教”是为“学”服务的。

（4）采取每学期评价两次的方式。常规的教学评价常常是每一学期结束后进行一次评价。我们考虑到这样周期太长，对实验教师的成长不利，所以采取了每学期在期中和期末评价的方式，评价主体和方式仍然是前述的教师互评，教师自评，学生评价和教学管理人员评价。

（5）多纵向比较，少横向比较。我们把每个评价主体对这位教师的评价按先后顺序装订在一起，这样就能对比出每个评价主体对这位教师在不同时期的评价，也是对教师成长过程的记录。多纵向比较，少横向比较，可以使教师看到自己的进步，对自己充满信心。如我们课题组中有一位相对年轻的教师，在实验之初的第一次评价中结果很不好，尤其是学生的评价相对更弱一些，如果进行横向比较与课题组其他实验教师相比，差距较大，很可能会挫伤这位教师的自尊心和自信心。于是我们帮她分析原因，鼓励她进步，经过努力，果然以后每次评价效果均较前一次都有很大的进步，最后一次评价达到了很好的水平。该教师对教改充满了信心和兴趣。她说：“我看到了我自己在成长，我看到了我自己在进步，我对我自己充满了信心，我热爱教育事业，再有这样的科研实验的机会我还要参加。”

（6）高度重视评价的目的，使评价能更真实和高效。在课题组的实验教师及教学管理人员都能高度一致地认识到评价的目的和意义的基础上，为使学生偌大的主体群（实验班每一个同学都参与评价）明确评价的目的和意义，我们进行了宣传教育。如果每一个评价主体都能排除功利思想，本着提高教学水平和促进教师成长，本着对教学和教师负责的态度去评价，那么就大大提高了评价的效度。

（7）无论是哪一种评价体系，效度再高也不可能将对一个人要评价的指标和内容无一遗漏地囊括在内，所以还应该与其他评价方式相结合，使对教师的评价更趋全面和科学，以促进教师教学水平的提高和素质的发展。如此评价体系中就无法体现教师的勤奋和虚心务实的态度这一素质，我们就应与其他质性评价方法相结合。前述那位教师就因为她具有这样的态度才有了可喜的进步和好的业绩，所以应以评语的方式表达出来并反馈给教师本人，给以鼓励，增强自信。

(8) 任何一个评价体系都不可能是永恒使用的，需要在实践中逐渐完善，与时俱进。我们在实践中体会到此评价体系也存在着一些不足之处，如由于受认识水平、扮演的角色和考虑问题的出发点不同的影响，学生使用此评价体系时有些标准的尺度难以把握恰当，有些项目的评价要点还不是很全面等。我们也正在进一步地完善。

第八节　主体参与教学评价的实效

课堂教学评价一直是教学评价中的重要组成部分。一直以来，课堂教学评价的关注点都是以“教师”为主，如教师言语表达是否流畅、教师的板书设计是否合理、教师的情感投入是否具有感染力、教师的教学思路是否清晰，以及教师的教学设计是否结构合理、详略得当等，主要关注教师的课堂表现，关注教师是怎么讲的。即使关注到学生的行为表现，也基本上是被看作教师“教”的回应，或者成为教师“教”的点缀。总的来说，以往的课堂教学评价表现出“以教为主，学为教服务”的倾向。

主体参与教学评价关注的是学生在课堂教学中的表现，包括学生在课堂上的师生互动、自主学习、同伴合作中的行为表现、参与热情、情感体验和探究、思考的过程等，即关注学生是怎么学的。通过了解学生在课堂上如何讨论、如何交流、如何合作、如何思考、如何获得结论及其过程等学生的行为表现，评价课堂教学的成败。即使关注教师的行为，也是关注教师如何激励学生的学习、教师如何激发学生学习热情和探究的兴趣等，来评价教师课堂行为表现对学生的“学”的价值。所以主体参与教学评价显示出应有的实效，具有促进学生发展和教师专业成长的双重功能。从关注教师的“教”到关注学生的“学”，这一视角的转变对我国现行的课堂教学、教师教学行为及其相关的教学管理都带来了巨大的冲击和全新的启示。

一、改变了教师教学的方式和学生学习的方式

在以往的课堂教学中，教师大多是按照事先设计好的教学过程，带着学生一步不差地进行，学生则基本处于被动的地位，即使有一些自主的活动，也是教师在事先设计或限定的范围内，为某个教学环节服务。但如果关注学生的“学”，教师的这种教学方式就会受到挑战，而学生的学习方式也将发生根本性的变革，学生学习的自主性将被空前地重视起来。因此，主体参与教学倡导的新的学习方式，以自主、合作和探究为主；而教师也更多地成为学习情景的创设者、组织者和学生学习活动的参与者、促进者，教师的课堂教学设计遵循了学生发展的需要。

二、改变了教师课前准备的关注点和备课的方式

“以学论教”使教师更多地关注学生在课堂上的可能反应，并思考相应的对策。于是，促使教师从以往“只见教材不见学生”的备课方式中转变出来，注重花时间去琢磨学生、琢磨活生生的课堂，注重提高自己的教学能力，而不是在课堂上简单地再现教材。因此，只写教案这种传统的备课方式已不能满足“以学论教”评价模式对课堂教学的要求。除了写教案，教师更要走进学生中间，了解他们对即将讲解内容的兴趣、知识储备和他们所关心的话题；了解他们集体备课的情况，小组合作的情况等。只有充分了解学生，才能真正上好“以学论教”的每一堂课。而教案的使用和设计也需要随着新要求的变化而有所改进，以增强其适应性。

三、改变了教师对教学能力的认识

从关注“教”到关注“学”课堂教学中心的转移，将促使教师重新反思一堂“好”课要求教师具备的教学能力是什么。也许一个板书并不漂亮、口语表达并不是很利落的教师也能上出一堂好课来。因为，“以学论教”课堂教学模式更为关注学生在课堂上做了些什么、说了些什么、想了些什么、学会了些什么和感受到什么等。教师的板书和口语表达能力已不再是一堂好课的必要条件了。只要这位教师给予学生充分的自主学习、探究的机会，学生在课堂上获得了充分的发展，可以写出来板书，可以说出来总结，这依然是一堂好课，一堂学生

“学”得好的课。从而，教师对“教学能力”进行新的思考和认识：对教材的把握能力依然是必要的，但似乎已不够了，自主实践将会引发学生形形色色的问题，这就需要教师储备相关学科领域的知识，此外，更具挑战的是教师要学会“用教材”而不是“教教材”。

第九节　主体参与教学的教学反思

一、教学反思的概念及特征

教学反思是教师对自己教学活动的回顾思考、重新认识、再评价和经验总结，是教学的一个重要环节；是教学主体借助行动研究，不断探究与解决自身和教学目的以及教学工具等方面的问题，将“学会教学”与“学会学习”统一起来，努力提升教学实践的合理性，使自己成为学者型教师的过程。这里所说的反思与通常所说的静坐冥想式的反思不同，它往往不是一个人独处放松和回忆漫想，而是一个需要认真思索乃至极大努力的过程，而且常常需要教师合作进行。另外，反思不简单是教学经验的总结，它是伴随整个教学过程的监视、分析和解决问题的活动。教学反思的特征如下所述。

（一）立足教学实际，创造性地解决问题

教学反思不是简单地回顾教学情况，而是教学主体发现教学中存在的问题，根据解决问题的方案组织教学内容，通过解决问题，进一步提高教学质量的过程。教学反思不仅探求教学的结果，而且要对结果及有关原因等进行反思，这样一来，教学反思具有了较强的科学研究性质①。

人的成长需要不断的总结和反思，教学活动也是如此。教师若能经常在教学活动中进行总结和反思，那么他就能成为反思型教师。反思型教师会不断地对教学过程的结果进行总结分析，并找出有关原因进行思考，总是问“为什么”。这种问题意识成了主体反思自身行为的动力。教学反思的整个过程均是在具体的教学实际中完成的，并在教学实际中解决问题，使下一步的教学实践活动更趋完善。

---

① 熊川武．反思性教学［M］．上海：华东师范大学出版社，1999：98－99.

（二）在探究中提升教学实践的合理性

教学反思开始于“问题”，实践于“探究”，结果于“发现”。如果说“问题”是展开教学反思的前提的话，“探究”就应该处于核心地位。教学反思本身就是一个探究的过程，在这个过程中，教师既是引导者，又是评论者；既是教育者，又是受教育者。通过反思，教师不断更新教学观念，改善教学行为，提升教学水平，同时形成对教学现象、教学问题的深层次的思考和创造性的见解，使自己真正成为教学的实践者和教学的研究者。

（三）强调两个“学会”是全面发展的过程

这两个“学会”是指“学会学习”和“学会教学”，二者的关系是：学会学习是教学的终极目的，而学会教学是直接目的，亦即教师的学会教学是为了学生更好地学会学习。因而，反思型教师要懂得“学会教学”必须以深切体验学生的“学会学习”为前提，只有从学生“学会学习”的角度去思考“学会教学”，才能真正学会教学；才能在不断变化的教育条件下有效地指导学生学会学习，从而达到师生共同提高的目的。

（四）以增强教师的“道德感”为突破口

责任感强的教师会自觉反思自己的教学行为，而每一次反思发现一个（或一些）问题，进行一次研究，学会一些东西，教学技能亦会逐步提高。教学反思既注重教师教学的技术问题，又把教学伦理与道德问题提上重要日程，在增强教师的道德感上下功夫。从这些可以看出，教学反思对教师的专业发展是非常有价值和有意义的。

孔子说学而不思则罔，思而不学则殆。教学也是如此，只教不研，就会成为教死书的教书匠；只研不教，就会成为纸上谈兵的空谈者。只有成为一名科研型教师，边教边总结，边教边反思，才能“百尺竿头更进一步”。

教学反思是教师自我适应与发展的核心手段。正如美国学者波斯纳认为：教师的成长 = 经验 + 反思。

二、主体参与教学的教学反思实践

（一）教学前反思

教学前反思即教学前进行反思。这种反思具有前瞻性，使教学成为一种自觉的实践，并有效地提高教师的教学预测和分析能力。这一阶段的反思，主要是对学科材料和内容、教师自身的特征和能力以及学生特征和需要的反思。要求能分析现状，发现问题。

1. 对学生的反思

随着高校的扩招，现阶段高等学校的学生素质普遍下降，这已成了一个不争的事实。学生带着基础教育中传统的讲授法教学造成的各种“后遗症”来到高等学校。教学实践中我们发现，在学生身上存在着这样一些问题：学习兴趣不浓；学习动机缺乏（从笔者的大学生学习兴趣、动机调查结果可见一斑）；学习习惯不良；学习态度不端正；做事、学习缺乏应有的激情；意志薄弱、畏难退缩；不善于合作、以自我为中心等，这些问题都影响着他们的学习效率。但学生们有良好的学习愿望，都有对知识的渴求，都有各种潜能，都有各种需要，也都有个人的能力倾向和特长。这些都是实施主体参与教学的最基本的条件。学生们身上存在的问题也正是主体参与教学要解决的问题。

经过讨论我们采取了前述的各种教学策略（参见第六章）来进行教学实践。

经过主体参与教学的实践活动，学生们学会了学习，学会了沟通，学会了做人，学会了做事，获得了可持续发展的能力。这也正是主体参与教学所追求的目标。但在实践中有一少部分学生由于受习惯的惰性思维的影响，在开始实验时对新的教学方式有些不适应，他们不愿思考，嫌自主学习占用他们大量的休息和娱乐时间（从笔者的教学方式调查结果中可见一斑）。虽然随着教学实验的不断深入，他们各方面都有很大的进步，用个性和差异的眼光看问题，有进步就应视为改革的成功。但我们应清醒地认识到：如果从基础教育开始他们就摆脱传统的讲授法教学方式，那么今天他们一定不是这样的层次。所以我们建议：主体参与教学一定要从基础教育开始！这也从另一侧面说明教学改革的重要性和紧迫性。

2. 对教师的反思

多年的传统讲授法的教学，教师们已习惯于“一支粉笔，讲满一堂课”的教学方式。经过反复的实践我们发现在教师们身上存在着这样的一些问题：观念陈旧；方法欠缺；创新意识和能力较弱；排除干扰和惰性思维能力较差等。但教师们有改革的热情，有成就的动机和欲望，有对新知识和方法的渴求，有对教育事业的热爱，这些又成为进行主体参与教学改革的基本条件。

经过不断的教学实践，教师们改变了传统的教育观念，树立了新的教学观和学生观，掌握了新的教学方法和教学策略，转变了教师角色和教学行为，学会了教学评价和教学反思，获得了促进自己成长和发展的能力。

值得提出的是，教学前反思并不是在教学改革或每一学科的学习前一次进行的，而是在每一次新的教学活动开始前都要进行。它能使教师对每一次的教学活动有充分的认识和把握，并有效地提高教师的教学预测和分析能力。

（二）教学实践中的反思

在教学中的反思，即及时地在行动过程中进行的反思。这种反思具有监控性，使教学高效地进行，并有助于提高教师的教学调控和应变能力。

在主体参与教学实践中，尤其是在第二课堂的小组合作学习和第一课堂的教学活动中，我们发现同学们有独霸“学坛，独占讨论席”的现象；有游离于“活动”之外的现象；有质疑问题偏离内容，质量不高的现象；有胆怯、不敢在大众面前发言和上讲台讲课的情况；有同学们讨论时出现激烈的争执的情况；有同学们提出的问题具有挑战性的情况等。这些问题都是课题组的实验教师们在具体的主体参与教学实践中遇到的问题。对这些情况的处理就需要教师具有一定的教育机智。

在教学实践中教师们能迅速地分析问题，果断决策，分别采用了将问题分解给多个学生，让“学霸”进行总结概括的策略；给游离于活动之外的学生提出适当的问题的策略；给质疑问题偏离内容的同学以延迟判断的策略；给胆怯的学生以激发、鼓励、信任的策略；对争执的同学给予引导的策略；对提出具有挑战性的问题的学生以表扬和对问题表示诚恳接受的策略。这有效地调控了课堂教学的节奏，使课堂教学顺利和高效地进行。

值得提出的是教学实践中的教学反思，是在具体的教学实践针对教学中出现的具体问题进行的分析、判断、决策、处理的过程。这样的过程没有规律、没有定式，因为一切均在变化之中。这就需要教师们要有良好的教育机智。

教育机智是教师在教育教学活动中的一种特殊智力定向能力，是指教师对学生各种表现，特别是对意外情况和偶发事件，能够及时做出反应，并采取恰当措施以解决问题的特殊能力。

教育机智是建立在一定的教育科学理论和教育实践基础上的教育经验的升华，是教育科学理论和教育实践经验熔铸的合金。教育机智实质就是教师观察的敏锐性、思维的深刻性和灵活性、意志的果断性等在教育工作中有机结合的表现，是教师优良心理品质和高超教育技能的概括，也是教师迅速地了解学生和机敏地影响学生的教育艺术。

在教育教学活动中，每个教师都可能遇到各种各样必须解决的问题和困难，如果教师不能灵活巧妙地处理这些问题，就会造成僵局，伤害学生的情感，有损教育威信，妨碍教育教学活动。因此，为了避免教育工作不必要的挫折和失误，教师必须具备较好的教育机智。

教育机智既然是一种能力，就应在具体的实践活动中得到培养和表现。传统的讲授法教学，一切都按照准备好的程式进行，一切都在教师的控制之中，哪还会有什么“意外情况发生”?

经过主体参与教学实践的不断深入，教师的教学机智不断得到提高。学生也不断地“成熟”，学会了调控自己；学会了理解别人的意见和看法；学会了合作；学会了如何提出问题，又如何去解决问题；练就了胆量，又学会了沟通。

(三) 教学后反思

教学后反思是指有批判地在行动结束后进行反思，它能使教学经验理论化。这是将实践经验系统化、理论化的过程，有利于提高教学水平，提高教师的教学总结能力和教学评价能力，使教师的认识能上升到一个新的理论高度。

1. 课后反思

每节课后，无论顺利与否，都需要总结反思。主体参与教学要求教师首先不是提供信息，而是组织学生学习，是让学生真正实践和体验学习的活动过程。所以我们必须关注学生是否能够实现有效学习，有多少学生在多大程度上实现有效学习。

(1) 学习的参与度

学习的参与度包括学习活动的参与广度、参与深度与参与的自觉程度。参与的广度，指班级中有多少学生在积极地投入学习活动，在主动地思考问题、提出或回答问题，有多少学生在观察、分析、对比、探究；参与的深度，主要反映在思考探究活动的质量上，看提出或回答问题的深刻程度，看活动及计划的自主程度，以及讨论、探究活动的质量，特别是能否有根据地提出或回答问题，以及能否提出或回答出有创意的问题；参与的自觉程度，主要是观察分析学习者参与的目的性，是对材料或问题本身感兴趣，还是对通过学习可得到的奖罚感兴趣，是积极主动地参与，还是消极应付地参与，以及在碰到困难、障碍时，参与的积极性保持程度，等等。参与的广度、深度与自觉程度，在一定意义上决定了学生学习活动的质量，参与的人越多，参与的深度越深，参与者的自觉性越高，课堂教学的效果越好。然而学生的参与广度、参与深度与参与自觉程度很大程度上取决于学生的参与愿望和参与动机。

在主体参与教学实践中，教师们不断摸索，随着教师教学能力、教学水平和学生的学习能力的不断提高，在课堂上同学们参与的广度不断加大，参与的深度不断加深，参与的自觉性不断加强。表现在：同学们能广泛地积极地投入到学习活动之中，主动地思考问题、提出或回答问题，并能对问题、现象进行观察、分析、对比、探究，同学们主动举手发言的多了，主动上讲台讲课的多了，课堂气氛更活跃了，同时也变得更有序了，游离于活动之外的少了，甚至是没有了（多数实验教师的课程每次课学生的参与广度都能达到100%）；提出、回答高质量的问题的同学多了，能够有计划并自主活动的同学多了，提出、回答深刻的问题的同学多了，提出、回答有创意的问题的同学多了，讨论、探究活动的质量提高了，提出、回答偏离内容的问题的同学少了，提出、回答问题时无根据、无逻辑性的同学少了，讨论、上讲台“怕”的同学少了，自信的同学多了，同学的学习能力、沟通能力、表达能力、合作能力都提高了；同学们参与的目的更明确了，对材料或问题本身感兴趣的同学多了，对通过学习可得到老师和同学的肯定及赞赏感兴趣的少了，积极主动参与的多了，消极被动应付的少了，参与过程中遇到挫折和困难仍能保持参与的积极性的多了。

（2）学习的效度

学习的效度包括三个方面的要求，一是看作为课堂教学提出的问题、提出的学习任务解决得怎么样，在多大程度上解决了？问题解决得越彻底，得到解决的人数越多，越应该肯定；二是看教学目标的达成度，尤其是能力目标和情感目标的达成度如何；三是看投入产出比。问题解决的策略是否合理，花费的时间是否恰当，是不是以较少的时间、空间占有取得较多的收获，还是花费了大量时间、资源，只解决了一个小的问题，或只解决了一个大问题的小侧面。在教学实践中，应该树立效益观念。

通过教学实验的不断深入，问题解决的程度逐渐提高，问题解决得越来越彻底，而且问题具有层次性，使学生在不同程度上都有收获。在教学目标的达成度中注重能力目标和情感目标的达成，也就是注重学生各种能力的培养以及良好的态度、价值观、高级情感的形成等。教师们通过教学实践摸索能合理地使用解决问题的策略，较好地把握课堂节奏，调控时间的使用，合理使用资源，提高教学效益。但效度方面则因学习材料的难度、授课环节的处理、学生状态等因素影响，不是很稳定。

2. 阶段性反思

我们在每个学期的期中和期末均进行了阶段性反思。分析这一阶段的教学与自己倡导的理论是否一致，自己的行为结果与期望是否一致，通过这样的校验不断调整教学方案，以一个新的高度进入下一轮的教学反思。阶段性反思中我们做到了两点：第一，整理和描述。即对平时观察、感受、记录下来的课后反思笔记加以归纳整理，描述出本循环过程和结果，勾画出多侧面的生动的行动过程。第二，评价和解释。即对行动的过程和结果做出判断评价，对有关现象和原因做出分析解释，找出计划与结果的不一致的地方，从而做出下一步行动计划是否需要修正，需要做哪些修正的判断和构想。

在阶段性评价中课题组的教师们对教学实验中表现出的一些共性问题进行了研讨，明确了问题、分析了原因、找准了方向。

（1）学生自主、参与、合作学习与完成教学任务的矛盾，是教学设计和实施的新课题

随着教改的深入，教师能力的提高和经验的积累，教师们把握课堂节奏、调控课堂进程的能力虽然有所提高，但由于学生自主、合作、探究性地进行学习课堂教学进度放慢，已成为主体参与教学改革中一个不可回避的新的问题。从现在实施主体参与教学改革的实际来看，由过去那种学生被动接受式的学习方式转变为学生自主、合作、探究式的学习方式后，课堂教学的时间和进度不像由老师“满堂灌”那么好控制，过去那种完全由老师牵着学生走的教学方式变为老师跟着学生走，而学生的思维的深度和广度是动态多变的、不限量的，所以很多时候导致课堂教学进度慢，教学计划的内容完不成。

经过两次专题研讨，教师们达成了这样的共识：

产生此种情况的原因主要是教学改革是局部的，从上到下没有形成一致的合力，改革脱节。

要想解决此种矛盾就要从源头抓起，切实改变教育理念。

①改革考试制度，让考试这个指挥棒真正指向素质教育。素质教育已“谈”了多年，为什么国民的素质没有明显的提高？原因当然是多方面的。但不可否

认的问题之一就是“说”“做”两张皮。考试考什么，教师教什么；考试怎么考，教师就怎么教。这是很自然的。理论上谈素质教育，实践上搞应试教育已成为普遍现象，改革考试制度势在必行。具体应从考试内容、考试方式和考试结果处理方面出发。内容方面主要是，加强与社会实际和学生的生活经验的联系，重视考查学生分析问题、解决问题的能力。高等院校应重视考查学生的实际应用能力和动手操作能力。方式方面主要是，倡导给予多次机会，综合应用多种方法，打破唯纸笔测验的传统做法。结果处理方面主要是，倡导针对考试结果做出具体的分析指导，而非根据结果排名次，定优劣。同时要改变升学考试和招生制度，倡导改变将分数简单相加作为唯一录取标准的做法，应考虑学生综合素质的发展。

②按素质教育的要求制定各阶段教育的培养目标，高等学校要对专业进行调整，对课程进行重新整合，使培养目标、教学大纲、教学计划、学科课程、教学方法协调一致。

③改革教学评价体系。制定相对全面的符合素质教育，有利于学生发展和教师成长的教学评价体系。

④要坚定不移地推进教学方式和学习方式的转变。教师要善于反思，正确分析，总结经验。增强对教育事业的热爱，保持教学改革的热情，要有克服困难的意志。

（2）学生自主、参与学习和提供有序的学习环境的矛盾，如何让学生在“热闹”中“有序”地学习是教师课堂管理的新课题

通过反思，教师们对“教学能力”有了新的认识和思考：主体参与教学中教师对课堂的管理不是削弱了，而是加强了，教育对教师的课堂管理能力的要求不是降低了，而是更高了。在基础教育阶段学生自律能力较差，一“自由”就容易“热闹”，安静无法满足学生的自主学习和参与，热闹又是课堂纪律的大敌，如何让学生在“热闹”中“有序”地学习？在高等教育中，学生一“自由”就容易“离题”，如何让学生在“自由”中解决问题？给学生“自由”但不是“自流”，如何把握，如何调控？

具体做法包括如下几个方面：

①课堂环节的设计不能完全按事先设计的环节进行，要富有弹性。

②教师要学会“用教材”而不是“教教材”。

③教师要更富有教育机智，随堂的调控能力应更强。

④教师的知识结构应更趋合理：专业知识要精，外围的面要广。

⑤教师要有更加全面的能力。

要做到这些就需要教师在理论上进一步学习，实践中勇于探索。

(3）文字形式的教案与实际操作的备课不一致的矛盾，是教学改革又一新课题

现行的文字教案中只描述教师“教”的行为，包含的内容主要是教材上的知识信息，甚至是教材上的知识的“再现”，而缺少学生“学”的行为的描述。这与新的教学观——“以学论教，教为学服务”不相符合。主体参与教学要求教师备课不仅要备教材，还要走进第二课堂，了解学生的活动情况，所以应使教师从以往“只见教材不见学生”的备课方式中转变出来。

具体做法包括如下几方面。

①以科学的教学观为指导，改变教案模式。

②教案中并行设计“教师的教学行为”和“学生的学习行为”两大部分，设计“学情分析”和“课后追记”等内容，既有助于教师同时并重教与学，又便于教师在课前分析、思考，课后总结、补充。

③不要过于讲究教案写得干净整齐，教师能随时将教学中的教学情况、学生的学习情况写进去，能随时将教学中的感悟、想法记下来，能随时将教师或学生在某一时刻产生的“奇思妙想”和某一时段迸发出的“智慧的火花”加进去。使教案成为帮助教学反思，积累教学经验，提高教学水平，进行教学研究，促进自身成长的有价值的第一手资料。这是我们期望的具有实际意义的教案的形式。

三、教学反思的形式

(一）自我反思

自我反思即教师利用各种机会对自己的教育、教学、科研活动等进行的反思。自我反思应做到坚持多方面来进行。这里的多方面是指内容多方面，既包括学生的学习情况又包括教师的教学情况，既包括教学实践又包括科学研究；时间多阶段，即教学前反思、教学中反思、教学后反思，一定阶段的教学反思和学期末的教学反思。

(二）自学反思

自学反思是指在自我进修、自我学习的基础上，以自己的教育活动过程为

思考对象，来对自己所做出的行为、决策以及由此产生的结果进行审视和分析。教师既是培训对象，又是培训者。教师通过不断地自学反思，促进自身的专业化发展，不断加强理论学习，把自己的教育教学工作作为研究对象，学会反思技术，进行反思性教学，并让反思成为习惯，成为一名科研型教师。在教学实践中我们做到了：一学，学习先进的教育理论，以及别人的先进的教学经验；二读，坚持读业务文章，读与本课题有关的书籍，掌握最新的，特别是教学改革方面的信息；三写，写读书笔记、评课记录、读书体会等。教师是教学改革的实施者，我们要以主动的态度，反思的精神去努力学习，不断探索、提高自身素质。

（三）交流反思

我们曾认为课堂只是教师讲知识，学生学知识的场所，然而真正的课堂应该是充满生命活力的，实现师生共同成长的特殊场所。教学的实质是师生间的对话、沟通与交流。对教学进行反思，也需要教师树立起沟通、交流的意识，大家可以针对某一问题进行“解剖”，通过相互的研讨和交流，通过多种观点的交锋来多视角、多层面地反思自己的教学行为，使自己清楚意识到隐藏在教学行为背后的教育观念，并提出改进意见和理论依据和策略。在交流中展开教学反思，有利于拓展思路，把握实质，共享成功的快乐。

教师成才的重要途径是参与教改实践活动，在教育科研项目中体会研究性学习，在经验反思的基础上体会主体参与教学改革的深刻内涵，形成新的教育观念。

（四）课堂观摩进行反思

课题组教师之间观摩彼此的课堂教学，用我们制定的课堂教学评价表进行评价，并详细地描述教师们所观察到的情景，课后进行讨论反思。首先找出优点、明确问题；然后就有关问题进行讨论分析；互相交流观点和看法，最后形成一个最佳的解决方案。并要求教师们将方案应用到自己的教学实践当中去。这种反思是针对具体的活生生的教学实践来进行的，多个不同的人面对同一教学场景，同一教学问题，会从多个角度，不同侧面出发，会产生思维的碰撞，起到相互促进，共同提高的作用。

（五）与学生座谈进行反思

学生是学习的主体，是教学活动的参与者，对教学效果及学习效果是最有发言权的。这是进行教学反思的一个非常重要的途径。

参考文献

[1] 王升．主体参与型教学探索［M］．北京：教育科学出版社，2003.

[2] 史根生．主体教育论［M］．北京：科学出版社，1999.

[3] 赵祥麟，王承绪．杜威教育论著选［M］．上海：华东师范大学出版社，1981.

[4] 吴也显．教学论新编［M］．北京：教育科学出版社，1991.

[5] 丰子义，孙承叔，王东．主体论——新时代新体制呼唤的新人学［M］．北京：北京大学出版社，1994.

[6] 夏惠贤．多元智力理论与个性化教学［M］．上海：上海科技教育出版社，2003.

[7] 施良方．教学论理论：课堂教学的原理、策略与研究［M］．上海：华东师范大学出版社，1999.

[8] 叶澜．“新基础教育”探索性研究报告集［M］．上海：上海三联书店，1999.

[9] 丁安廉，和学新．主体性教育的教学策略探索［M］．天津：天津社会科学院出版社，2000.

[10] 上海育才中学．发展性教学策略研究［M］．上海：华东师范大学出版社，1998.

[11] 王策三．教学论稿［M］．北京：人民教育出版社，1985.

[12] 覃琥云，张艳萍．人际沟通［M］．北京：科学出版社，2003.

[13] 朱慕菊．走进新课程［M］．北京：北京师范大学出版社，2002.

[14] 李占宣．对地方高校软件工程应用型人才培养的思考［J］．教育探

索，2014（8）.

[15] 李占宣. 浅论“计算机组装与维护”课程教学的改革 [J]. 教育探索，2011（8）.

[16] 张艳，邰学群. 高等学校“课型”教改理论与实践（下册）[M]. 哈尔滨：黑龙江教育出版社，2005.

[17] 李占宣，齐景嘉，刘明刚. “互联网+”背景下计算机组成原理课程教学改革的研究 [J]. 教育现代化，2016（4）.

[18] 李占宣，徐宏伟，左雷. 基于EDA技术的银行智能排号系统研究 [J]. 科学技术创新，2021（1）.

[19] 何克抗，林君芬，张文兰. 教学系统设计 [M]. 北京：高等教育出版社，2006.

[20] 陈玉琨，田爱丽. 慕课与翻转课堂导论 [M]. 上海：华东师范大学出版社，2014.

[21] 许文静. 教师教学质量评价对教师身份认同的影响探究 [J]. 高教学刊，2021（5）：64-67.

[22] 金陵. 翻转课堂与微课程教学法 [M]. 北京：北京师范大学出版社，2015.

[23] 王允丽. 翻转学习 [M]. 北京：中国青年出版社，2015.

[24] 熊川武. 反思性教学 [M]. 上海：华东师范大学出版社，1999.

后记

著作是在科学研究的实践中形成的，有一些成功之处，更存在一些问题和不足。理论认识可能是肤浅的，操作过程也可能是粗糙的，有一些新的问题在实验中出现还有待去解决，好在我们还被这些新问题吸引着。

社会在不断地进步，教改也不是一蹴而就的。

工作着，体验着，总结着，反思着，提高着，成长着。本人再一次深切地体验到了对教育理论认识的升华，专业技能的提高和个人素质的成长。

改革是永恒的，在改革中成长是必然的。

改变多年的教育理念、思维定势和行为习惯是要付出一定“代价”和辛苦的。

改革中出现一些问题是正常的，也是必然的。社会就是在不断地发现问题，解决问题中进步的。我们坚信通过教育界的全方位的努力，各种各样的矛盾一定会解决，主体参与型教学在高等学校广泛应用只是时间问题。

“痛改前非”，改革、改变为什么难？就是因为要改主体就会有“痛”的体验，避免“痛”，所以就不改。

坚定信念：“痛定之后，一定是一片艳阳天。”

在改革的“痛”中体验“成长的快乐”。

教师们要将我们的责任永远铭记在心：我们的行为决定着一个民族的兴衰。

李占宣

2021 年 2 月